R. FREIER

KESSELSPEISEWASSER

KESSELSPEISEWASSER

TECHNOLOGIE · BETRIEBSANALYSE

Von

Dipl. Chem. Dr. Ing. ROLF FREIER

Klöckner-Kraftwerk Castrop-Rauxel

Mit 95, zum Teil farbigen Abbildungen

WALTER DE GRUYTER & CO., BERLIN

vormals G. J. Göschen'sche Verlagshandlung · J. Guttentag, Verlagsbuchhandlung · Georg Reimer · Karl J. Trübner · Veit & Comp.

1958

 – Archiv-Nr. 5210958 – Printed in Germany – Satz: Walter de Gruyter & Co., Berlin W 35 – Druck: Buchdruckerei Franz Spiller, Berlin SO 36

Vorwort

Wenn man den heutigen Stand der Technik betrachtet, so kann dies nicht geschehen, ohne den Einfluß der Naturwissenschaft dabei zu berücksichtigen. Zweifellos hat erst die Technik die Naturwissenschaft über die ganze Erde verbreitet und ihr zu einer zentralen Stelle im Denken unserer Zeit verholfen. In diesem Entwicklungsprozeß der letzten 200 Jahre ist die Technik immer wieder Voraussetzung und Folge der Naturwissenschaft gewesen. Voraussetzung darum, weil eine Erweiterung und Vertiefung der Naturwissenschaft oft nur durch eine Verfeinerung der Beobachtungsmittel zustande kommen kann. Andererseits ist die Technik eine Folge der Naturwissenschaft, da die technische Ausnutzung der Naturkräfte im allgemeinen erst auf Grund einer eingehenden Kenntnis des betreffenden Erfahrungsbereiches möglich wird. Dabei greift die Technik tief in das Verhältnis der Natur zum Menschen ein, indem sie seine Umwelt im großen Maßstabe verwandelt und ihm damit den naturwissenschaftlichen Aspekt der Welt unablässig vor Augen führt.

Es ist heute dem einzelnen nicht mehr möglich, das Wechselfeld Technik-Naturwissenschaft in seiner komplizierten Mannigfaltigkeit zu überblicken. Inzwischen haben die Verästelungen und Seitenkanäle dieses Wechselfeldes ein Labyrinth ergeben, in dessen Einzelteile nur noch der Spezialist, sei es als Techniker, sei es als Naturforscher, eindringen kann. Den besten Indikator für diesen Vorgang bildet das geradezu phantastisch anmutende Anwachsen der speziellen Fachliteratur auf allen Gebieten, während die Zahl von Veröffentlichungen allgemeinbildender Art weit im Hintergrund steht und hauptsächlich auf die Lehrbücher der bisher noch erhaltenen Einteilung der Naturwissenschaft in ihre klassischen Disziplinen beschränkt bleibt. Diese Einteilung dürfte in vieler Hinsicht nicht dem heutigen Stand der Verknüpfung unseres naturwissenschaftlichen Wissens mit der Technik entsprechen. Es ist daher wohl um so wichtiger, Gebiete, deren Erforschung bzw. Beherrschung sich Naturwissenschaft und Technik gemeinsam zum Ziel erkoren haben, in einer auch für den Nichtspezialisten erkennbaren Weise zusammenzufassen. Der einzige Weg zur Lösung einer solchen Aufgabe liegt in dem Verständnis und damit Erkennen der großen inneren Zusammenhänge eines Komplexes. Das bedeutet in gewisser Weise einen bewußten Verzicht auf die detallierte Wiedergabe aller Betrachtungspunkte. Es ist also nicht damit getan, aus zwölf Fachbüchern etwa ein dreizehntes herzustellen. Das Verständnis der inneren Zusammenhänge kann nur von der Warte allgemein verknüpfender Gesichtspunkte heraus erwachsen, sowie der chemische Stoff durch sein Kristallgitter seine äußere Gestalt erhält.

Der Verfasser hat versucht, mit diesen Gedankengängen ein kleineres Gebiet des Zusammenspiels von Naturwissenschaft und Technik darzustellen, dessen Ausmaß von der Erfindung der Dampfmaschine bestimmt worden ist.

Die vom Menschen ständig erstrebte Verbesserung der wirtschaftlichen Ausnutzung der Energiespender Kohle und neuerdings Öl führte zu einer beachtlichen

Entwicklung des Dampfkesselbaues sowie der Wärmekraftmaschinen, eine Entwicklung, die ohne die Beteiligung des universellsten chemischen Stoffes auf der Erde — das Wasser — völlig undenkbar wäre.

Dieses Wasser für seine thermodynamische Verwendung in den geeigneten chemischen Zustand zu versetzen ist die Aufgabe der Kesselspeisewasserchemie. Jede Wasserquelle hat eine andere stoffliche Zusammensetzung hinsichtlich der mitgeführten Bestandteile. Bei näherer Beschau zeigt gerade das Wasser eine Vielfalt spezieller stofflicher Eigenschaften, die es gerechtfertigt erscheinen lassen, von einer „Chemie des Wassers" zu sprechen.

Der Aufbau dieses Buches führt von den naturwissenschaftlichen Grundlagen über die Technologie zur Analyse. Die stoffliche Gliederung ist so gewählt, daß jeder Abschnitt als in sich geschlossener selbständiger Teil gelesen werden kann. Ob die Absicht des Verfassers, eine Synthese zwischen Lehrbuch und Arbeitsbuch zu versuchen, gelungen ist, möge der wohlwollenden Kritik aller Benutzer überlassen bleiben. Nicht alles konnte bis ins einzelne abgehandelt werden, um den Zusammenhang der geschlossenen Darstellung zu wahren und den Anschaffungspreis in Grenzen zu halten.

Der Verfasser ist zu aufrichtigem Dank allen Freunden und Kollegen, insbesondere aber Herrn Dr.-Ing. Hermann Kiekenberg und Herrn Dr. rer. nat. Gerhard Resch verpflichtet, die ihn in uneigennütziger Weise bei der Fertigstellung des Manuskriptes, der Abfassung des Sachverzeichnisses, der Korrektur und durch Hinweise und Ratschläge unterstützt haben.

Ferner dankt der Verfasser an dieser Stelle ganz besonders herzlich Herrn Professor Dr.-Ing. Fritz Tödt als seinem verehrten langjährigen Lehrer und Vorgesetzten für die Anleitung zu wissenschaftlichen Arbeiten, deren spätere Anwendung auf die Wasserchemie sich so außerordentlich nützlich erwiesen hat.

Nicht zu vergessen sind die zahlreichen Firmen, denen der Verfasser für die Überlassung von Bildmaterial seinen Dank ausspricht.

Castrop-Rauxel, Winter 1957/58 R. Freier

Inhalt

TEIL A

Grundzüge der Wasserchemie

1. Allgemeine Chemie des Wassers

Das Wasser, einer der wichtigsten Naturstoffe, gehört zu den kostbarsten Gütern der Erde. Es dient der Erhaltung jeden pflanzlichen und tierischen Lebens und spielt eine hervorragende Rolle bei der Nutzbarmachung von technischer Energie. Für die als Wärmekraftmaschinen verwendeten Dampfmaschinen und Dampfturbinen

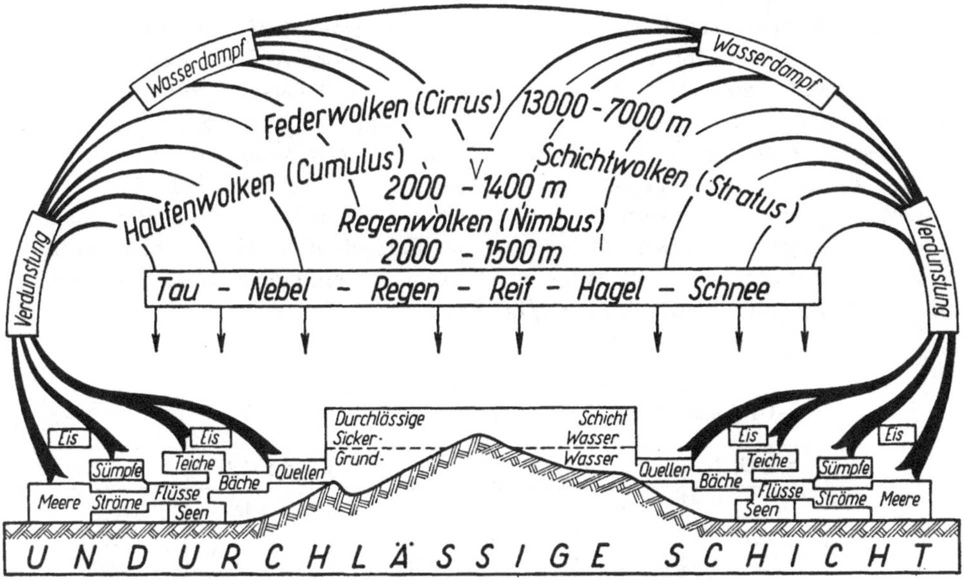

Abb. 1. Kreislauf des Wassers in der Natur

ist das Wasser der überwiegende Arbeitsstoff auf Grund der günstigen physikalischen Eigenschaften seiner flüssigen und gasförmigen Aggregatzustände, die gleichzeitig zur Wärmeübertragung in Wärmetauschern dienen.

Während die physikalischen Eigenschaften das Wasser im allgemeinen als homogenen Stoff erscheinen lassen, ist das in der Natur vorkommende Wasser im chemischen Sinne meist kein einheitlicher Stoff. Das ist auch verständlich, wenn man den **Kreislauf des Wassers in der Natur** betrachtet (Abb. 1).

70% der gesamten Erdoberfläche sind vom Wasser bedeckt **(Oberflächenwasser)**, es durchsetzt die feste Erdrinde bis zu großen Tiefen **(Grundwasser)** und gelangt auf dem Wege der Verdunstung als Wasserdampf in die Lufthülle der Erde. Die atmosphärischen Niederschläge führen den kondensierten Wasserdampf als Wasser wieder der Erdoberfläche zu. Auf dem Festland versickert das Wasser im Boden, tritt über wasserdurchlässigen Schichten zutage oder wird aus Brunnen künstlich gefördert. Sowohl in der Luftatmosphäre als auch in der Erdrinde nimmt das Wasser auf seinem Wege Salze und Gase auf, wobei Art und Menge dieser gelösten Stoffe den Charakter des Wassers bestimmen. Das natürliche Wasser ist also chemisch niemals rein. Meereswasser ist stark salzhaltig, Regenwasser bzw. Schnee enthält stets geringe Mengen Ammoniumnitrat, Kohlensäure, Sauerstoff, Schwefeldioxyd und andere Bestandteile insbesondere dann, wenn die Atmosphäre durch industrielle Abgase verunreinigt ist.

Quell- und Grundwasser enthalten die Bestandteile des Bodens, aus dem sie stammen, gelöst oder suspendiert. Neben Eisen- und Mangansalzen, Natrium- und Kaliumsalzen, Ammoniak, Huminstoffen, Kieselsäure, um nur einige wenige Stoffe zu nennen, sind die Hydrogenkarbonate und Sulfate der Erdalkalimetalle Calcium bzw. Magnesium von Bedeutung.

Ferner muß der **Gasgehalt des Wassers** an gelöstem Sauerstoff, Stickstoff, Schwefelwasserstoff sowie gelöster Kohlensäure erwähnt werden. Auf die Rostbildung bei eisernen Werkstoffen, z. B. Rohren, hat der Gehalt an Sauerstoff bzw. Kohlensäure in Berührung mit Wasser einen großen Einfluß. Im allgemeinen weisen Grundwässer einen wesentlich geringeren **Sauerstoffgehalt** auf als die mit der Luft ständig in Berührung stehenden Oberflächenwässer (Flüsse, Seen, Teiche). Bei einem Oberflächenwasser kann Sauerstoffsättigung vorliegen, wenn keine reduzierenden Vorgänge, z. B. biogener Art, stattfinden bzw. der Salzgehalt im Wasser nicht zu hoch ist. Der Sauerstoffgehalt eines Wassers ist nämlich abhängig von der Temperatur und dem Salzgehalt; siehe Tabelle I/Ia/II.

Tabelle I

Löslichkeit von Luftsauerstoff in Wasser

(O_2-Gehalt der Luft 20,96 Vol.-%, Luftdruck 760 Torr)

°C	mg O_2/l	α	°C	mg O_2/l	α
0	14,55	0,04889	19	9,26	0,03161
1	14,16	0,04758	20	9,09	0,03103
2	13,78	0,04633	22	8,73	0,02988
3	13,42	0,04512	25	8,26	0,02831
4	13,06	0,04397	30	7,49	0,02608
5	12,73	0,04287	35	6,91	0,02440
6	12,41	0,04180	40	6,41	0,02306
7	12,11	0,04080	45	5,94	0,02187
8	11,81	0,03983	50	5,50	0,02090
9	11,52	0,03891	60	4,69	0,01946
10	11,25	0,03802	70	3,81	0,01833
11	10,99	0,03718	80	2,81	0,01761
12	10,75	0,03637	90	1,59	0,01723
13	10,50	0,03559	95	0,86	0,01710
14	10,28	0,03486	96	0,69	0,01708
15	10,06	0,03415	97	0,52	0,01706
16	9,85	0,03348	98	0,36	0,01704
17	9,65	0,03283	99	0,18	0,01702
18	9,45	0,03220	100	0,0	0,01700

Tabelle Ia

Löslichkeit von Sauerstoff in Wasser für T = 28—90° C

° C	α	° C	α	° C	α
28	0,02691	49	0,02108	70	0,01833
29	0,02649	50	0,02090	71	0,01824
30	0,02608	51	0,02073	72	0,01815
31	0,02572	52	0,02057	73	0,01807
32	0,02537	53	0,02041	74	0,01799
33	0,02503	54	0,02026	75	0,01792
34	0,02471	55	0,02012	76	0,01785
35	0,02440	56	0,01998	77	0,01778
36	0,02410	57	0,01984	78	0,01772
37	0,02382	58	0,01971	79	0,01766
38	0,02355	59	0,01958	80	0,01761
39	0,02330	60	0,01946	81	0,01756
40	0,02306	61	0,01933	82	0,01752
41	0,02280	62	0,01921	83	0,01748
42	0,02256	63	0,01909	84	0,01743
43	0,02232	64	0,01897	85	0,01739
44	0,02209	65	0,01885	86	0,01736
45	0,02187	66	0,01874	87	0,01732
46	0,02166	67	0,01863	88	0,01729
47	0,02145	68	0,01853	89	0,01726
48	0,02126	69	0,01843	90	0,01723

Erläuterungen: α = Bunsenscher Absorptionskoeffizient; ist das von der Volumeneinheit des Lösungsmittels bei der betreffenden Temperatur aufgenommene Volumen eines Gases reduziert auf 0° C und 760 Torr, wenn der Partialdruck 760 Torr beträgt.

Mit Hilfe von α läßt sich aus der nachstehenden Formel (1) die **Löslichkeit von Luftsauerstoff in Wasser für jede Temperatur und jeden Partialdruck** berechnen; dies ist von Wichtigkeit für die Berechnung der Sauerstoffsättigung z. B. im Vakuumgebiet bei Turbinenkondensatoren und Vakuumentgasern.

$$\boxed{(p - p_s)\, 299{,}5 \cdot \alpha = \text{mg } O_2/\text{l}} \qquad (1)$$

p = Gesamtdruck in Atm

p_s = Wasserdampfdruck bei der entsprechenden Temperatur in Atm

$299{,}5 = 209{,}6 \cdot 1{,}42895$.

Beispiel: Gesucht sei der maximale O_2-Gehalt in einem Turbinenkondensat in Abhängigkeit vom Vakuum und der Kondensattemperatur.

96% Vakuum entsprechen 30,4 Torr, $p = 0{,}04$ Atm, T = 28° C, $p_s = 0{,}0373$ Atm, $(p - p_s) = 0{,}0027$ Atm. Gemäß Formel (1) ergibt sich $0{,}0027 \cdot 299{,}5 \cdot 0{,}02691 = $ **0,0218 mg O_2/l.**

Die maximale Sauerstoffaufnahme des Wassers ist ferner abhängig vom Salzgehalt. Nach amerikanischen Angaben bewirkt z. B. die Erhöhung des Chloridgehaltes im Wasser eine Abnahme des Sauerstoffgehaltes; siehe Tabelle II.

Tabelle II

Durchschnittliche Abnahme der Löslichkeit von Luftsauerstoff in Wasser in Abhängigkeit vom Chloridgehalt (Unterschied je 100 mg Cl^-/l) und der Temperatur (O_2-Gehalt der Luft 20,9%, Luftdruck 760 Torr)

°C	mg O_2/l	°C	mg O_2/l	°C	mg O_2/l
0	0,0165	11	0,0114	22	0,0084
1	0,0160	12	0,0112	23	0,0083
2	0,0154	13	0,0107	24	0,0083
3	0,0149	14	0,0104	25	0,0082
4	0,0144	15	0,0100	26	0,0080
5	0,0140	16	0,0098	27	0,0079
6	0,0135	17	0,0095	28	0,0078
7	0,0130	18	0,0092	29	0,0076
8	0,0125	19	0,0089	30	0,0075
9	0,0121	20	0,0088		
10	0,0118	21	0,0086		

Der im Wasser häufig auftretende **Schwefelwasserstoff** H_2S kann biologischen Ursprungs sein oder aber aus der Zersetzung von Schwefelmineralien wie z. B. Pyrit ($FeS_2 + 2CO_2 + 2H_2O = Fe(HCO_3)_2 + H_2S + S$) durch Kohlensäure entstammen. Auch Gase aus dem Erdinneren enthalten manchmal H_2S, der sich im Grundwasser löst. Auch tritt gegebenenfalls durch Reduktion von Gips ($CaSO_4$) Calciumsulfid auf (CaS), wobei die gelöste Kohlensäure gemäß

$$CaS + CO_2 + H_2O = CaCO_3 + H_2S$$

unter Karbonatbildung Schwefelwasserstoff entstehen läßt.

Die **Kohlensäure** spielt im natürlichen Wasserhaushalt eine besondere Rolle, weil sie auf Salze des Erdbodens lösend einwirkt. Z. B. werden die wenig wasserlöslichen Erdalkalikarbonate in leicht lösliche **Hydrogenkarbonate,** auch Bikarbonate genannt, also in die sauren Salze der Kohlensäure übergeführt. Die normalen **Erdalkalikarbonate** besitzen folgende **Wasserlöslichkeiten** bei 18° C:

$MgCO_3$	$CaCO_3$	$SrCO_3$	$BaCO_3$
9,4	1,3	1,0	1,72 mg/100 g Wasser

Durch Kohlensäure wird die Löslichkeit der Erdalkalikarbonate erhöht. In einer wäßrigen Lösung von Kohlensäure ist der Gehalt an CO_3^{--}-Ionen sehr gering, da die Kohlensäure (CO_2) nur zum Teil gemäß

$$CO_2 + H_2O \rightleftharpoons H_2CO_3 \quad (2a)$$

$$H_2CO_3 \rightleftharpoons H^+ + HCO_3^- \quad (2b)$$

$$HCO_3^- \rightleftharpoons H^+ + CO_3^{--} \quad (2c)$$

dissoziiert ist und zur Hauptsache gemäß Gleichung (2b) zerfällt. Allerdings ist auch dieser Anteil sehr gering, er beträgt weniger als 1% des Gesamtgehaltes an CO_2.

Dadurch, daß die im Gleichgewicht mit dem Bodenkörper $MeCO_3$ (Me = Erdalkali) gemäß

$$MeCO_3 \rightleftharpoons Me^{++} + CO_3^{--} \quad (3)$$

befindlichen CO_3^{--}-Ionen mit den H^+-Ionen aus Gleichung (2b) unter Bildung von HCO_3^- in Reaktion treten, wird das Gleichgewicht gemäß Gleichung (3) gestört.

Um es wiederherzustellen, muß jetzt so viel vom Bodenkörper in Lösung gehen, bis das **Löslichkeitsprodukt**

$$[Me^{++}]\,[CO_3^{--}] = L$$

den Wert, den es in der reinen wäßrigen Lösung besitzt, wieder erreicht hat, indem die Erniedrigung der CO_3^{--}-Ionenkonzentration durch Erhöhung der Me^{++}-Ionenkonzentration ausgeglichen wird.

Für $CaCO_3$ hat L den Wert $0{,}87 \cdot 10^{-8}$ bei 25° C*).

$$[Ca^{++}]\,[CO_3^{--}] = K \cdot [CaCO_3] = L = 0{,}87 \cdot 10^{-8}$$
$$[Ca^{++}] = [CO_3^{--}] = 0{,}932 \cdot 10^{-4} \text{ g-Mol/l}$$

Somit erhält man rechnerisch für die Löslichkeit 9,34 mg/l Wasser.

Mit Kohlensäure (CO_2) bildet sich gemäß

$$CaCO_3 + CO_2 + H_2O \rightleftharpoons Ca(HCO_3)_2 \qquad (3a)$$

Calciumhydrogenkarbonat. Zu jeder Calciumkarbonatmenge, die das Löslichkeitsprodukt überschreitet, gehört demnach eine bestimmte Menge **„freier" Kohlensäure,** damit sich $Ca(HCO_3)_2$ bildet. Es ist aus dem vorher Gesagten auch verständlich, daß durch Entzug von „freier" Kohlensäure Calciumkarbonat als schwer löslicher Bodenkörper ausfällt. Dieser Vorgang tritt z. B. beim Erwärmen eines Wassers ein. Die **Löslichkeit der Kohlensäure im Wasser ist temperaturabhängig,** bei höherer Temperatur sinkt die Löslichkeit, so daß die Gleichung (3a) rückläufig wird und der sog. **„Kesselstein" bzw. „Wasserstein" ausfällt.**

Tabelle III

Aufnahme von Luft-Kohlensäure durch reines Wasser

(CO_2-Gehalt der Luft 0,03 Vol.-% bei 760 Torr Luftdruck)**)

°C	mg CO_2/l	α	°C	mg CO_2/l	α
0	1,0097	1,713	14	0,6128	1,050
1	0,9698	1,646	15	0,5941	1,019
2	0,9328	1,584	16	0,5737	0,985
3	0,8988	1,527	17	0,5561	0,956
4	0,8584	1,473	18	0,5391	0,928
5	0,8372	1,424	19	0,5233	0,902
6	0,8091	1,377	20	0,5087	0,878
7	0,7815	1,331	25	0,4360	0,759
8	0,7520	1,282	30	0,3779	0,665
9	0,7253	1,237	35	0,3316	0,592
10	0,6995	1,194	40	0,2914	0,530
11	0,6757	1,154	45	0,2572	0,479
12	0,6532	1,117	50	0,2271	0,436
13	0,6327	1,083	60	0,1710	0,359

*) Im Gleichgewicht mit Luftkohlensäure, D'Ans-Lax, Taschenb. f. Chemiker, 2. Aufl., S. 852.

**) berechnet gemäß $(p - p_s)\, 0{,}59304 \cdot \alpha$ (4)

p = Gesamtdruck in Atm

p_s = Wasserdampfdruck in Atm bei der entsprechenden Temperatur

$0{,}59304 = 0{,}3 \cdot 1{,}9768$.

Tabelle IIIa

Löslichkeit von Kohlensäure in Wasser*) in Abhängigkeit von der Temperatur

°C	mg CO_2/l	α	°C	mg CO_2/l	α
0	3346	1,713	14	2032	1,050
1	3213	1,646	15	1970	1,019
2	3091	1,584	16	1903	0,985
3	2978	1,527	17	1845	0,956
4	2871	1,473	18	1789	0,928
5	2774	1,424	19	1737	0,902
6	2681	1,377	20	1688	0,878
7	2589	1,331	25	1449	0,759
8	2492	1,282	30	1257	0,665
9	2403	1,237	35	1105	0,592
10	2318	1,194	40	973	0,530
11	2239	1,154	45	860	0,479
12	2165	1,117	50	761	0,436
13	2098	1,083	60	576	0,359

Tabelle III zeigt die Kohlensäureaufnahme eines reinen Wassers beim Stehen an der Luft. In der Praxis findet man jedoch meist Wasser mit höherem Gehalt an gelöster Kohlensäure. Wenn auch die maximalen Löslichkeiten nur unter reiner Kohlendioxydatmosphäre zu erreichen sind, so vermittelt die nachstehende Tabelle IIIa doch einen Eindruck über die Größenordnungen in Abhängigkeit von der Temperatur. Da Kohlendioxyd ein spezifisch schweres Gas mit der Dichte 1,9768 (Luft = 1,2928) darstellt und ein geringer Anteil im Wasser als chemische Verbindung vorliegt (H_2CO_3), behalten Wässer ihren Kohlendioxydgehalt auch in Berührung mit der Luft im wesentlichen so lange, wie keine äußeren Einflüsse (Temperatur, Wasserbewegung, chemisch wirksame Stoffe, wie z. B. Säuren bzw. Alkalien, Diffusion) wirksam werden.

Auch andere Karbonate enthaltende Mineralstoffe des Bodens vermag die Kohlensäure bei Gegenwart von Wasser aufzulösen, z. B. $FeCO_3$ (Eisenspat), $MnCO_3$ (Manganspat) gemäß

$$FeCO_3 + CO_2 + H_2O \rightleftharpoons Fe(HCO_3)_2$$
$$MnCO_3 + CO_2 + H_2O \rightleftharpoons Mn(HCO_3)_2$$

In Wässern, die keine Salze enthalten bzw. ungepuffert sind (Destillate, Kondensate, vollentsalzte Wässer), bewirken bereits geringe CO_2-Konzentrationen eine starke pH-Zahl-Erniedrigung (Abb. 2).

Das Verhältnis von „freier" Kohlensäure zu „gebundener" Kohlensäure wird durch das sog. **„Kalk-Kohlensäure-Gleichgewicht"** Abb. 4 gekennzeichnet. Dieses gilt streng jedoch nur für solche Wässer, die keine anderen Salzkomponenten gelöst enthalten.

*) $p_{CO_2} = 760$ Torr.

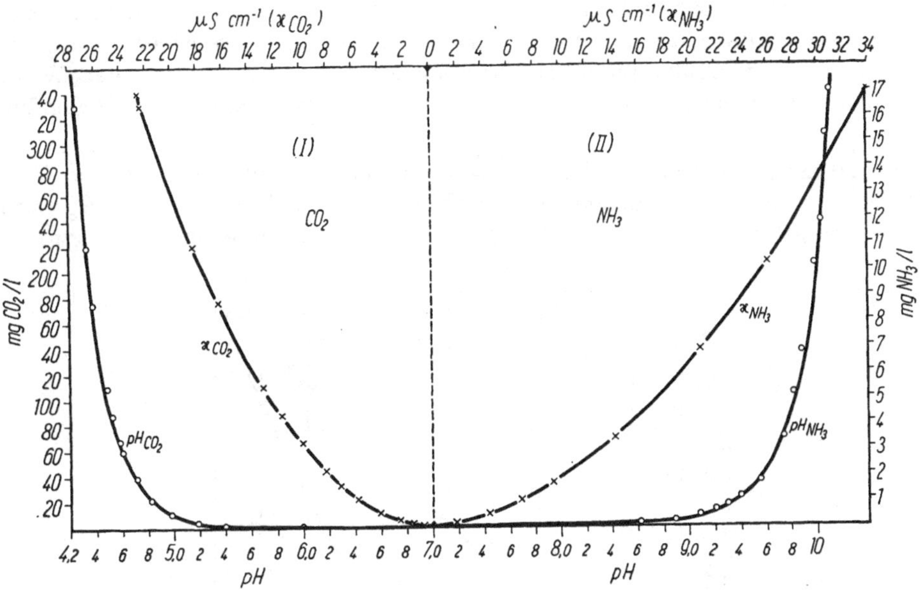

Abb. 2.

p_H und Leitfähigkeit von kohlensäurehaltigem (I) bzw. ammoniakhaltigem (II) Destillat (25° C

Ist im Wasser mehr Kohlensäure gelöst als dem Gleichgewicht entspricht, so bezeichnet man diese als **„überschüssige freie"** **Kohlensäure** (s. Abb. 3) und unterscheidet dabei noch den Anteil der **„aggressiven"** bzw. **„kalkangreifenden" Kohlensäure.**

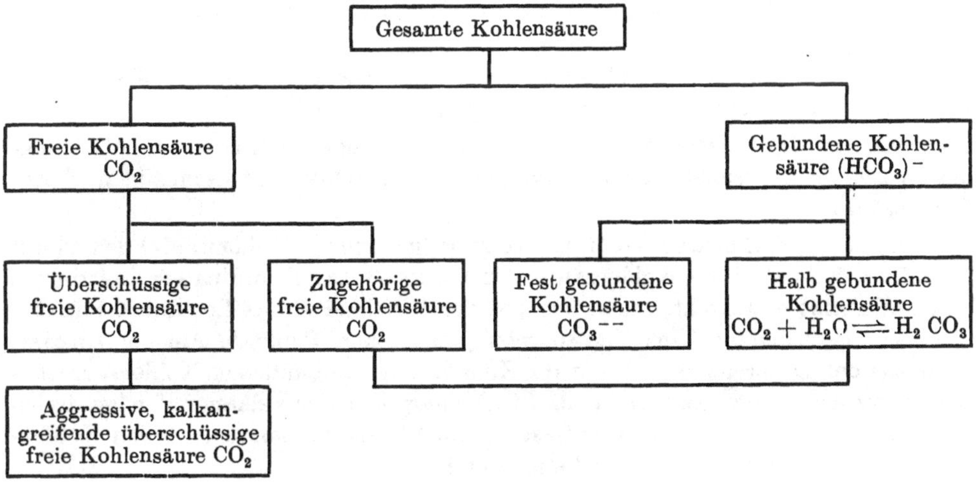

Abb. 3.

Kohlensäurecharakteristik des Wassers

Wie aus Abb. 4 ersichtlich, genügen bei geringen Karbonatgehalten kleine CO_2-Konzentrationen dazu, die Karbonate in Lösung zu halten. Bei steigendem Karbonatgehalt wächst der Kohlensäurebedarf verhältnismäßig viel stärker, so daß Wässer mit hohem Karbonatgehalt beim Erwärmen zu starker Kesselsteinabscheidung neigen.

Der Teil der „überschüssigen“ Kohlensäure, welcher kalkangreifend wirken kann, läßt sich analytisch ermitteln oder aber graphisch aus Abb. 4 entnehmen. Die gesamte „überschüssige“ freie Kohlensäure hat deshalb keine kalkangreifende Wirkung, weil

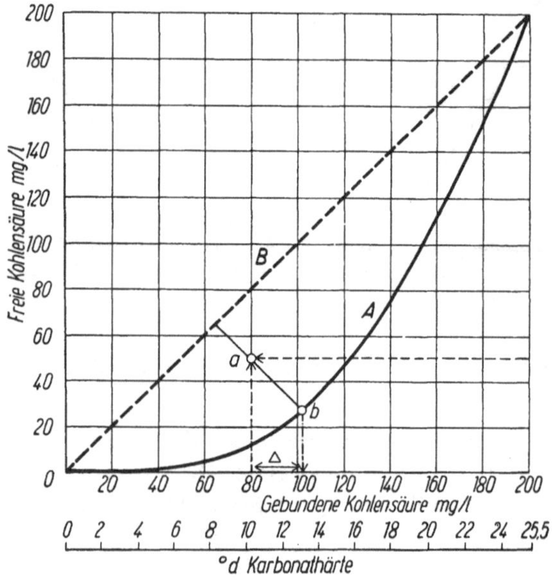

Abb. 4. Abhängigkeit von freier und gebundener Kohlensäure

ein Teil in halb gebundene Kohlensäure übergeht. Die Reaktion von Kohlensäure mit Calciumkarbonat verläuft mit sehr langsamer Geschwindigkeit.

Beispiel: In einem Liter Wasser seien 80 mg gebundene und 50 mg freie Kohlensäure vorhanden. Gesucht sei der kalkangreifende Anteil der „überschüssigen“ freien Kohlensäure.

Hierzu sucht man in Abb. 4 auf der Abszisse (gebundene Kohlensäure) den Punkt 80, auf der Ordinate (freie Kohlensäure) den Punkt 50. Der Koordinatenschnittpunkt liegt auf Punkt *a*. Errichtet man nun auf der Hilfslinie *B* das Lot durch Punkt *a* und verlängert bis zur Kurve *A*, so gelangt man zum Punkt *b*. Auf der Abszisse kann aus der Differenz $\Delta = b - a$ die Zunahme der gebundenen Kohlensäure abgelesen werden. Dieser Betrag in mg CO_2/l entspricht der kalkangreifenden freien Kohlensäure: ≈ 22 mg CO_2/l. Der Rest der im Wasser vorhandenen freien Kohlensäure ist nicht aggressiv bzw. kalkangreifend.

Während also nur einem Teil der „überschüssigen“ freien Kohlensäure kalkangreifende Eigenschaft zukommt, ist die gesamte Menge an vorhandener „freier“

Kohlensäure **metallangreifend,** solange keine **Schutzschicht***) den Angriff hindert. Das sog. „Kalk-Kohlensäure-Gleichgewicht" erfährt in der Praxis verschiedene Beeinflussungen. Mit zunehmender NKH (Nichtkarbonathärte) steigt die Menge der „zugehörigen" freien Kohlensäure beträchtlich an (Abb. 4). Dementsprechend verringert sich der Anteil an „überschüssiger" freier Kohlensäure. In solchen Wässern liegt die Gleichgewichts-p_H-Zahl demnach niedriger als in Wässern mit ausschließlicher Karbonathärte.

*) In eisernen Rohren bildet sich bei normalen Temperaturen nur dann eine sog. Kalkschutzschicht an den Innenwandungen aus, wenn das Wasser

a) Karbonathärte enthält,
b) keine aggressive Kohlensäure aufweist,
c) Sauerstoff enthält,
d) keine extrem hohe Konzentration an Chloridionen aufweist,
e) keine Stoffe mitführt, die chemisch lösend auf die Kalkschutzschicht einwirken. Schwach alkalische Reaktion begünstigt die Schutzschichtbildung.

Den Mechanismus einer natürlichen Kalkschutzschichtbildung in eisernen Rohren kann man wie folgt skizzieren:

Die eiserne Rohrwand kommt mit im Wasser gelösten Sauerstoff in Berührung und bildet Lokalelemente. Diese beginnen zu arbeiten, sobald an der Metalloberfläche Stellen unterschiedlicher elektrochemischer Beschaffenheit auftreten (unterschiedliche Bedeckungen mit O_2, unterschiedliche Belüftungen). Die Metalloberfläche besitzt somit kathodische (passive) und anodische (aktive) Zentren. An den kathodischen Stellen erfolgt Oxydbildung, an den anodischen Stellen gehen Eisenionen in Lösung, d. h. an den anodischen Stellen erfolgt die Metallauflösung innerhalb begrenzter Bezirke, wobei die freiwerdenden Elektronen im Metall an die kathodischen Stellen wandern und hier entweder Wasserstoffionen zur Entladung bringen oder aber in einer elektrochemisch anderen Weise das Metalloxyd reduzieren.

Nach F. Tödt kann man drei Grundvorgänge postulieren:

1. $Me + O = MeO$ (Oxydation des Metalls durch O_2)
2. $Me = Me^{++} + 2e^-$ (anodische Bildung von Metallionen und Elektronen)

3a. bzw. 3b. $MeO + 2H^+ + 2e^- = Me + H_2O$ $\quad$ $MeO + 2e^- + H_2O = Me + 2OH^-$

(Kathodische Reduktion von Metalloxyd oder direkter Elektronenübergang unter Bildung von Hydroxylionen)

An der Kathode verschwindet demnach Oxyd infolge kathodischer Reduktion, wobei es von untergeordneter Bedeutung ist, in welcher Weise der Reduktionsprozeß abläuft. Es spricht manches dafür, daß es sich hierbei nicht nur um eine Reduktion unter Entladung von Wasserstoffionen gemäß Vorgang 3a handelt, sondern um einen direkten Elektronenübergang an der Kathode entsprechend Vorgang 3b unter Bildung von Sauerstoff- bzw. Hydroxylionen. Beide Prozesse sind äquivalent und führen zum gleichen Endzustand. Das Verschwinden von positiv geladenen Wasserstoffionen ist praktisch dasselbe wie die Entstehung negativ geladener Hydroxylionen. D. h. bei dem vorbeschriebenen Depolarisationsmechanismus erhält die Umgebung der kathodischen Stellen eine alkalische Reaktion. Der geschwindigkeitsbestimmende Vorgang 1 ist von der Sauerstoffzufuhr abhängig.

Die alkalische Reaktion an der Rohrwandung stört das Kalk-Kohlensäure-Gleichgewicht eines Wassers in so starkem Maße, daß es zur Ausfällung von $CaCO_3$ bzw. $Ca(OH)_2$ aus den Kalksalzen kommt. In Wandnähe wird auch bei durchflossenen Leitungen die Durchflußgeschwindigkeit praktisch Null. In den vorliegenden Prozeß greifen die vorhandenen Eisenionen mit ein und bilden entsprechende im nichtaggressiven Wasser unlösliche Verbindungen. In dem Maße, wie die Ausfällungen die Metalloberfläche abdecken, kommt der elektrochemische Depolarisationsmechanismus infolge ständiger Verringerung von kathodischen und anodischen Stellen zum Stillstand, wenn die Schutzschicht vollständig aufgewachsen ist.

Man findet solche dünnen weißlichen Deckschichten in eisernen oder verzinkten Wasserleitungen, die nichts mit den Rohrverkrustungen zu tun haben, welche bei aggressivem Charakter des Wassers auftreten.

Der Gehalt eines Wassers an Calcium- und Magnesiumsalzen wird mit dem Sammelbegriff „**Härte**" gekennzeichnet. Dieser Begriff hat mit der mechanischen Festigkeit eines Stoffes nichts zu tun. Wahrscheinlich ist dieseBezeichnung auf das seifige und schaumige Gefühl zurückzuführen, welches ein an Kalksalzen armes Wasser in Verbindung mit Seife erzeugt. Bereits die alten Römer wußten hartes und weiches Wasser zu unterscheiden. Sie benutzten hierzu die Färbefähigkeit von Rotwein. Die färbenden Bestandteile, Önotannine, werden durch Erdalkalihydrogenkarbonate ausgefällt. Entsprechend dem Gehalt an Erdalkalihydrogenkarbonat muß man bei einer gegebenen Menge Wasser steigende Mengen an Rotwein zugeben, bis sich eine gleichmäßige Färbung eingestellt hat.

Als heutige **Maßeinheit für die Härte** gilt **der deutsche Grad (° dH)**; 1° dH entsprechen z. B.

10 mg/l Calciumoxyd (CaO)
17,9 mg/l Calciumkarbonat ($CaCO_3$)
28,9 mg/l Calciumhydrogenkarbonat ($Ca(HCO_3)_2$)
7,19 mg/l Magnesiumoxyd (MgO)
15,1 mg/l Magnesiumkarbonat ($MgCO_3$)

Während der deutsche Härtegrad (° dH) auf 10 mg CaO/l bezogen wird, besitzen der französische Härtegrad ° f die Bezugsgröße 10 mg $CaCO_3$/l und der englische Härtegrad ° e 10 mg $CaCO_3$/700 ml.

Die **Gesamthärte (GH)** eines Wassers wird vorwiegend von den Calcium- und Magnesiumverbindungen der Erdalkalien gebildet, weshalb man **Kalkhärte (CaH)** und **Magnesiahärte (MgH)** unterscheidet.

Die **Karbonathärte (KH)** umfaßt sämtliche an Kohlensäure gebundenen Bestandteile der Gesamthärte (Karbonate und Hydrogenkarbonate des Calciums und Magnesiums), während die **Nichtkarbonathärte (NKH)** sämtliche anderen Salze der Erdalkalien umfaßt: Hydroxyde, Chloride, Sulfate, Phosphate, Nitrate, Silikate, Humate u. a., soweit sie im Wasser löslich sind.

Neben Gasen wie Sauerstoff, Kohlensäure (Stickstoff und Edelgase sind als inerte Gase für die Wasseraufbereitung ohne Bedeutung) sowie den besprochenen Härtebildnern enthalten Naturwässer noch andere Stoffe, z. T. salzförmig gelöst, wie z. B. Natriumchlorid, Natriumsulfat, Kaliumchlorid, Eisensulfat, um nur einige Salze herauszugreifen.

Bei Oberflächenwässern (Flüssen, Bächen, Seen) sind ferner die zahllosen Abfallprodukte der Industrie und menschlichen Siedlungen zu nennen, welche fast alle bekannten chemischen Elemente in Form ihrer wasserlöslichen Verbindungen oder als Kolloide bzw. Schwebestoffe vertreten lassen.

Das Wasser als Lösungsmittel gesehen verdankt seine stofflösenden Eigenschaften in der Hauptsache besonderen physikalischen und chemischen Wechselwirkungen gegenüber den aufzunehmenden anorganischen und organischen Stoffen. Völlig reines Wasser leitet den elektrischen Strom fast gar nicht, dagegen bewirken schon geringe Mengen von Kohlensäure oder Salzen eine in starkem Maße erhöhte **elektrische Leitfähigkeit** (Abb. 5).

Die elektrische Leitfähigkeit von wäßrigen Lösungen beruht auf der Wanderung elektrisch geladener Teilchen zwischen zwei Elektroden (z. B. Platinblechen) bei angelegter Stromquelle. Die elektrisch geladenen Teilchen nennt man **Ionen.** Die

Tatsache, daß beim Stromdurchgang durch eine wäßrige Lösung an den Ein- und Austrittsstellen des Stromes (Elektroden) stoffliche Veränderungen stattfinden (**Elektrolyse**), läßt auf das Vorhandensein materieller Teilchen schließen, die je nach ihrer Ladung zum Plus- bzw. Minuspol wandern. FARADAY (1791—1867) bezeichnete die positiv geladenen Ionen, die zur negativ geladenen Elektrode (**Kathode**) wandern als **Kationen** und die negativ geladenen Ionen, die zur positiv geladenen Elektrode (**Anode**) wandern als **Anionen.** Die Zersetzung einer wäßrigen Salzlösung unter Einwirkung des elektrischen Stromes heißt **Elektrolyse.**

Früher glaubte man zunächst, daß die Ionen nicht unmittelbar durch Auflösung eines Salzes im Wasser entständen, sondern nur unter der Kraftwirkung eines angelegten elektrischen Feldes. Es erschien undenkbar, daß beispielsweise in einer Kochsalzlösung freies Natrium und freies Chlor, wenn auch in Form geladener Teilchen, vorhanden sind, da beide Elemente heftig miteinander bzw. mit Wasser reagieren. Bereits 1857 erkannte CLAUSIUS, daß die Ionen bei der Auflösung unmittelbar entstehen und auch ohne irgendeine angelegte äußere Stromquelle vorhanden sind.

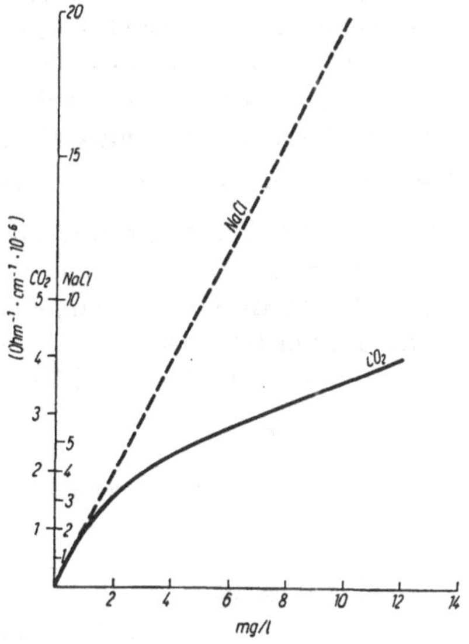

Abb. 5. Beziehung zwischen Salzgehalt und Leitfähigkeit für NaCl bzw. CO_2

Stoffe, welche in wäßriger Lösung in Ionen zerfallen, heißen **Elektrolyte.** Je nach dem **Zerfallsgrad der Moleküle** in Ionen unterscheidet man starke und schwache Elektrolyte. Zur theoretischen Deutung der Ionenbildung muß man davon ausgehen, daß bereits im Kristallgitter des festen Stoffes Ionen vorliegen. Im festen Kristall werden diese infolge ihrer entgegengesetzten elektrischen Ladung zusammengehalten. Die Wassermoleküle üben ihrerseits eine trennende Wirkung aus, indem sie sich zwischen die gegensätzlich geladenen Ionen schieben und den Kristallverband zur Auflösung bringen. Diesen Vorgang bezeichnet man als **„elektrolytische Dissoziation“.**

Auch das Wasser selbst ist zu einem allerdings sehr geringen Anteil in Ionen aufgespalten (dissoziiert), nämlich gemäß der Gleichung

$$H_2O \rightleftharpoons H^+ + OH^-$$

in **Wasserstoffionen positiver Ladung** und **Hydroxylionen negativer Ladung.** Bei Zimmertemperatur sind in einem Liter Wasser nur 10^{-7} g-Mol Wasserstoffionen (H^+) neben 10^{-7} g-Mol Hydroxylionen (OH^-) enthalten. In reinem Wasser gilt also die Beziehung

$$[H^+] = [OH^-] = 10^{-7} \text{ g-Mol/l.}$$

Das Ionenprodukt $[H^+][OH^-] = 10^{-14}$ g-Mol/l ist eine konstante Größe, die immer erfüllt sein muß, gleichgültig ob nun die rechte oder die linke Seite des Produktes eine Veränderung durch Zugabe einer Säure (H^+-Ionen) oder einer Lauge

(OH^--Ionen) erfährt. Die geringe Dissoziation von reinem Wasser verursacht eine Restleitfähigkeit von 0,04 μS cm^{-1} ($10^{-6}\,\Omega^{-1}\,cm^{-1}$) bei 18° C. Bis auf diese Restleitfähigkeit kann daher ein Wasser vollständig entsalzt werden.

Die außerordentliche Fähigkeit des Wassers, feste, flüssige oder gasförmige Stoffe der verschiedensten Art zu lösen, steht im ursächlichen Zusammenhang mit der hohen Dielektrizitätskonstante und dem sehr ausgeprägten Dipolcharakter. Die elektrostatische Wechselwirkung zweier elektrisch geladener Körper hängt bekanntlich von der Natur des Mediums ab, in welchem sie sich befinden. Ziehen sie sich im Vakuum mit der Kraft K an, so beträgt diese bei einem anderen Medium $\frac{K}{DK}$, wobei DK die betreffende Dielektrizitätskonstante bedeutet. Die Kapazität C eines Kondensators steigt auf $C \cdot DK$, wenn statt Vakuum eine stoffliche Schicht mit der Dielektrizitätskonstante DK eingeschaltet wird. Um die Sonderstellung des Wassers als Lösungsmittel in physikalischer und chemischer Hinsicht aufzuzeigen, sind in der folgenden Tabelle die Dielektritätskonstanten einiger Stoffe vergleichsweise angeführt:

Tabelle IV

Dielektrizitätskonstanten DK (18° C) einiger Stoffe

Luft	= 1	Diamant	= 5,5
Luft, flüssig	= 1,46	Glas	= 7,0—8,0
Kohlendioxyd, flüssig	= 1,58	Anilin	= 7,3
Benzol	= 2,26	Propylalkohol	= 25
Schwefelkohlenstoff	= 2,64	Äthylalkohol	= 26
Kautschuk, vulkanisiert	= 2,6	Methylalkohol	= 32
Schwefel, fest	= 3,9	Nitrobenzol	= 36
Quarz	= 4,0—4,5	Ameisensäure	= 58
Äther	= 4,35	Wasser	= 81
Chloroform	= 5		

Diese die elektrostatische Anziehung vermindernde und damit die Wiedervereinigung hemmende dielektrische Wirkung des Wassers ist wohl die Ursache dafür, daß in den wäßrigen Lösungen eine ungeheuer große Zahl von elektrisch geladenen Teilchen, z. B. Ionen oder Moleküle, nebeneinander auftreten kann. Die dielektrische Kraft des Wassers zeigt folgende Gegenüberstellung:

Die elektrische Ladung eines Wasserstoff- bzw. Hydroxylions beträgt $1,60 \cdot 10^{-19}$ Coulomb. Die Anzahl elektrisch geladener Teilchen, Ionen, in 6%iger Salzsäure ist für 1 Liter zu 10^{24} positiv geladenen Wasserstoff- und ebensoviel negativ geladenen Chlorionen anzunehmen. Es herrscht demnach eine ganz außerordentliche Konzentration elektrischer Ladung ($\approx 3,2 \cdot 10^5$ Coulomb) auf engem Raum. Hinzu kommen aber noch rein chemische Kräfte, die das Lösungsmittel Wasser an den gelösten Stoff binden.

Die Tatsache, daß z. B. beim Auskristallisieren aus wäßrigen Lösungen oft ein Teil des Lösungsmittels in den Kristallen gebunden bleibt **(Hydrate),** deutet auf einen Bindungszustand zwischen dem Lösungsmittel Wasser und dem gelösten Stoff. Es erscheint in diesem Zusammenhang nützlich, ganz kurz auf die Arten der chemischen Bindung einzugehen und im Anschluß daran das Wesen der Lösungen zu besprechen.

Die chemische Bindung beruht auf einem Austausch von Elektronen zwischen den beteiligten Atomen. Je nachdem, ob die für die chemische Bindung zuständigen „Valenzelektronen“ gleichmäßig beiden Atomen zugehören oder von einem Atom zum anderen hinüberwechseln, unterscheidet man allgemein zwischen **unpolaren** (Molekül-) und **polaren** (Ionen-) Bindungen. Zwei H-Atome treten beispielsweise zum H_2-Molekül unter unpolarer Bindung zusammen, während im Kochsalz NaCl die Verbindung auf Grund der elektrostatischen Anziehungskräfte zwischen den entstandenen gegensätzlich geladenen Ionen Na^+ sowie Cl^- beruht. In diesem Fall hat

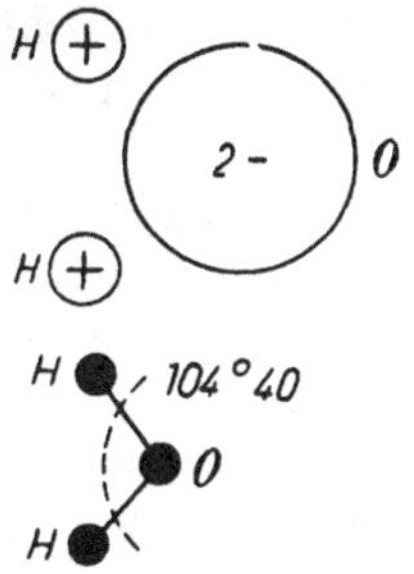

Abb. 6a. H_2O-Molekül als Dipol

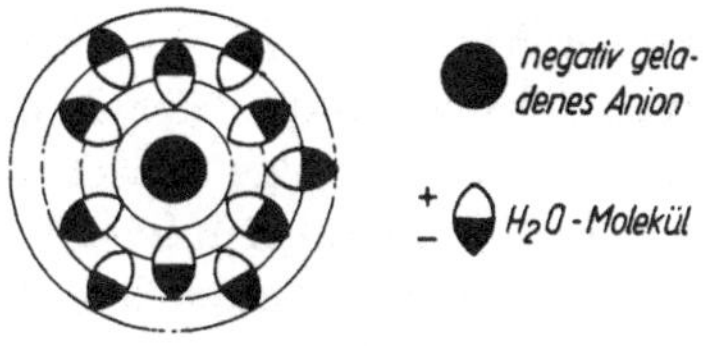

Abb. 6b. Hydratisiertes Anion

das Na-Atom ein Elektron an das Chloratom abgegeben, und wir haben hier den typischen Fall einer polaren Bindung vorliegen. Es gibt selbstverständlich eine große Zahl chemischer Verbindungen, deren Bindungscharakter irgendwie zwischen den vorgenannten Extremzuständen liegt. Demgemäß ändern sich die Eigenschaften in wäßriger Lösung. Dabei spielt der **Ionenradius** eine entscheidende Rolle, d. h. grob gesagt, die Größe der Ionen. Die positiven Ionen, Kationen z. B., können in ihrer Kraftwirkung nach außen leicht durch benachbarte viel größere negative Ionen umhüllt oder abgeschirmt werden, so daß aus solchen Verbindungen in wäßriger Lösung Moleküle entstehen. Die elektrische Leitfähigkeit ist in einem solchen Fall naturgemäß geringer, da sich die Anzahl der Elektrizitätsträger gegenüber der reinen Ionenverbindung vermindert hat.

Wenn zwei Atome gemeinsame Elektronen (mindestens ein gemeinsames Elektronenpaar) benutzen, zeigt sich in der Regel, daß die **Affinität der Atome zu den gemeinsamen Elektronen verschieden** groß ist. Hieraus resultiert eine ungleiche Ladungsverteilung innerhalb des Molekülverbandes und damit der mehr oder minder starke polare Charakter einer Molekel mit einem mehr oder weniger ausgeprägten elektrischen Dipol.

Beim Wassermolekül ergibt sich schematisch die in Abb. 6a gezeigte Ladungsverteilung.

Die Größe der Dipolkräfte eines Moleküls, das sog. **Dipolmoment,** ermittelt man u. a. durch Bestimmung der Dielektrizitätskonstanten.

Zwischen verschiedenen Dipolen bzw. Stoffen unterschiedlicher Dipole treten Bindungskräfte auf, die weder ausgeprägten polaren noch unpolaren Charakter aufweisen und auf der Wechselwirkung permanenter oder induzierter Dipole beruhen.

Diese für organische Verbindungen wichtigen Kräfte sind als sog. VAN DER WAALSsche **Kräfte** bzw. zwischenmolekulare Kräfte bekannt.

Zu ihnen rechnet man noch die sog. **Dispersionskräfte** für das Zusammenhaften aller Moleküle, die keine Ionen oder permanenten Dipole enthalten.

Aus dem Vorhergesagten wird klar, daß die Bindungskräfte elektrischer Natur verschiedene Charakteristik aufweisen. Am Beispiel des Wassers erläutert die Abb. 6b den für die Stoffauflösung entscheidenden Effekt der **Hydratation** unter Mitwirkung der Dipole.

Das von einem negativ geladenen Anion ausgehende elektrische Feld bewirkt eine Anziehung und Ausrichtung (Induzierung) benachbarter Wassermoleküle und hierdurch eine Trennung und Auflösung des festen Stoffes. Den Vorgang der Umhüllung mit einer Wasserhülle nennt man allgemein **Hydratation.**

Zusammenfassend kann man sagen, daß die lösende Wirkung des Wassers darin besteht, als elektrischer Dipol in Wechselwirkung mit Ionen bzw. positiven bzw. negativen Ladungsschwerpunkten der Moleküle zu treten und Solvate zu bilden, wobei die Wassermoleküle infolge zwischenmolekularer Bindungskräfte besonderer Art zu größeren Molekülkomplexen zusammentreten. Diese **Assoziation** beruht auf der sogenannten **Wasserstoffbrückenbindung** (Resonanz) zweier benachbarter H-Atome der Wassermoleküle. Diese komplizierten Verhältnisse sind beim Wasser insofern von größter Bedeutung, als damit die Anomalien des Wassers z. B. hinsichtlich seines Dichtemaximums bei 4^0 C bzw. der extrem hohen spezifischen Wärme zu erklären sind.

Wenn die ionogenen Bestandteile des Wassers beim Auflösungsvorgang gegenüber den Ionen des zu lösenden Stoffes eine Reaktion eingehen, spricht man von **Hydrolyse.** Bei einem Salz kann z. B. folgende hydrolytische Spaltung auftreten:

$$\underset{\substack{\text{Metallion}\\ \text{Kation}}}{Me^+} + \underset{\text{Anion}}{X^-} + \underset{\substack{\text{Wasser-}\\ \text{stoffion}}}{H^+} + \underset{\substack{\text{Hydro-}\\ \text{xylion}}}{OH^-} \rightleftharpoons \underset{\substack{\text{Lauge}\\ \text{(Base)}}}{MeOH} + \underset{\text{Säure}}{HX}$$

Die Hydrolyse ist also der umgekehrte Vorgang zur Salzbildung. **Hydrolyse tritt dann ein, wenn mit den Kationen oder Anionen des Wassers undissoziierte oder nur schwach disszoziierte Endprodukte (z. B. Säuren, Laugen oder Salze) entstehen.** Diesen Fall beobachtet man z. B. bei der Auflösung von Trinatriumphosphat (Na_3PO_4) in Wasser. Dabei entsteht alkalische Reaktion gemäß

1. $Na_3PO_4 + HOH \rightleftharpoons NaOH + Na_2HPO_4$,
2. $NaOH \rightleftharpoons Na^+ + OH^-$,

wobei neben restlos dissoziierter Natronlauge das im Verhältnis weniger dissoziierte Dinatriumhydrogenphosphat gebildet wird.

Betrachtet man die Hydrolyse des Aluminiumsulfates gemäß

1. $Al_2(SO_4)_3 + 6HOH \rightleftharpoons 2Al(OH)_3 + 3H_2SO_4$,
2. $H_2SO_4 \rightleftharpoons 2H^+ + SO_4^{--}$,

so wird die saure Reaktion einer wäßrigen Aluminiumsulfatlösung verständlich, da schwach basisches Aluminiumhydroxyd entsteht.

Bei den organischen Stoffen sind die Lösungsvorgänge sehr viel komplizierter. Die meisten organischen Verbindungen sind in Wasser kaum oder gar nicht löslich Diejenigen, welche leicht löslich sind, besitzen auf Grund ihrer Struktur, wie z. B. die Alkohole, bewegliche Wasserstoffatome, die mit den Wassermolekülen in Reaktion bzw. Resonanz treten können (s. o.) oder ermöglichen eine Auflösung mittels Dipolkräften. Organische Verbindungen ohne beträchtliches Dipolmoment (Benzol, Naphthalin, Anthracen, Paraffin u. v. a.) sind im Wasser unlöslich, da die Wassermoleküle keine anziehenden elektrostatischen Kräfte finden. Der Zusammenhalt organischer Moleküle erfolgt hauptsächlich durch zwischenmolekulare Kräfte, die zwar etwas schwächer sind als die ionogenen Kräfte, jedoch infolge der meist assoziierten Molekülkomplexe organischer Verbindungen mit ihren sehr festen C-C-Bindungen Bindungsenergien aufweisen, die mit Ionenkräften sogar in Konkurrenz zu treten vermögen.

Es gelingt unter bestimmten Verhältnissen, auch an sich wasserunlösliche organische Stoffe, wie z. B. Fette und Öle, wasserlöslich zu machen. Hierzu dienen sog.

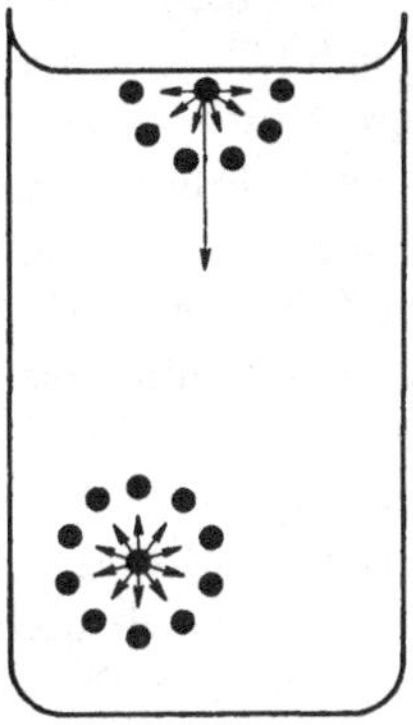

Abb. 7. Oberflächenspannung an der Grenzfläche von Flüssigkeiten. Während sich die Molekularkräfte im Innern der Flüssigkeit gegenseitig aufheben, ergibt die Zusammensetzung der Kräfte an der Oberfläche eine resultierende Kraft, die auf der Oberfläche senkrecht steht und in das Innere der Flüssigkeit gerichtet ist

Netzmittel, organische Verbindungen mit einerseits langkettigen fettartigen Molekülen und andererseits stark polaren Gruppen, wie z. B.

$$CH_3 - (CH_2)_n - CH_2 - O - SO_3Na.$$

Wie ersichtlich, handelt es sich dabei um gemischte chemische Verbindungen, wobei die organischen Kettenmoleküle ihre Bindungskräfte spezifisch den im Bindungscharakter verwandten organischen Stoffen zuwenden, während andererseits die ionogenen anorganischen Molekülseiten mit den Wassermolekülen in Resonanz treten, wodurch gewissermaßen über eine Brücke die Wasserlöslichkeit sonst im Wasser unlöslicher organischer Stoffe erzwungen wird. Die Molekülkräfte, welche den Zusammenhalt der Flüssigkeit bewirken, kann man aus der **Oberflächenspannung** experimentell ermitteln.

Gemäß Abb. 7 heben sich innerhalb einer Flüssigkeit die gegenseitigen Anziehungskräfte der Moleküle auf, dagegen ergibt die Zusammensetzung dieser Kräfte an der Oberfläche eine resultierende Kraft, die auf der Oberfläche senkrecht steht und in das Innere der Flüssigkeit gerichtet ist. Um ein Molekül aus dem Oberflächenverband zu lösen, muß also Arbeit geleistet werden (z. B. thermische Energie beim Verdampfen). Dieser nach innen gerichteten Kraft geben die Oberflächenmoleküle so lange nach, wie es möglich ist, aus der Oberfläche Moleküle ins Innere abzugeben, daher resultiert die Kugelform bei Stoffen mit hoher Oberflächenspannung, wie sie das Wasser aufweist. Die Netzmittel bewirken nun auf Grund ihres zwiespältigen Charakters eine **Erniedrigung der Oberflächenspannung,** indem ihre wasserlösliche (hydrophile) Gruppe in der Oberfläche des Wassers sich den Wassermolekülen zuwendet, während die im Wasser wasserunlösliche (hydrophobe) Gruppe nach außen ragt. Die gleichzeitig auf die Wassermoleküle wirkenden anziehenden und abstoßenden Kräfte der sog. **oberflächenaktiven Stoffe** verursachen demnach eine Ausrichtung ihrer Moleküle. An der Flüssigkeitsoberfläche findet eine Ansammlung der langkettigen Molekülschwänze organischer Natur statt, die gegenseitig keine oder nur sehr geringe Anziehungskräfte besitzen. Die Anhäufung führt zu einer Herabsetzung der Oberflächenspannung des Wassers.

Im Dampfkesselbetrieb sind Stoffe, welche die Oberflächenspannung des Wassers erniedrigen, höchst unerwünscht, weil infolge der geschilderten Vorgänge die Wasseroberfläche zum Schäumen neigt. Die Folge ist unreiner Dampf. Begünstigt wird das Schäumen des Kesselwassers noch durch die Tatsache, daß die **Oberflächenspannung mit steigender Temperatur** sowieso **abnimmt,** um bei der kritischen Temperatur Null zu werden. Das Wasser vermag feste Stoffe verschiedensten Zerteilungsgrades (Dispersitätsgrad) aufzunehmen. Ist ein fester Stoff im flüssigen Lösungsmittel so weit verteilt, daß er in der Lösung nur in Form von Einzelmolekülen bzw. in der dissoziierten Ionenform ($\varnothing \approx 1$ Å $= 10^{-8}$ cm) oder in Form von Aggregaten weniger miteinander verbundener („assoziierter") Moleküle ($\varnothing < 10$ Å $= 10^{-7}$ cm) vorliegt, so spricht man von einem **molekulardispersen System.** Dieses bildet vollkommen klare Lösungen, sog. **„echte" Lösungen.** Ist der Durchmesser der festen Teilchen größer als 10 Å (10^{-7} cm) und kleiner als 1000 Å (10^{-5} cm), so sind die Teilchen auch unter dem Mikroskop noch nicht sichtbar, da ihre Größe unterhalb der Wellenlänge des sichtbaren Lichtes (10^3—10^4 Å $= 10^{-5}$—10^{-4} cm) liegt. Ein solches System wird mit **„kolloiddispers"** und die Lösung solcher gröberen Teilchen **„kolloide Lösung"** genannt. Kieselsäure (SiO_2) kommt im Wasser z. B. als solches Kolloid gelöst vor. Man hat für kolloide Kieselsäure ein Molekulargewicht von 5000—6000 ermittelt.

Daß bei einer kolloiden Lösung gröbere Partikeln vorliegen, kann man optisch erkennen, wenn man einen Lichtstrahl durch die Lösung schickt. Während in echten Lösungen dieser Lichtstrahl bei seitlicher Betrachtung unsichtbar bleibt, läßt sich in kolloiden Lösungen sein Gang verfolgen, da die festen Partikel das Licht nach allen Richtungen zerstreuen, wodurch seitlich eine leuchtende Trübung zu beobachten ist. Die gleiche Erscheinung liegt vor, wenn ein Lichtstrahl in ein von Rauch oder Staub erfülltes dunkles Zimmer einfällt (TYNDALL-**Effekt**).

Sind die im Wasser verteilten festen Partikel größer als 1000 Å ($> 10^{-5}$ cm), so definieren wir ein **grob disperses System,** das als **„Suspension"** bezeichnet wird und dem Auge nicht mehr als klare, sondern trübe Lösung erscheint. Zwischen den vorerwähnten molekulardispersen, kolloiddispersen und grobdispersen Phasen bestehen keine scharfen Grenzen, jede Art Übergang ist möglich, d. h. also jede Teilchengröße.

In der Wasserchemie spielen die kolloiden Systeme eine bedeutende Rolle. Die feinteilige, oberflächenreiche Materie hat ein großes Bestreben, in einen groben oberflächenarmen Zustand überzugehen. Daher sollten kolloide wäßrige Lösungen eigentlich instabil sein und zum **„Ausflocken"** neigen. Entgegen dieser Annahme flocken sie jedoch nicht spontan, weil die Vereinigung der kleinen Teilchen zu größeren Konglomeraten durch elektrostatische Abstoßungskräfte behindert wird. Die elektrische Aufladung der Kolloide umgibt diese in gleicher Weise mit einer Wasserhülle (Hydratation), wie wir es bei der Dissoziation der Ionen kennenlernten. Die große absolute Oberfläche (nicht die geometrische) verleiht den kolloiden Teilchen ein außerordentlich starkes Adsorptionsvermögen. Dabei zeigen die sog. **„hydrophoben“ (= wasserfürchtenden) Kolloide** ein bevorzugtes Adsorptionsvermögen auf bestimmte Ionen in der Lösung und erhalten dabei u. U. eine gleichsinnige Aufladung, was zur Folge hat, daß unter den kolloiden Teilchen zusätzlich starke elektrische Abstoßungskräfte auftreten und das Zusammenballen oder Zusammentreten in noch größerem Maße verhindern. Solche Aufladungen infolge Adsorption erfahren Kolloide z. B. von Wasserstoff- bzw. Hydroxylionen des Wassers oder Ionenarten, aus denen die Moleküle der Kolloide selbst bestehen.

Will man einen hydrophoben kolloiden Stoff zur Ausflockung bringen, so muß man demnach die Aufladung der kolloid gelösten Teilchen beseitigen. Eine solche Ausflockung wird in der Wasseraufbereitungstechnik häufig angewandt, um z. B. nicht echt gelöste organische Stoffe, wie sie namentlich in Oberflächenwässern vorkommen, zu entfernen.

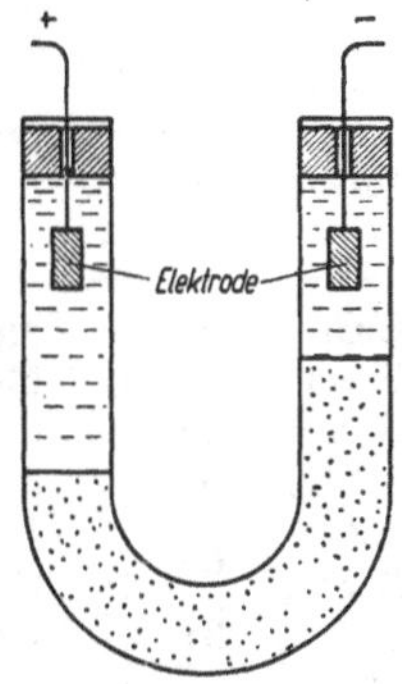

Abb. 8. Wanderung kolloider Teilchen im elektrischen Feld

Im allgemeinen sind hydrophobe Kolloide gegenüber Elektrolytzusatz sehr empfindlich. Am besten eignen sich gut adsorbierbare, entgegengesetzt geladene Ionen, wobei mehrwertige Ionen (Fe^{+++}, Al^{+++}) wegen ihrer größeren Ladung stärker ausflockend wirken. Ob die Kolloide positive oder negative Ladung tragen, läßt sich bei Anlegung einer elektrischen Spannung mit Hilfe zweier in die Lösung eingebrachter Elektroden feststellen. Je nach Vorzeichen der Ladung wandert die Grenzschicht zwischen Wasser und **Sol (= kolloide Lösung).** Die Wanderung kolloider Teilchen im elektrischen Feld nennt man **Kataphorese** oder **Elektrophorese.** Bei der in Abb. 8 dargestellten Versuchsanordnung befindet sich in einem U-Rohr aus Glas eine kolloide Eisen(III)-oxyd-hydrat-Lösung, die in jedem Schenkel mit reinem Wasser überschichtet ist. Legt man an die Elektroden eine genügend hohe Spannung (z. B. 220 V =), so zeigt sich, daß die beiden Grenzen der braunen Kolloidlösung sich allmählich in Richtung der negativen Elektrode verschieben. Die Eisenoxydhydratteilchen sind also positiv geladen. Wird der Versuch fortgesetzt, bis die Kolloidteilchen die Anode berühren, so erfolgt Entladung und Ausflockung derselben. Die **kataphoretische Wanderungsgeschwindigkeit** liegt im allgemeinen in der gleichen Größenordnung wie die elektrolytische Wanderungsgeschwindigkeit der Ionen ($3 \cdot 10^{-4}$ bis $5 \cdot 10^{-4}$ cm/sec je Volt/cm).

Wie bereits erwähnt, hängt die Ladung bei Kolloidteilchen mit den oberflächlich adsorbierten Ionen zusammen.

So enthält z. B. in kolloider Lösung befindliches Eisen(III)-oxyd-hydrat für gewöhnlich H^+-Ionen an der Oberfläche adsorbiert. Bei Zusatz von Lauge werden die H^+-Ionen teilweise oder ganz durch die OH^--Ionen neutralisiert. Man erkennt diesen Vorgang an der Abnahme der Wanderungsgeschwindigkeit im elektrischen Feld. In dem Maße, wie sie sinkt, nimmt auch die Beständigkeit des Sols ab. Wird die Wanderungsgeschwindigkeit Null, so flockt das Sol augenblicklich aus. Entsprechendes gilt für andere Sole; für die Beständigkeit der Sole ist also eine gewisse Mindestladung erforderlich.

Derjenige Punkt, an dem die elektrische Ladung eines Kolloids gerade kompensiert ist, heißt der **„isoelektrische Punkt“**. Zur Ausflockung (Koagulation) negativ geladener Kolloidteilchen kommen Kationen und bei positiv geladenen Kolloidteilchen Anionen in Frage. Die ausflockende Wirkung ein-, zwei- und dreiwertiger Ionen (z. B. K^+, Ba^{++}, Al^{+++}) molarer Konzentrationen erfolgt etwa im Verhältnis 1 : 10 : 1000. Nur die einwertigen Ionen H^+ bzw. OH^- machen eine Ausnahme, wahrscheinlich auf Grund ihrer außerordentlich starken Ionenbeweglichkeit.

Kolloide Metalle und Metallsulfide weisen in der Regel negative, kolloide Metalloxyde und -hydroxyde dagegen gewöhnlich positive Ladungen auf.

Das Flockungsvermögen einiger Elektrolyte gegenüber einem negativ geladenen Sol zeigt die Tabelle V. Die angeführten Meßergebnisse von H. FREUNDLICH geben

Tabelle V

Flockungsvermögen von Elektrolyten mit

einwertigen Kationen		zweiwertigen Kationen		dreiwertigen Kationen		organischen Kationen	
LiCl	58	$MgCl_2$	0,72	$AlCl_3$	0,093	Anilinhydrochlorid	2,5
NaCl	51	$MgSO_4$	0,81	$Al(NO_3)_3$	0,095	Morphinhydrochlorid	0,42
KCl	50	$CaCl_2$	0,65	1/2 $Al(SO_4)_3$	0,096	Kristallviolett	0,16
KNO_3	50	$SrCl_2$	0,64	$Ce(NO_3)_3$	0,080	Neufuchsin	0,11
1/2 K_2SO_4	65	$BaCl_2$	0,69			Benzidinnitrat	0,087
HCl	31	$ZnCl_2$	0,69			Chininsulfat	0,24
1/2 H_2SO_4	30	$UO_2(NO_3)_2$	0,64				

die Konzentrationen in Millimol/l an, die ein Sol mit 1,85 g As_2S_3/l in der gleichen Zeit ausflockten. Maßgebend für das Flockungsvermögen ist im vorliegenden Fall jeweils das Kation.

Die geringsten Elektrolytmengen erfordern hiernach die dreiwertigen Kationen. Manchmal kann der Elektrolytzusatz über den isoelektrischen Punkt des Kolloids hinaus gesteigert werden, ohne daß es zur Ausfällung kommt. In diesem Fall gelingt es sogar, das Kolloid umzuladen. Der Grund liegt darin, daß die Ausflockung zeitabhängig ist.

Bei der anderen Sorte von Kolloiden, den sog. **hydrophilen (= wasserliebenden) Kolloiden,** bewirken nicht bestimmte Ionen die Löslichkeit im Wasser, sondern in erster Linie ist das Anlagerungsvermögen von Wassermolekülen (Hydratation) maßgebend. Die Umhüllung mit Wassermolekülen ermöglicht in ähnlicher Weise wie bei den Ionen die Löslichkeit und Stabilisierung des Sols. Das Bestreben, Wassermoleküle anzulagern, kann so weit gehen, daß schließlich schleimige, gallertartige Massen (**„Gel“** genannt) entstehen, wie sie z. B. bei Gelatine allgemein bekannt sein dürften. Die hydrophilen Kolloide lassen sich durch Elektrolytzusätze nur schwer oder gar nicht ausflocken. Sie neigen aber meist von Natur aus zum **„Altern“**, d. h. zum Zusammenbacken höhermolekularer Gebilde. Ein alterndes Gel wird also zu irgendeinem Zeitpunkt unlöslich, wobei höhere Temperaturen das Altern begünstigen. Als Beispiel sei hier Kieselsäure (Siliciumdioxyd) in hydratischer Form genannt, die allmählich zu höhermolekularen Verbindungen (Meta-Kieselsäuren) koaguliert.

Tritt ein solcher Vorgang z. B. in einem Anionenaustauscher auf, indem die Kieselsäure ausflockt, so gelingt es nicht ohne weiteres, die abgeschiedene gealterte Kieselsäure mit Natronlauge bei normaler Temperatur wieder in Lösung zu bringen.

Da alle möglichen Übergänge zwischen hydrophoben und hydrophilen Kolloiden bestehen und der Einfluß des p_H-Wertes zudem eine entsprechende Rolle spielt (**Fe(III)-Oxydhydrat** flockt beispielsweise bei p_H **6,5** am günstigsten), handelt es sich um ein sehr kompliziertes Gebiet. Wo. Ostwald hat in seinem Buch „Die Welt der vernachlässigten Dimensionen" die Bedeutung der Kolloidchemie eindeutig unterstrichen. Auch für die Wasseraufbereitungstechnik kann der Hinweis auf die Berücksichtigung kolloidchemischer Gesichtspunkte bei der Beurteilung eines Wassers gar nicht deutlich genug sein. Darum sind diese Dinge auch mit einer entsprechenden Ausführlichkeit behandelt, sofern der Rahmen der vorliegenden Schrift dies räumlich zuließ.

Nachdem wir in einem kurzen Abriß die wichtigsten allgemeinen chemischen Eigenschaften des Wassers kennengelernt haben, soll das vorliegende Kapitel mit einem Hinweis auf das biologische Leben abschließen, welches den Zustand eines natürlichen Wassers in starkem Maße beeinflußt.

Oberflächen- und Grundwässer enthalten oft **Schwefelwasserstoff,** welcher z. B. aus Verwesungsprodukten der in Pflanze und Tier enthaltenen Schwefelverbindungen entstanden sein kann. Schwefel gehört zu den für das organische Leben unbedingt erforderlichen chemischen Elementen, z. B. treffen wir ihn als Baustein der Eiweißstoffe. Auch vermögen manche Mikroorganismen Sulfate unter Schwefelwasserstoffbildung zu reduzieren.

Für die Aufbereitung von Oberflächen- und z. T. bei Grundwässern spielen die **biologischen Verhältnisse** eine nicht zu vernachlässigende Rolle. Seen, Teiche, Flüsse und Kanäle beherbergen **tierisches Plankton (Schwebefauna)** und **pflanzliches Plankton (Schwebeflora).** Die **Schwebefauna** besteht zur Hauptsache aus niederen Krebsen (z. B. Wasserflöhen bzw. Hüpferlingen), Rädertieren und Urtierchen. Die **Schwebeflora** setzt sich aus Kieselalgen, Grünalgen, Blaualgen und Jochalgen zusammen. Das Plankton besteht also aus einer recht vielseitigen Lebensgemeinschaft zwischen Pflanzen und Tieren, welche sich nach einem Sommer- und Winterrhythmus in der Zusammensetzung ändert.

Die Planktonlebewesen sind z. T. so klein, daß sie bei der technischen mechanischen Wasserfiltration nicht sämtlichst zurückgehalten werden.

Die **Kieselalge (Melosira)** z. B. bildet Fäden von höchstens 1 mm Länge und $^1/_{50}$ mm Dicke. Die Lebewesen des Planktons sind willenlos der Wasserströmung preisgegeben, sie treiben schwebend hin und her und besitzen keine oder doch nur sehr geringe Eigenbewegung. Auf Grund ihrer Konstitution bleiben sie leicht an Unebenheiten der Umgebung oder Gewächsen hängen. Z. B. trifft man sehr häufig ganze Kolonien in Turbinenkondensatoren, insbesondere in den Kondensatorrohren. Infolge solcher organischer Verschmutzungen sinkt dann der Kondensatorwirkungsgrad erheblich ab. Selbst ins Kesselspeisewasser können unter Umständen solche Lebewesen gelangen, indem sie die chemischen Vollentsalzungsfilter durchschlüpfen. Besonders im Sommer beobachtet man in Verbindung mit intensiver Sonneneinstrahlung namentlich an stehenden Gewässern die sog. **Wasserblüte,** d. h. eine besonders starke Entwicklung des Planktons.

Es ist für die Aufbereitung von Oberflächenwässern von Belang, das biologische Leben oder genauer definiert, den limnologischen Zustand des Gewässers zu kennen und gegebenenfalls die natürlichen Organismen sogar als Aufbereitungsfaktoren einzusetzen. Als Beispiel sei die biologische Entkarbonisierung im Rückkühlteich des Kraftwerks Afferde (EWG Wesertal, Hameln) und die biologische Entkieselung im Rückkühlteich des Kraftwerks Wölfersheim (Hefrag) erwähnt.

Im Fall Afferde handelt es sich um einen Teich, der ständig von einem Grundwasserstrom durchflossen wird und außerdem von einem kleinen Fluß, der Hamel, Zusatzwasser erhalten kann. Beide Zuflüsse besitzen eine mittlere Karbonathärte von 11—12° dKH. Ohne ständige Entsalzung des Kühlteiches müßte dieser infolge der unvermeidlichen Verdunstung demnach eine beachtliche Eindickung erfahren. Diese tritt jedoch nicht ein, weil offenbar eine natürliche Entsalzung durch den Grundwasserstrom anzunehmen ist. Die hohe Karbonathärte führte jedoch zu starkem Anfall von Kesselstein im Kondensator und hatte laufende chemische bzw. mechanische Reinigungen zur Folge, um ein wirtschaftlich tragbares Vakuum zu fahren. Der Betrieb beobachtete jedoch periodische Abnahmen der Karbonathärte bis auf minimal 4° dKH bei gleichzeitigem Anstieg der aggressiven Kohlensäure im Frühjahr und Sommer. Parallel damit setzte eine intensive Wasserblüte ein. Die Untersuchungen ergaben Blau-, Grün-, Joch- und Kieselalgen, deren günstigste Lebensbedingungen bei 20—25° C liegen. Ein Zusatz von Nährstoffen Stickstoff und Kali begünstigte das Algenwachstum. Unerwünschte Blaualgentätigkeit wurde mit Kupfersulfat reguliert. Die mittels Kunstdünger intensivierte Algentätigkeit hatte besonders in den Tagesstunden eine kräftige Assimilation der „zugehörigen" freien Kohlensäure und damit eine Störung des Kalk-Kohlensäure-Gleichgewichts zur Folge: hierdurch erfolgte Ausscheidung von Calciumkarbonat. Durch die Herabsetzung der Karbonathärte auf biologischem Wege konnten die Reinigungsperioden der Turbinenkondensatoren verlängert, damit das Vakuum und die Wirtschaftlichkeit verbessert werden. Versuche, die Karbonathärte mittels Hexametaphosphat in Lösung zu halten, sind nach Angaben des Werkes negativ verlaufen.

Beim Kraftwerk Wölfersheim handelt es sich um einen „abgesoffenen" Braunkohlentagebau mit reichlicher Kieselalgenflora, der als Rückkühlbecken für den Kondensationsbetrieb dient. Die Kieselalgen verzehren im Wasser gelöste Kieselsäure und setzten in den biologisch günstigen Monaten (Mai—September) den Gehalt an SiO_2 von 4,0 auf 0,6 mg/l herab.

Einen besonderen biologischen Einfluß findet man bei Wasseraufbereitungsanlagen und Wasserleitungen auf den Innenwänden. Die sog. **biologische Eisenkorrosion** beruht auf der Anwesenheit von Mikroorganismen, die teils im Grund und teils im Oberflächenwasser gedeihen.

Die **„anaeroben" Bakterien** bevorzugen ein sauerstofffreies bzw. sauerstoffarmes Medium. Es sind in dieser Gruppe

1. **Schwefelbakterien** (Typ Thiobacillus thiooxydans)
2. **sulfatreduzierende Bakterien** (Typ Sporovibrio desulfuricans)

zu nennen.

Die Bakterien sind dem unbewaffneten Auge unsichtbar und normalerweise etwa 4 μ lang und 1 μ dick. Sie bewegen sich mittels Geißeln schraubenförmig schlängelnd weiter und gedeihen sowohl in Wässern als auch im feuchten Erdboden, wenn assimilierbare organische Verbindungen oder Sulfate in Abwesenheit von Sauerstoff vorhanden sind.

Die Schwefelbakterien vermögen Schwefel oder reduzierte anorganische Schwefelverbindungen unter Bildung von Schwefelsäure zu oxydieren, am besten in Abwesenheit von Sauerstoff. Die Schwefelbakterien bevorzugen saure Wässer.

Die Lebensvorgänge der sulfatreduzierenden Bakterien bestehen im wesentlichen aus dehydrierenden und hydrierenden Prozessen. Ihre Stoffwechselprodukte sind

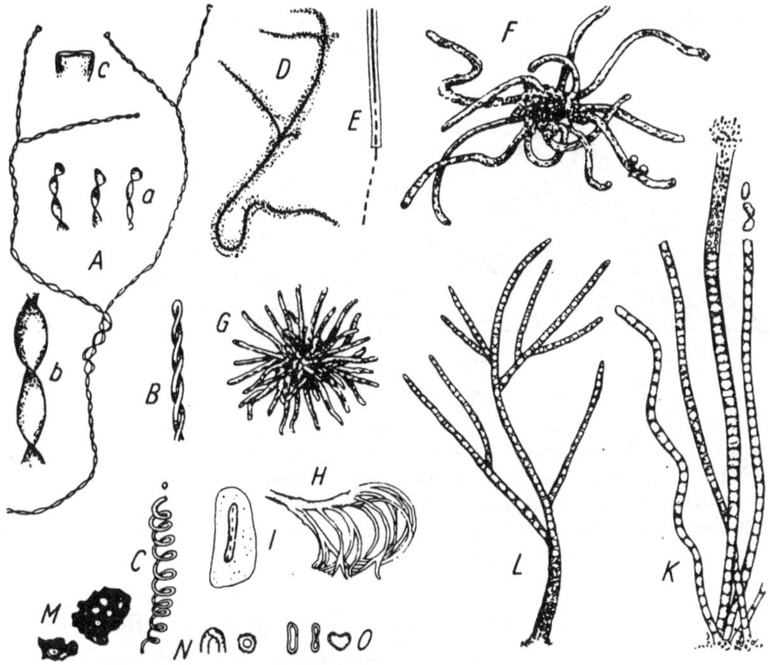

Abb. 9. Die Eisenbakterien der Wasserversorgungsanlagen

A Gallionella ferruginea; *a* sich teilende Kokken an den Stielenden. *b* Stielstück. *c* Querschnitt durch den Stiel. — *B* Spirophyllum ferrugineum. — *C* Spirosoma ferruginea. — *D* Leptothrix discophora (= L. crassa). — *E* Leptothrix ochracea. — *F* Leptothrix lopholea. — *G* Leptothrix echinata. — *H* Leptothrix trichogenes. — *I* Mycothrix clonothrichoides. — *K* Crenothrix polyspora. — *L* Crenothrix fusca. — *M* Siderocapsa Treubii. — *N* Ochrobium tectum. — *O* Naumanniella minor.

Nach Cholodny, Suessenguth, Zopf, Dorff und Einar Naumann; *K* und *L* Originale.

Säuren (z. B. Kohlensäure) und saure Schwefelverbindungen (z. B. Schwefelwasserstoff). An der Eisenwandung entsteht daher Eisensulfid (FeS).

Allgemein betrachtet, greifen die Stoffwechselprodukte der „anaeroben“ Bakterien also die eisernen Werkstoffe an.

Die andere Gruppe der **„aeroben“ Bakterien** benötigt den Sauerstoffgehalt des Wassers. Hierbei interessieren besonders die sog. **Eisenbakterien** (Abb. 9), organische Lebewesen, welche Eisen und Mangan in ionenförmigem, d. h. gelöstem Zustand aufnehmen, unter Mitwirkung von Sauerstoff verdauen und die Verdauungsprodukte in Form von wasserunlöslichen Eisenoxydhydraten oder von Mangandioxyd wieder ausscheiden. Die Eisenbakterien sind an sich unbeweglich, treiben im Wasser und vermögen sich an Unebenheiten der Rohrwandungen festzusetzen. Sie leben in stagnierenden und fließenden Wässern mit p_H-Zahlen zwischen 4—10 bei Wassertemperaturen von 5—40° C (optimal 24° C) in Gegenwart von Eisen oder Mangansalzen sowie Sauerstoff. Manche Eisenbakterien benötigen organische Materie, andere keine.

Erfolgt die Eisenoxydbildung innerhalb der Zellen, ergeben die ausgeschiedenen Oxydmengen ein Vielfaches des Zelleninhaltes. Es können Rostschlämme im Wasser oder auf den wasserberührten Eisenflächen Krusten bzw. lokalisierte Rostknollen, -knötchen oder Buckel entstehen. Die biologisch gebildeten Rostbuckel sind schalenförmig aufgebaut (Abb. 10), besitzen im trockenen Zustand ein lockeres Gefüge und

Abb. 10. Querschnitt durch einen älteren Rostbuckel
A Schwärzlich gefärbter, z. T. in Schwefeleisen überführter Eisenkern. — *B* Gelbrotes, praktisch amorphes, aus Gallionella-Stielen hervorgegangenes „Eisenmehl". — *C* Schicht des kokkenlosen Gallionella-Filzes (die Stiele der Eisenbakterien sind durch Eisenein- und -anlagerungen stark verdickt), z. T. von kohlensaurem Kalk und gegebenenfalls auch Manganablagerungen durchsetzt. — *D* Festere dünne, aus Eisen und Kalk bestehende Kappe mit einem lebenden Überzug von Gallionella. — Nach I. C. BROWN

zerfallen beim Zerdrücken leicht in eine mehlartige Masse. Bei wasserführenden Rohren und Behältern sind die an den Wandungen haftenden Buckel bzw. Knoten im Inneren mit Wasser durchtränkt. Die lokale Abdeckung der Eisenoberflächen mit solchen Gebilden führt zur Bildung elektrochemischer Lokalelemente und somit zum Korrosionsangriff der Metallwandung. Innerhalb der Abscheidungen befindet sich eine sauerstoffarme Zone, in der auf Grund des Potentialunterschiedes gegenüber den belüfteten Teilen der Rohrwandung ständige Eisenauflösung stattfindet. Der Typ eines elektrochemischen **Korrosionselementes** belüftete Zone (Kathode) — unbelüftete Zone (Anode) ist in Abb. 11 dargestellt. Der Korrosionsmechanismus ist im ursächlichen Sinne unabhängig von der Art der Bedeckung, wenn diese porendicht vorliegt, und vom Untergrund, sofern das Metall Ionen zu bilden vermag.

Erfolgt gleichzeitig mit der Rostkrustenbildung Ausfällung von **Wasserstein** (**Kesselstein***), so werden die Rostkrusten mit eingekittet und können nur mechanisch oder mittels Salzsäure abgelöst werden. Die Eisenbakterien können Eisen nicht direkt angreifen, sondern reagieren nur mit den Eisenionen.

*) Unter **Kesselstein** im engeren Sinne versteht man Erdalkalisalzabscheidungen bei $T > 100^0$ C, die neben Karbonaten, Oxyden vor allem Sulfate, Phosphate und Silikate enthalten.

Bei Abscheidungen im Temperaturgebiet $T < 100^0$ C, die hauptsächlich Karbonate, Silikate und Oxyde enthalten, spricht man von **Wasserstein.**

Ähnliche Eigenschaften sollen aber auch noch andere Bakterien bzw. niedere Organismen aufweisen, wie z. B. Geißeltiere (Trachelomonas), einige Rhizopoden und Algen. Es ist aber sicherlich so, daß neben den eisen- und manganfällenden Organismen andere Bakterien (z. B. sulfatreduzierende, wasserstoffbindende oder schichtbildende Mikroorganismen) zusammen vegetieren und im chemischen Sinne wirken. Diese Lebensgemeinschaft ermöglicht bzw. verstärkt die Eisenauflösung, wenn man

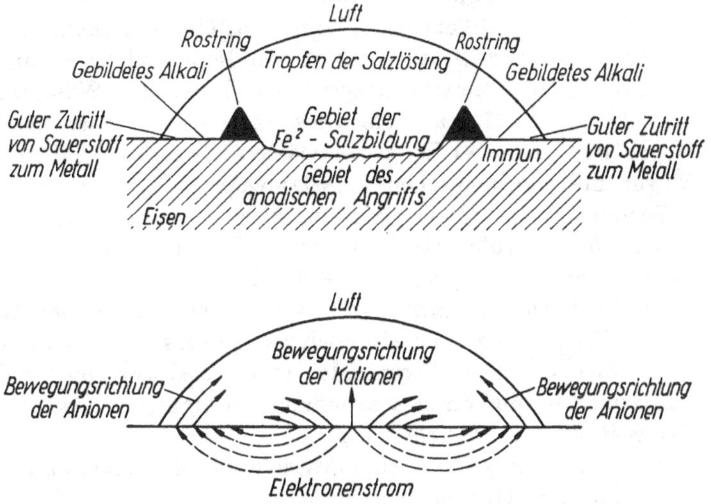

Abb. 11. Korrosionsmechanismus an einer Eisenoberfläche

Die Abb. 11 zeigt die Korrosion des Eisens durch einen Tropfen salzhaltigen Wassers. Die am Außenrand des Tropfens gelegene Zone ist, wie man sieht, durch den guten Sauerstoffzutritt in eine Oxydhaut verwandelt, die gegen Angriff geschützt ist und als Lokalelementkathode wirkt. In der Mitte des Tropfens, wo der Sauerstoff am wenigsten Zutritt hat, löst sich das Eisen anodisch auf. Zwischen Anoden- und Kathodenraum hat sich ein Rostring gebildet, weil hier das anodisch gebildete Eisensalz durch das kathodisch gebildete Alkali als braunes Eisenoxyd bzw. Hydroxyd ausgefällt wird

z. B. anführt, daß sulfatreduzierende Bakterien parallel mit methanreduzierenden Bakterien als Stoffwechselprodukte Säuren erzeugen, die vorhandene Schutzschichten auflösen, das Eisen dabei unter Umständen infolge der sauren p_H-Zahl chemisch angreifen und den Eisenbakterien somit laufend Eisenionen zuspielen.

Die vorerwähnten wasserstoffbindenden Organismen haben die Fähigkeit, gleichzeitig Wasserstoff zu oxydieren und Kohlensäure zu reduzieren und die freiwerdende chemische Energie für ihre physiologischen Funktionen einschließlich Bildung von organischem Material zu verwenden. Sie leben begünstigt in einem p_H-Gebiet > 7 und aktivieren die Tätigkeit des gelösten Sauerstoffs.

Zu den schichtenbildenden Mikroorganismen gehören die Bestandteile des Planktons (Bakterien, Pilze, Algen u. a.). Sie sind imstande, auf wasserberührten Eisenflächen einen **mikrobiologischen Film** zu erzeugen, der zufolge seiner verschiedenartigen Entstehung meist so beschaffen ist, daß gemäß dem Vorhergesagten unterschiedliche Konzentrationen von Säuren und Gasen zu einer verstärkten biologischen Lokalelementtätigkeit elektrochemischer Natur führt.

Man hat sogar auf Turbinenschaufeln starke Anfressungen nachgewiesen, deren Ursache Säuren bzw. saure Schwefelverbindungen gewesen sind, die aus biologischen Verdauungsprodukten stammen, wie die dort abgelagerten pflanzlichen Reste und Fusariumpilze zeigten.

Bei Brauchwasserentnahme aus Seen und Kanälen beobachtet man zuweilen eine Verstopfung der Rohre infolge starker Ansiedlung von Dreikantmuscheln (Dreissena polymorpha), deren Larven planktonisch leben und an den Rohrwandungen aufwachsend sich aus dem vorbeifließenden Wasser ernähren. Bekämpfungsmöglichkeiten ohne gleichzeitigen Angriff auf die Rohrwandung sind bisher unbekannt.

Eine andere Art pflanzlicher Zersetzungsprodukte, die mit der Wasseraufbereitung zusammenhängen, bilden die Huminstoffe. Diese finden sich namentlich bei Grundwässern aus Moorböden sowie bei Talsperrenwässern. In beiden Fällen kommt das betreffende Wasser mit biochemischen Zersetzungsprodukten organischer pflanzlicher Stoffe in Berührung. Bei der sog. Huminifizierung entstehen die Humusstoffe, chemisch überwiegend aus Kohlenstoff, Wasserstoff, Sauerstoff und Stickstoff bestehende dunkel gefärbte Körper, die außerdem noch andere Bestandteile (z. B. Schwefel und Phosphor) enthalten können. Die Chemie der **Humusstoffe** ist trotz der weiten Verbreitung jener ein noch recht unerschlossenes Gebiet, in das nur spärlich Licht dringt. Die Isolierung der in diese Klasse gehörenden großen Zahl von Verbindungen ist nur unter schwierigen Bedingungen möglich, wenn man die einzelnen Konstitutionen erforschen will.

Man hat daher wenigstens gewisse charakteristische Merkmale zusammengefaßt und unterscheidet folgende Gruppen:

1. **Humine** = Humusstoffe, die keine Säureeigenschaften besitzen, unlöslich in Alkalien und Acetylbromid.
2. **Huminsäuren**
   a) **Alkaliunlösliche Huminsäure,** unlöslich in Acetylbromid.
   b) **Humussäure,** löslich in Alkalien, unlöslich in Acetylbromid.
   c) **Hymatomelansäure (Dehydrohuminsäure),** löslich in Alkalien und Acetylbromid.
3. **Humoligninsäuren,** löslich in Alkalien und Acetylbromid.
4. **Fulvosäuren,** löslich in Alkalien (teils nur in Gegenwart eines Oxydationsmittels und Acetylbromid).

Dabei werden die Humine, die alkali- und acetylbromidunlöslichen Huminsäuren sowie die in Alkali löslichen und in Acetylbromid unlöslichen Humussäuren als Humusstoffe im engeren Sinne und die in Alkalien und Acetylbromid lösliche Hymatomelansäure sowie Humoligninsäure als Humusstoffe im weiteren Sinne aufgefaßt.

Die Einteilung zeigt, daß mit Hilfe der genannten Reagentien analytisch eine Abgrenzung der Humusstoffe im engeren Sinn und der Humussäure sowie der Gruppe der Humine einschließlich der alkaliunlöslichen Huminsäuren durchführbar ist.

Dagegen lassen sich die anderen Humusstoffe auf diesem Wege nicht unterscheiden.

Die Humusstoffe sind typische Kolloide und ihr Dispersitätsgrad wechselt je nach der Entstehungsart, der Ausgangssubstanz, der Zusammensetzung und dem Alter des Humus. Sie sind befähigt, z. T. mit Schwermetallkationen Komplexsalze zu bilden und können z. B. mittels Fe^{3+}- bzw. Al^{3+}-Ionen in schwerlösliche Verbindungen übergeführt werden.

Da sie je nach Zusammensetzung Ionencharakter aufweisen, gelingt es, auf dem Wege der chemischen Entsalzung mittels Ionenaustauschern auch Huminstoffe aus dem Wasser zu beseitigen. Jedoch kann diese Voraussetzung nicht generell für alle Wässer gelten. Vielmehr ist es so, daß namentlich die Vorstufen der Huminstoffe, z. B. Fulvosäuren, den Anionenaustausch gefährden, indem sie nicht regenerierbare Produkte auf den Austauschermaterialien niederschlagen, so daß die Austauscherkapazität laufend absinkt.

In solchen Fällen ist es unerläßlich zu flocken, um die organische Substanz vor den Austauschfiltern herauszubringen. Ein anderer Weg ist die oxydative Entfernung in Gegenwart von Kaliumpermanganat, Ozon, Chlor (oder einem anderen Oxydationsmittel) unter Einwirkung radioaktiver Strahlungspräparate.

Gelangen organische Stoffe ohne Austausch über die Wasseraufbereitungsanlage in das Kesselspeisewassernetz, so findet im Kessel gegebenenfalls Zersetzung in Kohlensäure und flüchtige organische Substanzen, z. B. Säuren, statt, oder aber es können unerwünschte Ablagerungen im Kesselsystem eintreten. Damit berühren wir ein anderes spezielles Sachgebiet, dessen Behandlung der folgende Abschnitt 2 gewidmet ist.

Im vorliegenden Abschnitt 1 wurde versucht, einen geschlossenen Überblick der allgemeinen Chemie des Wassers zu vermitteln, wobei vor allem Wert auf eine geschlossene Darstellung unter bewußtem Verzicht spezieller Aufschlüsselung zu legen war. Es konnte bei dem sehr umfangreichen Fachkomplex nur das Wesentliche mit dem Ziel Berücksichtigung finden, dem nicht mit der Materie Vertrauten eine Einführung zu geben und dem der Wasserchemie nicht mehr Fernstehenden eine Zusammenfassung der wichtigsten Probleme aufzuzeigen, die in der Kesselspeisewasseraufbereitung eine Rolle spielen.

2. Chemie des Wassers im Wasser-Dampf-Kreislauf

Die Wasserwirtschaft in Dampfkraftbetrieben hat sich im Laufe der Jahrzehnte parallel mit der technischen Entwicklung im Hochdruckkesselbau zu einem speziellen Fachgebiet entwickelt. Der Einfluß chemischer Faktoren hat an Bedeutung zugenommen.

Wenn im folgenden vornehmlich chemische Probleme des Wasser-Dampf-Kreislaufes behandelt werden, so geschieht dies in selektiver, zusammenfassender Form des Grundsätzlichen als Vorbereitung zum Teil B (S. 46), in welchem die technologischen Dinge der Speisewasseraufbereitung zur Sprache kommen sollen.

„Die Entwicklung des Hochleistungskesselbaues zu immer höheren Betriebsdrücken und Dampfleistungen zwingt in zunehmendem Maße, die Anforderungen an die Wasseraufbereitung und an die Wasserführung zu verschärfen. Aber auch bei neuzeitlichen kleinen und mittleren Kesselanlagen sind heute spezifische Heizflächenbelastungen in einer ähnlichen Größenordnung häufig anzutreffen, wie sie bei den Hochleistungskesseln üblich sind. Daher sind heute an die Wasseraufbereitung solcher Kesselanlagen die gleichen Forderungen zu stellen wie an die für Hochleistungskessel.“ Diese vom Technischen Überwachungsverein München, 1955 ausgesprochenen Thesen decken sich voll und ganz mit der Ansicht des Verfassers, die Probleme des Dampfkessels ohne Rücksicht auf Druck und Temperatur auf gleicher

Ebene zu sehen und allgemeingültige Gesetze für den wasserseitigen Betrieb festzustellen. Das heißt in letzter Konsequenz gedacht:

1. **Chemische Speisewasseraufbereitung mittels Ionenaustauschern.**
2. **Abschlämmloser (Absalzloser) Betrieb der Kesselanlage.**

Man hat schon vor zwei Jahrzehnten damit begonnen, Richtwerte für Kesselspeisewasser und Kesselwasser auszuarbeiten.

Die ursprünglich vorgeschriebene Natron- bzw. Alkalitätszahl von 400 mußte im Hochdruckkesselbetrieb bald immer mehr herabgesetzt werden, um Spucken und Schäumen der Kessel, Versalzen der Turbinen und andere unliebsame Folgen der hohen Alkalität zu vermeiden. Dazu kamen die Erfahrungen der Praxis, daß Korrosionen trotz Einhalten der jeweils vorgeschriebenen Alkalität nicht ausblieben, was nicht überrascht, da die Korrosionen auf Ursachen zurückzuführen sind, die mit der Alkalität an sich nichts zu tun haben. Wohl kann der Korrosionsangriff im alkalischen Medium gegebenenfalls verzögert, aber nicht verhindert werden.

Beim Bensonkessel erwies sich der Zusatz von Natronlauge als sehr gefährlich, da im Übergangsteil die dort konzentrierte Lauge zu einem **Aufschließen der Schutzschicht** und als Folge zu schweren Kesselschäden führte. Daher ist die Alkalisierung mit Ammoniak im Bensonbetrieb üblich geworden. Ammoniak ist eine leicht flüchtige Base, die in den Dampfraum entweicht und auch dem Kondensat einen alkalischen p_H-Wert erteilt. Die Verwendung von Ammoniak ist jedoch hinsichtlich der kupferhaltigen Baustoffe im Kesselbetrieb mit einer gewissen Vorsicht zu betreiben, worauf noch näher eingegangen wird.

Die bisherige Forderung nach Alkalisierung im Kesselbetrieb stützt sich im wesentlichen auf den wasserseitigen Angriff einer Eisenfläche, d. h. auf eine Reaktion, die im Kesselbetrieb praktisch zum Stillstand kommt. Es liegt bekanntlich während des laufenden Betriebes eine Schutzschicht aus Eisenoxyd vor, die eine Dampferzeugung mittels eiserner Werkstoffe überhaupt erst möglich macht. Die Reaktion zwischen Eisen und Wasser findet nur so lange statt, bis die Schutzschicht ausgebildet ist. Man kann diesen Vorgang heute mit Hilfe der Wasserstoffmessung eindeutig belegen. Damit gewinnt aber die Frage „Müssen Hochdruckkessel alkalisch gefahren werden?" eine ganz andere Betrachtungsweise.

Will man auf diese problematische Frage eingehen, so ist es erforderlich, die chemischen Reaktionen des Eisens darzulegen, soweit sie jedenfalls den Dampfkesselbetrieb berühren.

Betrachten wir zunächst einmal die erste Reaktionsstufe des **Systems Eisen — Wasser.**

$$Fe + 2HOH = Fe(OH)_2 + H_2 \qquad (5)$$

Eisen + Wasser = Eisen-II-hydroxyd + Wasserstoff

Aus Eisen und Wasser entsteht dabei das **Eisen-II-hydroxyd $Fe(OH)_2$**, eine chemische Verbindung des Eisens, wobei das Eisen sich dem Wasser gegenüber mit der Wertigkeitsstufe 2 betätigt. Da die Wassermoleküle die Tendenz zeigen, in zwei einwertige Bestandteile von gegensätzlicher elektrischer Ladung zu zerfallen, können sich zwei negativ geladene Bestandteile des Wassers — die Hydroxylionen — mit einem positiv geladenen Eisenatom verbinden. Gleichzeitig entsteht aus dem anderen Bestandteil des Wassers ein gasförmiges Produkt — Wasserstoff.

Die entstandene chemische Verbindung des Eisens ist so lange in Wasser löslich, bis sich etwa 1 mg Eisen-II-hydroxyd bei normaler Temperatur darin gelöst hat. Dabei wird die Verbindung in ihre zwei Bestandteile zerlegt:

1. zweifach positiv geladene Eisenatome und
2. einfach negativ geladene Hydroxylionen oder OH^--Gruppen.

Die nun im Überschuß im Wasser vorhandenen OH^--Gruppen erteilen diesem einen alkalischen p_H-Wert von 9,6. Man kann diese Reaktion noch etwas anders anschreiben und dabei berücksichtigen, daß es sich um ein chemisches Gleichgewicht handelt [Gleichungen (6), (7), (8)].

$$HOH \rightleftharpoons H^{1+} + OH^{1-} \qquad (6)$$

$$Fe + 2HOH \rightleftharpoons Fe(OH)_2 + H_2 \qquad (7)$$

$$Fe(OH)_2 \rightleftharpoons Fe^{2+} + 2OH^{1-} \qquad (8)$$

Erhöht man in diesem Gleichgewicht etwa durch Zusatz von Natronlauge oder Ammoniak die Zahl der OH^--Gruppen auf der rechten Seite der Gleichung (8), so bewirkt diese Maßnahme eine Verschiebung des Reaktionsgleichgewichtes in entgegengesetzter Richtung, das bedeutet aber: Wenn von vornherein genügend alkalische Bestandteile im Wasser vorliegen, kommt es gar nicht erst zur Auflösung von Eisen. Es bildet sich sofort eine $Fe(OH)_2$-Schutzschicht auf der Eisenwandung. Das ist bei p_H 9,6 der Fall. Da, wie wir gesehen haben, bei der dargestellten Reaktion ein gasförmiges Produkt Wasserstoff entsteht und die Reaktion, wenn sie abläuft, unter Volumenzunahme vor sich geht, wirkt nach dem chemischen Gesetz vom kleinsten Zwang eine Druckerhöhung auf das System — z. B. der Kesseldruck — in gleicher Weise der Auflösung entgegen.

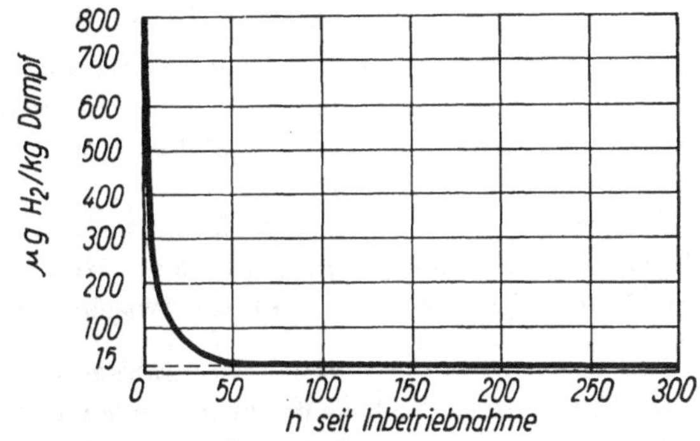

Abb. 12. Ablauf der Schutzschichtbildung bei einem gesäuerten Hochdruckkessel

Zusammenfassend kann man also folgendes sagen: In Wasser ist Eisen unter Bildung von Eisen-II-hydroxyd löslich, bis das Wasser daran gesättigt ist, dabei entsteht nebenher Wasserstoff.

Nun spielt aber noch ein anderer Faktor eine Rolle, den wir nicht außer acht lassen dürfen: die Temperatur. Beim Erwärmen entsteht unter Wasserabgabe eine andere Eisenverbindung, sog. **hydratischer Magnetit** von wechselnder Zusammensetzung, welcher unter weiterer Wasserabgabe den **schwarzen Magnetit** bildet, den man auf der Innenwand eines Kesselrohres beobachten kann [Gleichung (9)].

$$Fe(OH)_2 \xrightarrow[T > 120^\circ C]{H_2O} \underbrace{Fe_2O_3 \cdot FeO \cdot x\,H_2O}_{Fe_3O_4 \cdot x\,H_2O} + H_2 + H_2O$$

$$\text{Eisen-II-hydroxyd} \xrightarrow{\text{Erwärmen}} \begin{matrix}\text{Magnetit} \\ \text{(Eisenoxyd)}\end{matrix} \qquad (9)$$

Damit ist aber der Vorgang der Schutzschichtbildung im wesentlichen abgeschlossen. Die Reaktion verläuft ebenfalls unter Wasserstoffentwicklung. **Ist der kristalline Magnetit erst einmal gebildet, so ist diese Verbindung chemisch betrachtet sehr widerstandsfähig und schützt das darunter liegende Eisen auf Grund seiner Unlöslichkeit im Wasser sowie der dichten und kompakten Oberflächenbeschaffenheit vor weiterem Angriff.**

Die Wasserstoffentwicklung geht jedoch nur bis zu einem bestimmten **temperaturabhängigen Gleichgewicht zwischen Eisen, Wasserdampf und Magnetit** gemäß der allgemeinen Gleichung

$$3Fe + 4H_2O \rightleftharpoons Fe_3O_4 + 4H_2 \qquad (10)$$

bei Temperaturen $< 570^\circ$ C vor sich.

Wird der Wasserstoff, wie es im Dampfkessel geschieht, laufend aus dem Reaktionsraum entfernt, so verläuft damit die Reaktion praktisch unter Magnetitbildung nach der rechten Seite [Gleichung (10)]. Die unter Wasserstoffentwicklung verlaufende Reaktion kommt dabei in dem Maße immer mehr zum Stillstand, wie sich das elementare Eisen mit einer Oxydschicht bedeckt.

Fehlt aber der Wasserstoff, so kann andererseits das Fe_3O_4 auch bei Temperaturen $> 570^\circ$ C gemäß

$$Fe_3O_4 + H_2 \rightleftharpoons 3FeO + H_2O$$

nicht zum FeO reduziert werden.

Die im normalen Betrieb nach Ausbildung der Magnetitschutzschicht beobachteten **Restwasserstoffmengen** (Abb. 12) werden nach bisheriger Anschauung der sog. **„stationären" Schutzschichtbildung** zugeschrieben. Diese soll dadurch zustande kommen, daß unter Einfluß der Temperatur ständig Eisenatome durch das Kristallgitter des Magnetits an die Oberfläche diffundieren. Nach veröffentlichten Angaben bewegen sich die gemessenen Restwasserstoffkonzentrationen im Heißdampf in der Größenordnung von 4—10 μg H_2/kg. Die auf Grund des thermischen Dissoziationsgleichgewichtes

$$H_2O \rightleftharpoons H_2 + \tfrac{1}{2}O_2$$

bei etwa 500° C vorliegenden Wasserstoffkonzentrationen $\approx$ 0,1 μg H_2/kg Wasser und Sauerstoffkonzentrationen $\approx$ 1 μg O_2/kg Wasser widersprechen zunächst der Annahme, daß der nachgewiesene Wasserstoff aus der thermischen Wasserdampfdissoziation stammen kann.

Andererseits haben zahlreiche Messungen an Hochdruckkesseln (125 atü, 500° C Überhitzung) eine **Sauerstoffzunahme des Heißdampfes** gegenüber Kesselspeise- bzw. Kesselwasser ergeben (Tab. Va), die zwischen 5—20 μg O_2/l Dampfkondensat liegt,

Tabelle Va

Sauerstoffmessungen (Methode Winkler-Freier-Resch) **an Hochdruckdampfkesseln** in μg O_2/l

Meßstelle	Trommelkessel (Naturumlauf) 120 atü, 510° C			
	KA	KB	KC	KD
1 Speisewasser (hinter Speisepumpe)	15	15	13	15
2 Trommel bzw. Sattdampf	14	11	15	14
3 HD-Heißdampf	19	16	20	21
Δ O_2 (3—2)	5	5	5	7

Meßstelle	Bensonkessel (Zwangsdurchlauf) 120 atü, 510° C	
	KE	KF
1 Entgaser	17	15
2 Speisewasser (hinter Speisepumpe)	14	16
3 Vor Tragrohr	15	16
4 Hinter Tragrohr	17	17/19
5 Hinter Eco	20	13
6 HD-Heißdampf	39	31
Δ O_2 (6—5)	19	18

Anmerkung: Vorstehende Zahlen sind Mittelwerte aus 6—8 Meßreihen je Kessel. Die Meßgenauigkeit des Analysenverfahrens wird mit $\pm$ 3 μg O_2/l angegeben.

also nicht dem thermischen Wasserdampfgleichgewicht entstammen kann. Dieser Sauerstoffkonzentration entspricht eine äquivalente Wasserstoffkonzentration von etwa 1 μg H_2/l Dampfkondensat, die meßtechnisch nicht mehr genau erfaßbar ist.*)

Es sind demnach zwei betrieblich beobachtete Tatsachen mit dem chemischen Verhalten der Oxydschutzschicht in Zusammenhang zu bringen:

1. Entstehung geringer Wasserstoffmengen
2. Entstehung geringer Sauerstoffmengen.

*) Weitere Einzelheiten siehe R. Freier—H. Kiekenberg, „Betrachtungen zum Fe_3O_4—H_2O—O_2-System des Dampfkessels", VGB-Mitt. H. 50, 1957, S. 329—333.

Dabei dürfte es von Interesse sein, etwas über den **Aufbau einer Eisenoxydschicht** zu erfahren.

Man mag leicht geneigt sein, sich eine solche kompakte Oxydhaut als ebene Schicht vorzustellen. Aus den folgenden Bildern (Abb. 13—16*), die Herr Prof. PFEFFERKORN (Universität Münster) zur Verfügung gestellt hat, sehen wir, daß die Oxydhäute aus Nadeln und Blättchen bestehen können, welche aus der Grundmetallfläche herauswachsen. Diese sehr anschaulichen elektronenmikroskopischen Photographien führen zu dem Schluß, daß die Nadeln an der Spitze weiterwachsen, wobei Metallionen aus dem Untergrund längs der Nadeln diffundieren und mit Sauerstoff reagieren. Auch durch das gebildete Oxyd findet möglicherweise eine Wanderung von Metallionen statt, die dann wiederum mit Sauerstoff in Verbindung treten.

Abb. 13. Eisenoxyd-Nadeln, 20 Min. bei 750° C oxydiert (V = 16000:1)

Die theoretischen Vorgänge beim Aufbau bzw. Abbau der Schutzschicht können hier nur angedeutet werden:

Nach Untersuchungen von VOLMER findet zunächst eine Adsorption von neu aufzunehmenden Gitterbausteinen an der Kristalloberfläche statt, die dann in der Adsorptionsschicht weiterwandern, bis sie irgendwo in das Kristallgitter eingebaut werden. Hieraus erklären sich also bevorzugte Wachstumsorte, die sich gewissermaßen durch Vermittlung anders gelegener Stellen der Adsorptionsschicht ausbilden. Eine entscheidende Rolle spielt bei den vorliegenden heterogenen Reaktionen der Diffusionseinfluß. Wenn es zur Ausbildung einer Deckschicht gekommen ist, kann bei Oxydationsvorgängen z. B. eine weitere Reaktion dadurch erfolgen, daß einer

Abb. 14. Eisenoxyd, stufenweise oxydiert bei 550° C (V = 9000:1)

*) Abb. 13—16 sind entnommen der Zeitschrift für wissenschaftliche Mikroskopie Bd. 62, H. 2, 1954, S. 111, Zeitschrift „Die Umschau", H. 21, 54. Jahrg., 1954, S. 655 und Techn. Mitteilungen, H. 10, 47. Jahrg., 1954, S. 454.

der beiden Reaktionsteilnehmer (im vorliegenden Fall Metall und Sauerstoff) durch die Deckschicht (z. B. Oxydhaut) zum anderen hindiffundiert.

Nach Untersuchungen von C. WAGNER, K. FISCHBECK u. a. diffundiert in der Regel das Metall zum Nichtmetall, wobei unter Metall dessen Ionenform zu verstehen ist, während die Nichtmetallionen der Deckschicht festliegen. Bei den Metallen, wie z. B. Eisen, wird die elektrische Leitfähigkeit an vorhandene freie oder locker gebundene Elektronen geknüpft, demgegenüber können aber auch die positiv geladenen Metallatome eine Beweglichkeit besitzen, was namentlich für die sog. Halbleiter zutrifft.

Abb. 15. Eisenoxydblättchen, 45 Min. bei 470° C oxydiert (V = 6500 : 1)

Die Ionenwanderung in festen Elektrolyten ist temperaturabhängig. Bereits unterhalb der Temperaturen, bei welchen Ionenwanderung und Diffusion in der homogenen festen Phase merkliche Ausmaße annehmen, tritt Wanderung an den Oberflächen bzw. Korngrenzen in Erscheinung, da die Ablösungsarbeit der in Grenzflächen liegenden Atome bzw. Ionen naturgemäß beträchtlich geringer ist als die der im Inneren der Kristalle eingebauten.

Abb. 16. Lamellen auf reinem Eisen, 19 Std. bei 450° C oxydiert (V = 6500 : 1)

Für die sog. **Halbleiter,** d. h. **Stoffe mit Ionengittern,** in denen sowohl Elektronen als auch Ionenleitung besteht, haben SCHOTTKY und WAGNER eine Fehlordnungstheorie aufgestellt, die besonders bei Metalloxyden mit verschiedenwertigen Kationen von Interesse ist. Beim Eisenoxyd FeO sind neben den normalen Fe^{2++}-Ionen auch höherwertige Fe^{3+}-Ionen im Kristallgitter eingestreut. Die Elektro-Neutralitätsbedingung wird dadurch erfüllt, daß eine entsprechende Zahl von Kationengitterstellen unbesetzt bleibt. Daher wird auch die stöchiometrische chemische Zusammensetzung beim FeO nicht erreicht.

Der normale Magnetit kristallisiert im Spinelltyp AB_2O_4, seine Konstitution $Fe^{3+}(Fe^{2+}, Fe^{3+})O_4$ entspricht jedoch dem „inversen" Spinell $BABO_4$. Der Magnetit ist als „inverser" Spinell ferromagnetisch, die nicht ferromagnetischen Spinelle gehören dem normalen Typ an. Die tiefe Farbe und die ausgezeichnete elektrische Leitfähigkeit sind auf den leichten Austausch von Elektronen nach

$$Fe^{2+} \rightleftharpoons Fe^{3+} + e^-$$

zurückzuführen. **Diese Elektronenbeweglichkeit wird der sehr geringen Aktivierungsenergie zugeschrieben, die erforderlich ist, um Elektronen zwischen Fe^{2+} und Fe^{3+} an den Oktaederstellen (B-Lage) auszutauschen.**

Die im Dampfkessel entstehenden Oxydationsprodukte auf Eisen weisen zwar die typischen Eigenschaften des Magnetits einschließlich der sammetschwarzen Farbe auf, solange der Sauerstoffgehalt im Wasser bzw. Dampf niedrig (etwa 20—40 μg O_2/l) ist, jedoch ist die kristallographische Struktur zu wenig beleuchtet, um die unter höheren Drücken und Temperaturen gebildeten Oxyde eindeutig zu kennzeichnen. **Zur Stabilität der Fe_3O_4-Schutzschicht ist in jedem Fall freier oder chemisch gebundener Sauerstoff erforderlich:** Über den Eisenoxyden der Schutzschicht stellt sich also in Abhängigkeit von der Temperatur ein bestimmter Sauerstoffdurck ein. Wenn z. B. der im Kesselwasser gelöste Sauerstoff nicht dazu ausreicht, um in der Dampfphase den der Temperatur entsprechenden Sauerstoffdruck über dem Fe_3O_4 einzustellen, so kann nur der im Wasser bzw. Wasserdampf chemisch gebundene Sauerstoff zur Sauerstofflieferung herangezogen werden.

Das bedeutet aber eine verstärkte Zersetzung des Wasserdampfes, um das Sauerstoffgleichgewicht mit dem Oxyd herzustellen. Da dieses Gleichgewicht aber ständig gestört ist, weil der entstandene gasförmige Sauerstoff mit dem Dampf weggeführt wird, erfolgt somit eine laufende Wasserdampfzersetzung. Eine Rekombination der entstandenen H_2-O_2-Moleküle tritt im vorliegenden Temperaturbereich (500—600° C) nicht ein; hierbei sei auf die metastabile Gleichgewichtslage sowie die Verdünnung der Reaktionspartner hingewiesen.

Ist die in der Hauptsache aus Magnetit bestehende Schutzschicht einmal ausgebildet, so liegt nicht mehr die ursprüngliche Eisenwandung vor. Damit müssen alle weiteren Gedankengänge in Einklang stehen. **Reaktionen zwischen Eisen und Wasser spielen normalerweise so lange keine Rolle, wie die Schutzhaut intakt bleibt.** Durch **Wasserstoffmessungen** (Abb. 12) kann diese Aussage ausreichend belegt werden. Die laufende Metallionenwanderung liegt in einer praktisch vernachlässigbaren Größenordnung. Die Schutzschichtbildung von Fe_3O_4 ist als der primäre Vorgang jeder Eisenkorrosion anzusehen, der sich von der werkstoffzerstörenden Dampfspaltung bzw. Sauerstoffkorrosion nur in der Bildungsgeschwindigkeit und den Reaktionsprodukten unterscheidet. Zur Ausbildung der Schutzschicht kommt es bei jedem einwandfrei beschaffenen Speisewasser.

Die Schutzschicht darf weder durch physikalische Einflüsse noch durch chemische Einwirkungen zerstört werden. Treten im Kessel z. B. infolge technischer Mängel wasser- bzw. dampfseitige **Umlauf-** oder **Durchlaufstörungen** auf, so führen diese unter Umständen zu örtlichen **Überhitzungen** und als Folge dieser zur Zerstörung der Schutzschicht oder des eisernen Werkstoffes. Viele Schäden erklären sich aus der unzulässigen Werkstoffüberlastung durch Temperatureinfluß.

Bei wechselnden Temperaturüberschreitungen örtlicher Natur kann die **Schutzschicht verzundern** und zu wärmestauenden Belägen führen. Wenn erhöhte Wasserstoffkonzentrationen im Kesselsystem auftreten, deutet dies daraufhin, daß die Schutzschicht einen Angriff erleidet, die eiserne Rohrwandung freigelegt ist und die Reaktionen

$$3Fe + 4H_2O \rightleftharpoons Fe_3O_4 + 4H_2 \quad (< 570^\circ C)$$
$$Fe + H_2O \rightleftharpoons FeO + H_2 \quad (> 570^\circ C)$$

eintreten.

Trifft ein fallender Wassertropfen ein von heißem Wasser oder Dampf durchströmtes Eisenrohr laufend an derselben Stelle der äußeren Wandung, so bewirkt dieser Vorgang ein ständiges **Abschrecken der Schutzschicht** im Rohrinnern. Wie TIETZ durch Versuche belegt hat, verzundert die Schutzschicht an dieser Stelle so erheblich, daß Rohrreißer auftreten. Man kann annehmen, daß die plötzliche Abschreckung zur Rißbildung innerhalb der Schutzschicht führt, wobei infolge von Gitterstörungen innerhalb des Kristallgitters ein teilweiser Zusammenbruch desselben stattfindet und freie Eisenoberfläche zur Reaktion mit Wasser bzw. Wasserdampf gelangt. Wird der Vorgang der Schutzhautzerstörung durch eine Dampfblase eingeleitet, so kann an dieser Stelle der Rohrwandung der Wärmeübergang so erheblich gestört sein, daß auf Grund örtlicher Überhitzung LEIDENFROST-**Effekt** eintritt. D. h. es kann zumindest zeitlich zu einer **Ablösung des Dampffilmes** und damit zur Trennung von Gasphase (Dampf) und Schutzschicht (Magnetit) kommen.

Unter diesen Umständen besteht die Möglichkeit einer verstärkten Sauerstoffabgabe des Magnetits gemäß Gleichung

$$Fe_3O_4 \rightleftharpoons 3FeO + \tfrac{1}{2}O_2 \qquad (10a)$$

unter Eisenoxydulbildung, und bei Fortschreiten der vorstehenden Reaktion führen die Gitterstörungen im Magnetit schließlich zum **Zusammenbruch der Schutzschicht.** Wie bereits erwähnt, kann der Magnetit so lange bei Temperaturerhöhung Sauerstoff abgeben, bis der entsprechende Sauerstoffpartialdruck im Dampfraum hergestellt ist. Verschwindet aber der Sauerstoff laufend infolge Diffusion und bei strömender Umgebung aus dem örtlichen Gleichgewicht, so kann sich dieses nie stationär einstellen, d. h. die Sauerstoffabgabe schreitet fort.

Eine weitere Folge des Temperaturanstieges besteht in der Zunahme der Diffusionsgeschwindigkeit von Metallionen aus dem Grundmetall. Nach Untersuchungen von C. WAGNER, K. FISCHBECK u. a. diffundiert in der Regel das Metall in dissoziierter Form (Ion + Elektron) zum Nichtmetall, während die Nichtmetallionen der Deckschicht festliegen.

TAMMAN hat gesetzmäßig gefunden, daß die Menge des in der Zeiteinheit zur Oberfläche gelangenden Stoffes umgekehrt proportional von der Dicke der Deckschicht abhängt. Verringerung der Schichtdicke begünstigt demnach die Diffusion. Beim Übergang von Fe_3O_4 in FeO ändert sich das Molvolumen von 44,6 cm^3 auf 37,5 cm^3 (für 3 FeO), es tritt also eine Schrumpfung in der Schichtdicke der Deckschicht ein.

Nach der Theorie des Kristallwachstums von VOLMER wandern die Bausteine bei der Diffusion auf der Oberfläche und wohl bevorzugt an den Kanten bestehender Gitter. Wie die elektronenmikroskopischen Untersuchungen von PFEFFERKORN zeigen

(Abb. 14), wachsen metallische Oxydschichten nicht parallel, sondern nadel- bzw. blättchenförmig weiter. Durch aufeinanderfolgende Oxydationen unter wechselweisem Kühlen und Erhitzen wachsen oft vorn verbreiterte Nadeln nicht in voller Breite weiter, sondern aus der Mitte des breiten Endes sprießt eine dünne Nadel hervor.

Im Grenzfall würde durch solche aufwärtssprießenden Nadeln die Berührung von Dampf bzw. Wasser mit der Wandung wiederhergestellt, es könnten die Reaktionen

$$3FeO + H_2O \longrightarrow Fe_3O_4 + H_2$$
$$3Fe + 4H_2O \longrightarrow Fe_3O_4 + 4H_2 \quad (< 570^\circ C)$$
$$Fe + H_2O \longrightarrow FeO + H_2 \quad (> 570^\circ C)$$

spontan ablaufen.

Diese modellmäßig differenzierten Vorgänge vermögen unter den jeweiligen Umständen so weit zusammenzuwirken, daß eine Verfilzung und Verzunderung der Schutzschicht eintritt. Das Resultat gleicht in diesem Fall der vorher diskutierten Verzunderung bei laufender Abschreckung der Schutzschicht durch einen Wassertropfen. Da andererseits bekannt ist, daß im Normalfall die Schutzschicht nicht verzundert, können Störungen solcher Art meist nicht von der Wasserseite aus behoben werden, sondern es sind betriebstechnische Maßnahmen (z. B. Umbau des Rohrsystems) erforderlich.

Es muß aber ausdrücklich auf den **hypothetischen** Charakter dieser Betrachtungen hingewiesen werden. Andererseits besitzen aber letzthin alle bisherigen Deutungen der Dampfzersetzung eine gewisse Problematik.

Solange die wissenschaftliche Erforschung der Schutzschicht nicht weiter vorangetrieben worden ist, muß diese Problematik leider bestehen bleiben.

Ähnliche Problematik findet sich bei der Besprechung der Schutzschichtzerstörung infolge rein chemischer Einwirkungen auf der Wasser-Dampf-Seite.

Obwohl Magnetit ein gegen chemische Einflüsse sehr beständiger Stoff ist, finden unter Kesselbedingungen bei höherer Temperatur und höherem Druck Angriffe z. B. durch unzulässig hohe Konzentrationen an Säure, Lauge, Sauerstoff, Kohlensäure, um nur einige Agenzien herauszugreifen, statt. Manche Stoffe, wie z. B. Kupferablagerungen im Kessel, sind nur bei gleichzeitiger Anwesenheit eines Oxydationsmittels (Sauerstoff) gefährlich. Ammoniak löst Kupfer nur in Gegenwart eines oxydierenden Mediums. Die Vielfalt der möglichen Reaktionen kann im Rahmen dieser Schrift nur selektiv abgehandelt werden, zumal viele Dinge sich noch absolut im Stadium der Erforschung befinden.

Wir wissen, daß Säuren bzw. Alkalien die Schutzschicht zerstören können, wenn der p_H-Wert extrem niedrig bzw. extrem hoch liegt. Im allgemeinen wird man daher vor allem Hochdruckkessel nicht unter p_H 6 und nicht über p_H 10 betreiben. Dabei bezieht sich diese Angabe in erster Linie auf die Eindickung im Kesselwasser, bei Bensonkesseln also auf die Verdampfungszone.

In der Literatur findet man sehr häufig den Hinweis, daß auch gasfreies Destillat Eisen angreift. Es werden in diesem Zusammenhang Diagramme gebracht, die den Einfluß der Wasserstoffionenkonzentration bzw. des p_H-Wertes wiedergeben. In den vergangenen zwei Jahrzehnten haben die Feststellungen zu der weitverbreiteten Ansicht geführt, für den Dampfkesselbetrieb müsse daher ein alkalisches Speisewasser zur Anwendung gelangen. Einem weiteren Irrtum begegnet man noch in der Literatur, daß nämlich reines Wasser bereits durch Temperatursteigerung saure Eigenschaften bekommt, weil die Wasserstoffionenkonzentration mit der Temperatur ansteigt und somit einen stärker korrodierenden Einfluß ausüben könnte.

Die im reinen Wasser enthaltene Menge an H^+- sowie OH^--Ionen ist wegen des Gesetzes der Elektroneutralität äquivalent und durch das **Ionenprodukt** $[H^+] \cdot [OH^-] = \text{konst.}\ (Kw) = 10^{-14}$ (25^0 C) gekennzeichnet. Es ist $[H^+] = [OH^-] = 10^{-7}$g-Mol/l.

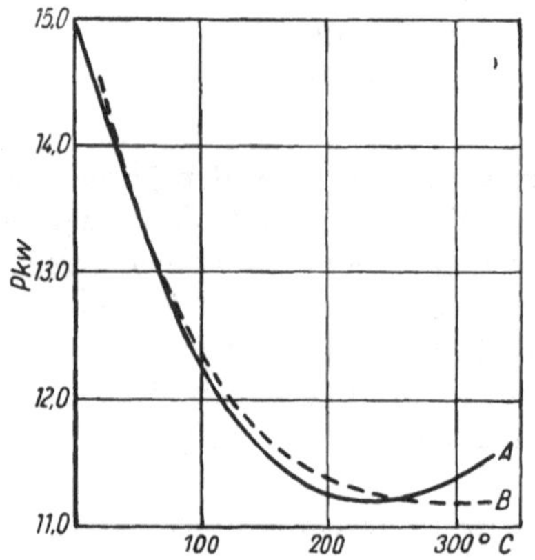

Abb. 16a. p_{Kw}-Linie für reines Wasser
—— gemessen; - - - - berechnet

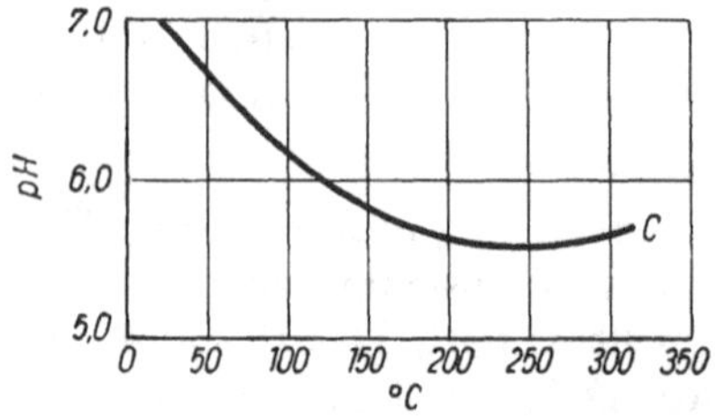

Abb. 16b. Neutrallinie für reines Wasser

Der negative Logarithmus der H^+-Konzentration, die p_H-Zahl, ist 7, die p_{OH}-Zahl ebenfalls 7 und der negative Logarithmus des Ionenproduktes $p_{Kw} = 14$. Nach Messungen von Moyes und Sosmann sowie nach Berechnungen von Berl und van Taak ändert sich das Ionenprodukt des Wassers mit steigender Temperatur gemäß Abb. 16a (Kurven A, B).

Die entsprechende **Neutrallinie** gemäß Abb. 16b (Kurve C) gibt an, welche p_H-Zahl bei den jeweiligen Temperaturen dem Neutralpunkt entspricht, bei dem das Wasser weder sauren noch alkalischen Charakter aufweist.

Würden die in der Literatur geäußerten Vermutungen richtig sein, daß die H^+-Konzentration von reinem Wasser trotz Gasfreiheit einen korrodierenden Einfluß unterhalb p_H 7 habe, so müßte bei einer solchen Reaktion wegen Verschwindens von $[H^+]$ aus dem Gleichgewicht ein Anstieg der $[OH^-]$ stattfinden, mithin das Wasser alkalisch werden, d. h. der korrodierende Einfluß aufhören.

In Gegenwart von Kohlensäure wird das Wasser jedoch sauer und verursacht Korrosionen. Im Gegensatz zur Sauerstoffkorrosion ist die Säurekorrosion meist eine Flächenkorrosion.

In den zitierten Literaturstellen fehlen bei allen veröffentlichten Kurven die näheren Versuchsbedingungen hinsichtlich der Leitfähigkeit sowie der Restkonzentration an Gasen wie z. B. Kohlensäure und Sauerstoff. Gerade Spuren von Kohlensäure vermögen die Angriffswirkung ganz beachtlich zu erhöhen. Da es zur Zeit der Versuchsdurchführung dieser in der Literatur immer wieder veröffentlichten Messungen noch keine Ionenaustauscher zur Herausnahme sämtlicher Ionen sowie der Kohlensäure gegeben hat, müssen die Ergebnisse nach heutigen Erfahrungen stark angezweifelt werden. Es mehren sich aus der Praxis die Mitteilungen, wonach man sauerstoffgesättigtes, aber kohlensäurefreies vollentsalztes Wasser (Hydronat, Deionat) in eisernen Rohren transportieren kann, ohne daß ein Korrosionsangriff erfolgt.

Möglicherweise handelt es sich um eine Schutzschichtbildung auf der Rohrwandung, wobei infolge Fehlens von Ionen ein elektrochemischer Korrosionsmechanismus nicht anlaufen kann. Die bislang immer wieder vertretene Ansicht, auch reines Wasser greife Eisen grundsätzlich an, muß daher einer gründlichen Revision unterzogen werden.

Es gibt jedoch Fälle, wo der p_H-Zahl auch bei salzarmen Wässern (z. B. Kesselspeisewasser, Kondensat) besondere Bedeutung zukommt; nämlich vor allem dann, wenn chemische **Korrosion** und mechanische **Erosion** zusammenwirken. In den hier betrachteten Kombinationen von Ursache (Erosion) und Wirkung (Korrosion) treten häufig schwere Metallschäden ein, die eine laufende Zerstörung der Metalloberfläche bzw. der Schutzschicht zur Voraussetzung haben. Die Überführung von Eisen in Rost ist eine bekannte Korrosion, während die Überführung von Eisen in Eisenpulver ein typisches Beispiel für Erosion bildet.

In einem engen Rohrkrümmer können z. B. sehr starke Strömungen und bei einem stark gekrümmten Rohrbogen Turbulenzen auftreten, die ein ständiges Abschleifen der Metallfläche zur Folge haben und die Ausbildung einer normalen Schutzschicht behindern. Auf diese Weise entstehen Stellen sehr **unterschiedlichen Potentials** an der Rohrwandung, wobei die freigelegten Metallflächen nach Untersuchungen von U. R. Evans zu Anoden gegenüber den Stellen unbeschädigter Oxydbedeckung werden. Damit sind Lokalelemente gebildet, wobei die erheblichen Potentialunterschiede zwischen sehr edlem kathodischem Fe_3O_4 und unedlem anodischem Fe insbesondere zu starken örtlichen Korrosionen Anlaß geben. Gerade bei Wässern geringer Leitfähigkeit bleibt die Lokalelementtätigkeit auf die unmittelbar angrenzenden Bezirke beschränkt (s. Abb. 11) und ist praktisch auf den Stromtransport vermittels der in Lösung gehenden Eisenionen angewiesen. Daher konzentrieren sich oft erstaunliche Kräfte an einzelnen Punkten, wie die Gefügezerstörungen erkennen lassen.

Gelingt es, die anodischen Stellen durch einen Oberflächenfilm abzudecken, kommt die Korrosion zum Stillstand. Wie bereits angeführt (S. 27), bilden OH^--Ionen bei entsprechend niedrigen O_2-Konzentrationen im Wasser einen Schutzfilm auf Eisen. **Im alkalischen Medium unterliegt der Erosionsangriff demnach insofern einer Hemmung, als eine elektrochemische Bremsung des sekundären Korrosionseffektes stattfindet.**

Ähnliche Erscheinungen treten auf, wenn etwa **Vakuumhohlräume** die metallische Oberfläche erreichen. Zur Ausbildung derartiger Hohlräume kommt es im fließenden Wasser, wenn der hydrodynamische Druck unter den Dampfdruck des Wassers herabsinkt. Fließt z. B. Wasser durch ein örtlich verengtes Glasrohr, so wird das Wasser an der engsten Stelle undurchsichtig, wenn die Strömungsgeschwindigkeit einen gewissen Wert überschreitet. Diese Beobachtung läßt die Bildung von Vakuumhohlräumen erkennen, die sich beiderseits der Verengung bis auf einige Millimeter erstrecken können. Der Zusammenbruch solcher Blasen infolge Kondensation des Dampfes erfolgt meist schlagartig in dem Augenblick, wo ein Gebiet höheren Druckes erreicht wird. Dabei treten örtlich begrenzte Energiekonzentrierungen auf.

Die **Kavitation** als Spezialfall der Erosion beruht also auf einer Hohlsogwirkung. Nach Cook kann der Zusammenbruch von Vakuumhohlräumen im Wasser auf zweierlei Weise erfolgen. Der die Begrenzung der Blase bildende Wasserwall kann auf dem Metall zusammengedrückt werden und für einen kurzen Moment einen außerordentlichen Druck — vielleicht 10000 Atm — hervorrufen. Hierdurch wird eine mechanische Beschädigung der Metalloberfläche ausgelöst (Effekt des sog. **Wasserhammers**). Andererseits kann der Oberflächenfilm (Oxydschicht) von seiner metallischen Basis verdrängt werden und so der chemischen Korrosion die Möglichkeit zur Betätigung bieten, während es im anderen Fall zu einer Selbsthemmung kommen würde.

Sowohl bei der Erosion als auch bei der Kavitation setzt die Korrosion als Folge ein, wenn der schützende Film vom Metall entfernt ist. Je größere Tendenzen zu seiner Bildung jedoch bestehen, um so geringer dürften verständlicherweise die Wirkungen von Erosions- und Kavitationseinflüssen sein. Anwesenheit von OH^--Ionen bedeutet in solchen Fällen einen Vorteil, ohne daß damit bereits immer ein automatischer Schutz gegen die primäre Ursache des Werkstoffangriffes gegeben ist. Entscheidende Maßnahmen zur Verhinderung liegen auf der Werkstoff- und Konstruktionsseite. Während Kesselspeisepumpen heute üblicherweise mit oberflächenharten, legierten Chromstählen gebaut werden, kommt es bei den früher eingesetzten Werkstoffen (Messing, Bronze, unlegierter Stahl) leichter zu Erosionsschäden. **Neutrale Speisewässer bedingen Konzessionen auf der Werkstoffseite der Kesselspeisepumpen.** Andernfalls ist es zweckmäßig, wie unten angegeben, eine p_H-Zahl von 8 bis 9 im Speisewasser mittels Hydrazin (bzw. Ammoniak) einzustellen und größte Sorgfalt auf die Fernhaltung korrosiv wirkender Gase (z. B. Kohlensäure und Sauerstoff) zu verwenden.

Wir wissen ferner, daß der im Wasser gelöste Sauerstoff die Magnetitschicht angreift und weiteroxydiert, wobei ein höherwertiges Eisenoxyd, z. B. **Hämatit** entsteht. Dieses bevorzugt einen hydratischen Zustand und schwillt zu einem sehr voluminösen und porösen Gebilde an, das als „**Rost**“ bekannt ist [Gleichung (11)].

$$\underset{\text{Magnetit}}{2Fe_3O_4 \cdot xH_2O} + \underset{\text{Sauerstoff}}{\tfrac{1}{2}O_2} = \underset{\text{„Rost"}}{3Fe_2O_3 \cdot xH_2O} \qquad (11)$$

Über den genauen Reaktionsverlauf liegen bisher keine auf den Dampfkesselbetrieb bezogenen Untersuchungen vor. In welcher Weise Sauerstoff und Wasser bei der Auflösung des Magnetitgitters einwirken, läßt sich zur Zeit nicht einwandfrei darlegen. D. h. wir kennen nicht diejenige Sauerstoffkonzentration im Wasser bzw. Dampf, bei welcher das Magnetitkristallgitter zusammenbricht.

Das Hauptziel jeder Kesselspeisewasser-Aufbereitung muß darin liegen, alle gasförmigen Bestandteile fernzuhalten, die korrosiver Natur sind, desgleichen das Speisewasser so salzfrei aufzubereiten, daß keine Ablagerungen im Kessel stattfinden können und weiter eine solche Reinheit des Dampfes zu erreichen, daß Abscheidungen auf Turbinenschaufeln (Versalzung und Verkieselung) ausbleiben.

Die grundsätzlichen Forderungen an Kesselspeisewasser sind in den „Richtlinien für Kesselspeisewasser“ seitens der Vereinigung der Großkesselbesitzer (VGB) enthalten.

Ausgehend von der Tatsache, daß dem Hochdruckkesselbetrieb aus Gründen der Wirtschaftlichkeit eine ständig steigende Bedeutung bei Neuplanungen zukommt, lassen sich die Anforderungen an Kesselspeisewasser in einer solchen Form präzisieren, die **Zwangsdurchlauf- und Naturumlaufkessel bezüglich der Wasserqualität gleichstellt,** und den abschlämmlosen Betrieb sowie das Geradeausfahren jeder Kesselanlage ermöglicht, wenn die Wasseraufbereitung chemisch mittels Vollentsalzung und Entkieselung erfolgt.

Es muß bei Neuplanungen dem Standort des Kessels nicht nur von der Brennstoffseite, sondern auch von der Wasserseite aus Rechnung getragen werden. Eignet sich die zugängliche Wasserquelle nicht für eine chemische Aufbereitung mittels Vollentsalzung, so kann man zwar einen thermischen Verdampfer vorschalten oder nur mit Verdampfer arbeiten, erhält aber bei ausschließlichem Verdampferbetrieb ein Speisewasser geringerer Reinheit, welches für Hochdruckkessel namentlich im Gebiet des kritischen Druckes und der kritischen Temperatur keinesfalls tragbar ist. Auch ist bei Anwendung eines Verdampfers der diesem Buch zugrunde liegende Gedanke des abschlämmlosen (absalzlosen) Betriebes durchbrochen. Die betrieblichen und überwachungsmäßigen Vorteile der chemischen Kesselspeisewasser-Aufbereitung mittels Ionenaustauschern hält der Verfasser jedoch für so fortschrittlich, daß diesem gewissermaßenen Einheitsverfahren die universellere Bedeutung für eine geschlossene stoffliche Behandlung zukommen darf.

Die Fälle, wo aus Gründen hoher Salzbelastung des Rohwassers (z. B. im Schiffsbetrieb) der Verdampferbetrieb zur Anwendung gelangt, sind nicht als Regel anzusehen. Hinsichtlich der technischen Bauausführung von Verdampfern sei auf die einschlägige Literatur hingewiesen.

Bei der Anfälligkeit vieler Turbinen gegen Versalzung und Verkieselung ist es zudem sehr schwer, exakte Voraussagen über den zulässigen Salzgehalt sowie die zulässige Kieselsäurekonzentration des Dampfes zu machen. Es spielen so viele Faktoren dabei eine Rolle (z. B. Alkalität des Kesselwassers, Natriumionenkonzentration, Wasserspiegelbelastung), daß in allen solchen Fällen mit einer gewissen Empirie zu rechnen ist.

Nicht einmal die Tatsache, daß es sich um einen Naturumlaufkessel handelt, kann heutigentags die Notwendigkeit einer Vollentsalzung ausnehmen. Z. B. sei der erste Naturumlaufkessel mit stehender Trommel (125 atü, VW Wolfsburg, geliefert von Borsig) angeführt, bei dem die spezifische Wasserspiegel- und Dampfraumbelastung jede Chemikalienzugabe verbot, um Schäumen und Spucken zu verhindern.

Im Sinne der vorliegenden Ausführungen kann mit einem vollchemisch aufbereiteten **Speisewasser** jeder Kessel, Zwangsdurchlauf, Zwangsumlauf oder Naturumlauf, gefahren werden, wenn folgende **Voraussetzungen** erfüllt sind:

1. **Leitfähigkeit***)	$\leqq 0{,}5\ \mu Scm^{-1}$
2. **Kieselsäure**	$\leqq 30\ \mu g\ SiO_2/l$
3. **Ölgehalt**	$< 0{,}5$ mg/l
4. **Kaliumpermanganatverbrauch, Permanganatzahl**	$< 2{,}5$
5. **Eisengehalt**	$< 100\ \mu g$ Fe/l
6. **Sauerstoffgehalt**	$\leqq 30\ \mu g\ O_2/l$
7. pH	7—8 (8—9, falls die Kesselspeisepumpen Laufzeug aus Bronze oder normalem, unlegiertem Stahl besitzen)

*) Abzüglich der etwa durch Ammoniak erzeugten Leitfähigkeit, d. h. gemessen nach Durchlauf eines Kationenaustauschers.

Solches Kesselspeisewasser kann direkt zur **Heißdampfkühlung** mittels Einspritzung Verwendung finden. Zur Alkalisierung eignen sich nur flüchtige Alkalien wie z. B. Ammoniak oder Hydrazin.

Im Kesselwasser von Trommelkesseln genügen 0,5—1,0 mg P_2O_5/l in Form von **Dinatriumhydrogenphosphat Na_2HPO_3** zugegeben, um einen **Indikator gegen Kondensatorundichtigkeiten** zu besitzen, wenn man sich nicht mit der Überwachung der Chloridionenkonzentration im eingedickten Kesselwasser begnügen will.

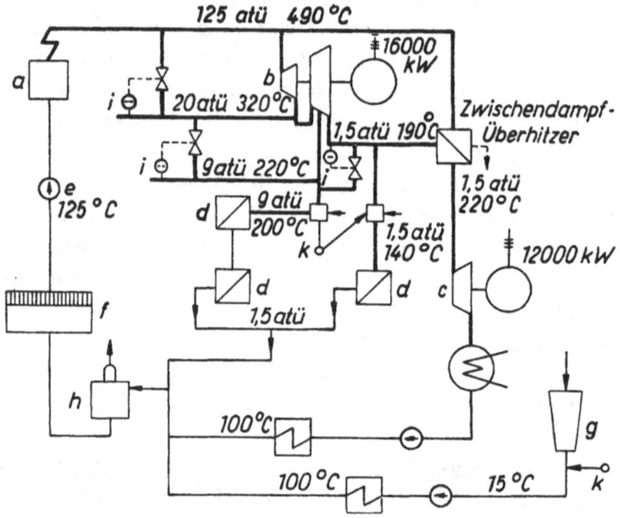

a Kessel
b Gegendruck-Turbine
c Kondensat-Turbine
d Wärmeaustauscher,
e Speisepumpe
f Speisewasserbehälter
g Zusatz-Wasseraufbereitung (Vollentsalzung)
h Entgaser
i Reduzier-Station
k Hydrazin-Einspritzung

Abb. 17. Schaltbild eines Heizkraftwerks

Bei Trommelkesseln und Großwasserraumkesseln niederen Druckes ($<$ 40 atü) kann eine größere Eindickung und Alkalität in Kauf genommen werden, wenn die Anlage in kürzeren Abständen immer wieder außer Betrieb geht (z. B. über das Wochenende). In solchen Fällen kommt man ohne die Mischbettfilterstufe bei der Vollentsalzung aus und fährt ein von Natur aus alkalisches Speisewasser auf den Kessel. Es darf jedoch nicht die Notwendigkeit einer gelegentlichen Absalzung außer acht gelassen werden.

Ist die thermische Entgasung unzureichend oder soll der Sauerstoff nur chemisch beseitigt werden, so kommt von den chemischen Entgasungsmitteln dem Hydrazin die universellste Bedeutung zu, weil die **Reaktionsprodukte des Hydrazins — Stickstoff und Wasser — die Salzfreiheit des Wasser- bzw. Dampfnetzes nicht beeinträchtigen.**

Allerdings gelingt es auch auf chemischem Wege nicht, den Sauerstoffgehalt in Berührung mit eisernen Werkstoffen mittels Hydrazinzugabe unter 5—10 μg O_2/l zu bringen. Ein wichtiger Gesichtspunkt für den Einsatz von Hydrazin ist jedoch in der Möglichkeit zu erblicken, die Kondensatnetze bereits vor dem thermischen Entgaser sauerstoffarm zu halten sowie die Hochdruckkessel nach dem Abfahren bzw. beim kurzzeitigen Entleeren vor Sauerstoffkorrosion zu schützen.

Der **Schutz des Kondensatnetzes** sei an Hand der Abb. 17 kurz aufgezeigt. Durch die Hydrazinzugabe soll vor allem die Kupferauflösung in Wärmetauschern bzw. Turbinenkondensatoren verhindert werden. Besonders bei Heizkraftwerken ist die

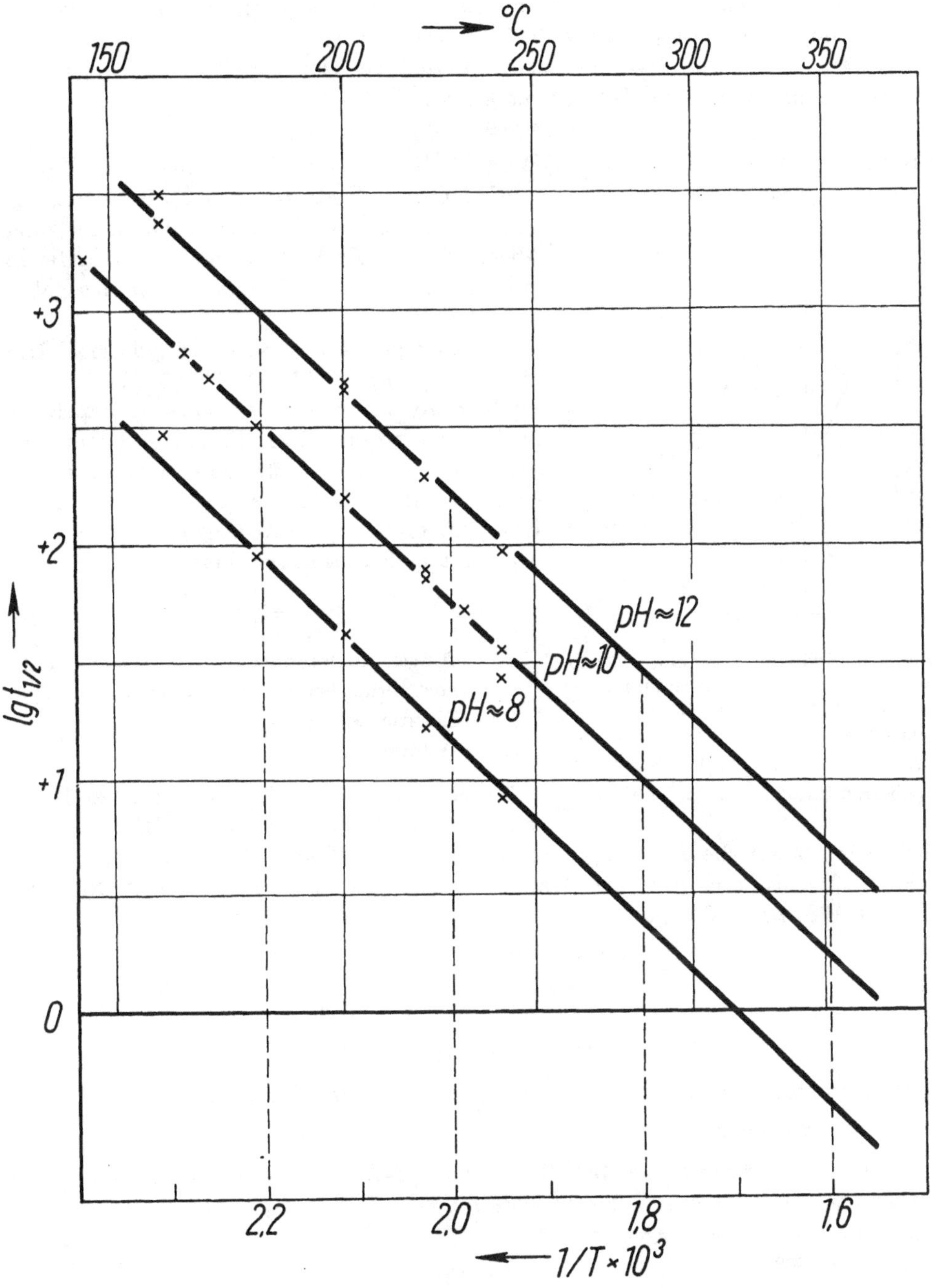

Abb. 18a

Hydrazinzersetzung im Sattdampf (Abhängigkeit der Halbwertszeit von der Temperatur und der p_H-Zahl)

Möglichkeit des Kupferangriffes in stärkerem Maße gegeben, wenn die Wärmetauscher mit kupferhaltigen Werkstoffen berohrt sind.

Für den Einsatz von Hydrazin ist es nützlich zu wissen, daß sich Hydrazin bei höheren Temperaturen (> 200° C) merklich gemäß

$$3N_2H_4 \rightleftharpoons 4NH_3 + N_2$$

zersetzt. Dieser Vorgang ist vom p_H-Wert abhängig und wird durch Magnetit (Fe_3O_4) stark katalysiert (Abb. 18a, 18b). Wird demnach Hydrazin dem Speisewasser zugesetzt, so bewirkt die **thermische Zersetzung** überschüssiger Hydrazinmengen eine laufende Alkalisierung des Kreislaufes durch das gebildete Ammoniak.

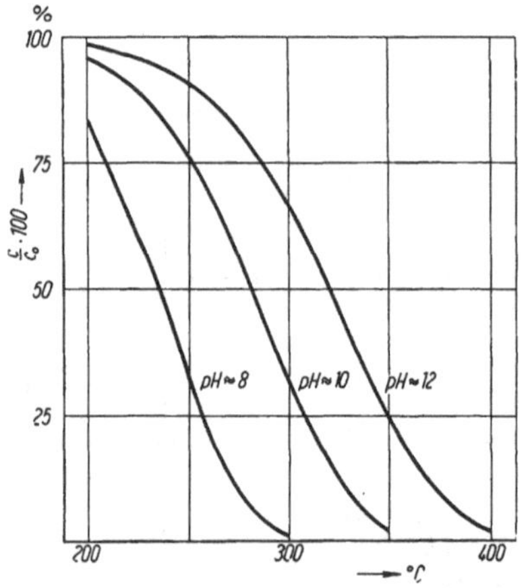

Abb. 18b. Hydrazinzersetzung in Berührung mit Fe_3O_4 unter Sattdampfbedingungen in Abhängigkeit von Druck und Temperatur bei konstanter Reaktionszeit t = 10 min; $\frac{c}{c_0} \times 100$ aus extrapolierten Halbwertszeiten berechnet

Der Siedepunkt des Hydrazinhydrats $N_2H_4 \cdot H_2O$ liegt bei 118,5° C (739,5 Torr), d. h. Hydrazinhydrat geht bei einer Temperatur in den Dampfraum über, die einem Sattdampfdruck von etwa 1,95 ata entspricht. Aus der nachstehenden Gleichung (11a) läßt sich die Hydrazinzersetzung in Abhängigkeit von Temperatur und Reaktionszeit berechnen.

$$-\lg \frac{c}{c_0} = 0{,}301 \cdot \frac{t}{t_{1/2}} \qquad (11\,a)$$

c_0 = Ausgangskonzentration an Hydrazin (mg/l)
c = noch vorhandene Hydrazinkonzentration (mg/l)
t = Reaktionszeit (min)
$t_{1/2}$ = Halbwertszeit (min)

Beispiele: 1. Wieviel Hydrazin ist bei **300° C** und einer **p_H-Zahl ≈ 10** nach 5 Minuten noch vorhanden, wenn die Ausgangskonzentration c_0 = **0,2 mg N_2H_4/l** beträgt?

Für 300° entnimmt man aus dem Diagramm Abb. 18a $\lg t_{1/2} = 0{,}79$. Numerus hierzu 6,166; $t_{1/2} \approx 6{,}2$ min.

$$-\lg \frac{c}{c_0} = 0{,}301 \cdot \frac{5}{6{,}2} = 0{,}2411$$

$$\lg \frac{c}{c_0} = 0{,}7589\text{—}1;\ \frac{c}{c_0} = 0{,}574$$

$$c = 0{,}574 \cdot 0{,}2 = \mathbf{0{,}1148\ mg\ N_2H_4/l}$$

Nach 5 Minuten sind demnach nur noch $\frac{c}{c_0} \cdot 100$ = **57,4%** der eingesetzten Hydrazinmenge vorhanden.

2. Wieviel Hydrazin ist bei **150° C** und einer **p_H-Zahl ≈ 10** nach 60 Minuten noch vorhanden, wenn die Ausgangskonzentration c_0 = **1 mg N_2H_4/l** beträgt?

$\lg t_{1/2}$ für 150° C ≈ 3,10 (Abb. 18a)
$t_{1/2}$ = 1250 min
$\frac{c}{c_0}$ = **0,99 mg N_2H_4/l, d. h.**

≈ **99%** der eingesetzten Hydrazinmenge sind nach 60 Minuten noch vorhanden, wenn die p_H-Zahl bei 10 liegt. Aus den Diagrammen (Abb. 18b) läßt sich feststellen, daß die **Erhöhung der p_H-Zahl** der thermischen Zersetzung entgegenwirkt. Bei 250° C beispielsweise liegen nach 10 Minuten

32,5% bei ≈ p_H 8
76 % bei ≈ p_H 10
91 % bei ≈ p_H 12

unzersetzt vor. Die Werte für lg $t_{1/2}$ und $\frac{c}{c_0} \cdot 100 = \ldots\%$ sind von G. Resch aus Experimenten im eisernen Autoklaven ermittelt worden und gelten nur für eiserne Armaturen. Den katalytischen Einfluß der Magnetitschutzschicht zeigt die Abb. 18c. In einer Quarzapparatur wurde bei etwa 200° C Hydrazin mit Kupferpulver bzw. gepulvertem natürlichem Magnetit (Fe_3O_4 nicht stöchiometrischer Zusammensetzung) behandelt. Man erkennt deutlich die Reaktionsbeschleunigung beim Magnetit.

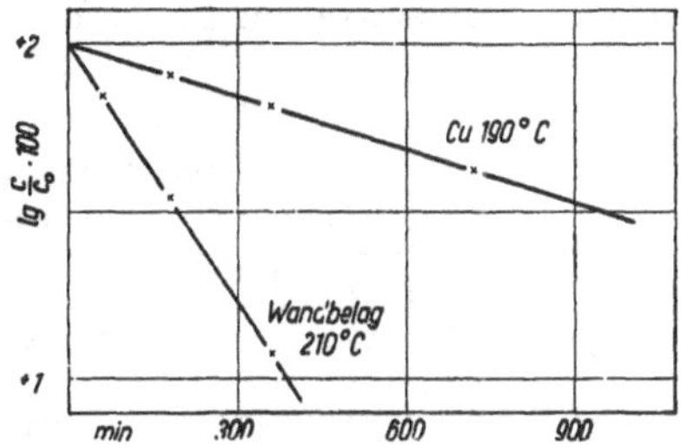

Abb. 18c. Einfluß von Kupfer bzw. Magnetit auf die Reaktionsgeschwindigkeit, gemessen in einer Quarzapparatur

Wie die Praxis gezeigt hat, rostet Eisen in Gegenwart von hydrazinhaltigem Wasser auch bei Zimmertemperatur nicht mehr, wenn die Konzentration an Hydrazin ausreichend und die p_H-Zahl > 8 ist (Tab. VI).

Als **Konservierungsmittel** für eiserne Werkstoffe eignet sich eine wäßrige Emulsion unter Verwendung von Hydrazin, die man in folgender Weise ansetzt:

H-Emulsion

1. 200 ml Hydrazinhydrat (24%ig)
2. 200 ml dest. Wasser + 0,2 g Natriumtripolyphosphat
3. 100 ml 1 n-NaOH (40 g NaOH/l)
4. 500 ml Bohröl

Vorstehende Chemikalien gibt man unter kurzem Umrühren der Reihenfolge nach in 100 Liter Wasser (Gesamthärte ≦ 15° dH).

Tabelle VI

Korrosionsverhalten von Eisen in Gegenwart von Sauerstoff und Hydrazin bzw. Sulfit bei 20° C (nach M. Zimmermann)

Zeit *h*	Kondensat ohne Zusatz	Kondensat + 0,6 g Na_2SO_3/l	Kondensat + 10 g Na_2SO_3/l	Kondensat + 0,6 g $N_2H_4 \cdot H_2O$/l	Restkonzentration mg N_2H_4
0	0,02 mg Fe	0,02 mg Fe	0,02 mg Fe	0,04 mg Fe	364
1	0,06 mg Fe	0,02 mg Fe	0,02 mg Fe	—	—
2	1,2 mg Fe	1,7 mg Fe	0,02 mg Fe	0,04 mg Fe	364
4	9,1 mg Fe	6,4 mg Fe	0,12 mg Fe	—	—
8	24,5 mg Fe	14,0 mg Fe	6,9 mg Fe	0,02 mg Fe	325
24	70,0 mg Fe	47,0 mg Fe	42,0 mg Fe	0,08 mg Fe	283
48	—	—	—	0,18 mg Fe	168
72	—	—	—	0,18 mg Fe	33
96	—	—	—	50,0 mg Fe	0
100	—	—	—	141,0 mg Fe	0

Bei Wässern mit Gesamthärte $> 15^0$ dH verwendet man an Stelle von Bohröl die gleiche Menge Shell-Korrosionsschutzöl (Drumbs Oil B).

Bei sauren Wässern ist zur p_H-Korrektur eine größere Laugemenge (3) anzuwenden, damit die p_H-Zahl der Emulsion $> 8{,}5$ ist. Für die Emulsion sind nur schwebestofffreie, klare Wässer mit einer Chloridkonzentration < 500 mg Cl^-/l geeignet.

Nach den Untersuchungen von ZIMMERMANN reagiert im Wasser gelöster Sauerstoff schneller mit Hydrazin als mit Eisen, wogegen die Umsetzung von Sulfit bei geringer Konzentration im Überschuß erheblich langsamer verläuft.

Tabelle VII
Umsetzung von Hydrazin mit Sauerstoff
(nach M. ZIMMERMANN)

Temp.	Einwirkungszeit	Umgesetzte Menge Hydrazin in % bei Anwesenheit von				
°C	min	1 mg Mn als $MnCl_2$	0,1 mg Mn als $MnCl_2$	1 mg Fe als $FeSO_4$	1 mg Fe + 0,1 mg Mn	ohne Zusatz
20	5	72,5	19,3	3,7	25,3	11,0
	10	93,5	26,2	9,4	41,8	12,9
	20	97,8	59,0	16,2	43,8	29,4
60	5	96,3	77,8	29,7	58,5	58,0
	10	98,0	94,2	37,5	77,0	79,0
	20	—	97	65,7	97,0	82,0

Die Hydrazinumsetzung mit Sauerstoff erfährt durch geringe Eisen- bzw. Mangansalzzusätze eine katalytische Beeinflussung (Tab. VII). Hydrazin reduziert Fe_2O_3 zu Fe_3O_4, greift aber die Fe_3O_4-Schutzschicht nicht weiter an.

Über wirkliche Erfolge mit Hydrazin bei der Behandlung abgesetzter Kessel kann der Verfasser aus eigener Erfahrung berichten. Je nach der zu erwartenden Luftberührung setzen wir dem Kessel während des Abfahrens so viel Hydrazinhydrat zu, daß im Kesselwasser der Hydrazingehalt 10—30 mg/l beträgt. Wir haben bei derartig konservierten Kesseln noch nach vier Wochen Stillstand keine meßbare Sauerstoffkorrosion festgestellt.

Diese Maßnahme ist dann von noch größerer Bedeutung, wenn in den Rohren Kupfer bzw. Kupferoxyd abgelagert ist. In Gegenwart einer Magnetitschutzschicht kommt man mit einem geringen Hydrazinüberschuß aus. Offenbar stehen dem Sauerstoffangriff wegen der Unlöslichkeit der Fe_3O_4-Schicht im Wasser zunächst nur wenige Eisen-2-Ionen gegenüber. Diesen Anteil braucht man demnach auch nur gegen den Sauerstoffangriff zu schützen. Entsprechend dieser Betrachtung liegt also ein **verhältnismäßig** großer Hydrazinüberschuß vor.

Damit sind wir bei einem wichtigen Punkt angelangt, der mit zahllosen Betriebsschäden an Kesselanlagen in ursächlichem Zusammenhang steht — der Kupferfrage.

Über diesen Komplex herrscht heute noch vielfach Unklarheit. Es wird sich wohl in keinem Dampfbetrieb eine Auflösung von Kupfer innerhalb des Wasser-Dampf-

Kreislaufes gänzlich vermeiden lassen. Sofern der Kupfergehalt des Speisewassers unter 10 $\mu g/l$ liegt, dürften diese Mengen auch ohne Bedeutung sein. Hat aber durch irgendeinen Umstand einmal eine größere **Kupferablagerung im Kessel** stattgefunden, so ist das Kupfer ein überaus gefährlicher Stoff.

Kupfer besitzt unter den Metallen eine besonders starke Affinität zum Sauerstoff, weshalb man Kupfer in der chemischen Elementaranalyse vorwiegend zur Sauerstoffentfernung verwendet.

Kommt das Kesselinnere nun beim Stillsetzen bzw. Ablassen mit der Luftatmosphäre in Berührung, so nimmt das dort evtl. vorhandene Kupfer begierig Sauerstoff auf. Nach dem Aufspeisen beginnt das sehr reaktionsfähige Lokalelement Kupferoxyd-Eisen zu arbeiten, wobei in unmittelbarer Nähe des Kupferteilchens Eisen zur Auflösung gelangt. Dies ist ein Prototyp elektro-chemischer Korrosion. Zur näheren Erläuterung sei darauf hingewiesen, daß die Schutzschicht in feuchter Luftatmosphäre zur Oxydation neigt, wobei das Kupfer als bevorzugte Einfangfläche für den Sauerstoff anzusehen ist. Dabei entsteht, wie bereits besprochen, ein poröses, hydratisches Eisenoxyd — ein Rostprodukt, unter welchem die Eisenauflösung ständig fortschreitet, solange jedenfalls an die eiserne Grundmetallfläche noch Sauerstoff herandiffundiert. Beim Aufheizen des Kessels wird die eingeleitete Korrosion infolge der Temperatureinwirkung beschleunigt, wobei die Korrosion auch dann noch weiterläuft, wenn das Speisewasser weitgehendst sauerstofffrei ist. Erst wenn praktisch alles Kupferoxyd verbraucht oder kein metallisches Eisen mehr zugänglich ist, hört die Korrosion auf.

Wir haben also zwei Grundvorgänge zu unterscheiden, die mit verschiedener Geschwindigkeit ablaufen können:

1. **den Vorgang der Kupferauflösung am metallischen Werkstoff,**
2. **den Vorgang der Kupferabscheidung innerhalb des Kesselsystems.**

Der Vorgang der Kupferauflösung ist elektrochemischer Natur; es gelten folgende Gleichgewichte:

$$Cu \rightleftharpoons Cu^{1+} + e^- \quad (12)$$

$$Cu \rightleftharpoons Cu^{2+} + 2e^- \quad (13)$$

$$2Cu^{1+} \rightleftharpoons Cu^{2+} + Cu \quad (14)$$

Nach Gleichung (12) und (13) findet am metallischen Werkstoff Kupferauflösung statt, sobald durch ein Oxydationsmittel Elektronen aus dem Gleichgewicht entfernt werden und je nach den vorliegenden Bedingungen Kupfer-1-Ionen bzw. Kupfer-2-Ionen entstehen. Die Reaktion verläuft also nach der rechten Seite.

Zwischen beiden Ionenarten besteht außerdem ein Gleichgewicht gemäß Gleichung (14), was besagt, daß die Oxydation von Kupfer-1-Ionen unter Kupferabscheidung erfolgt.

Sind im Wasser neben dem Oxydationsmittel ferner noch Bestandteile, welche in der Lage sind, mit Kupferionen zusammengesetzte Ionen zu bilden, so begünstigt dieser Vorgang infolge Gleichgewichtsstörung das Inlösunggehen von Kupfer. Solche Reaktionen vermögen z. B. Ammoniak bzw. OH^--Ionen einzugehen.

Aus den elektrochemischen Gleichgewichten ist jedenfalls klar ersichtlich, daß Kupfer nur bei gleichzeitiger Anwesenheit eines oxydierend wirkenden Mediums in Lösung geht. Diese Aussage gilt insbesondere auch für die Reaktion zwischen Kupfer und Ammoniak. Der Oxydationsvorgang selbst verläuft unter Aufnahme von Elektronen durch das Oxydationsmittel, welches dabei reduziert wird. Im Falle des Sauerstoffs oxydiert dieser das Kupfer.

Nachdem Kupfer in Lösung gegangen ist, findet an anderen Stellen des Kreislaufes, z. B. im Kessel, der umgekehrte Vorgang der Kupferabscheidung statt. Hierbei spielen zweifellos komplizierte elektrochemische Vorgänge eine Rolle, deren sorgfältiges Studium von größtem Interesse ist. Der Mechanismus der Kupferzementation auf der Magnetit-Schutzschicht ist aber noch nicht genügend geklärt, um hierüber mit Sicherheit berichten zu können.

Es wäre schließlich noch darauf hinzuweisen, daß die **Korrosionsgeschwindigkeit vom Kesseldruck mit abhängt, da die Sauerstoffkorrosion unter Volumenverminderung vor sich geht.**

Nicht unerwähnt bleiben mag ein Hinweis auf die noch immer problematische Frage „Wie kommt es zur Lösung von Kieselsäure im Hochdruckheißdampf?" Man spricht hierbei gern von der Löslichkeit der Kieselsäure, was streng genommen nicht ganz richtig ist, das Phänomen aber bereits äußerlich mit dem Nimbus der Unklarheit versieht. Hochdruckheißdampf ist im physikalischen Sinn als Gas anzusprechen. Kieselsäure als fester Körper ist aber in einem Gas nicht löslich. Dessenungeachtet beobachtet man jedoch im Hochdruckheißdampf Kieselsäure, deren Konzentration in Abhängigkeit vom Gehalt des Kesselwassers an gelöster Kieselsäure steht.

Es liegen gerade über die Kieselsäurefrage umfangreiche in- und ausländische Arbeiten vor, wobei die Ansichten zum Teil weit auseinandergehen. Die Untersuchungen sind noch heute im Fluß. Fest stehen zunächst zwei Tatsachen:

1. Die Kieselsäureflüchtigkeit wird durch gleichzeitige Anwesenheit von Alkali-Karbonaten bzw. Kohlensäure und hohe Alkalität im Kesselwasser erhöht sowie durch hohen Kesseldruck begünstigt.
2. Störungen im Betrieb lassen sich mit größerer Sicherheit vermeiden, wenn über Ionenaustauscher entkieseltes Wasser zur Einspeisung gelangt.

In den letzten Jahren haben die chemischen Ionenaustauscher eine ständig wachsende Verbreitung in der Speisewasseraufbereitung gefunden und damit ihre Bewährungsprobe bestanden. Es ist heute bei geeigneter Auslegung solcher Anlagen möglich, ein praktisch salzfreies Wasser zu erzeugen, in welchem Kieselsäure chemisch nicht mehr feststellbar ist, also bei oder unter 10 $\mu g/l$ liegt. Allerdings muß in den meisten Fällen auf eine Vorbehandlung des Wassers mittels chemischer Flockung geachtet und sicherheitshalber mindestens dreistufig über Kationenfilter-Anionenfilter-Mischbett gefahren werden, um die organischen Substanzen des Rohwassers zu eliminieren. Auf Grund in- und ausländischer Erfahrungen werden **Mischbettfilter** in der Regel nur noch als **Nachschaltfilter** (Pufferfilter, Polizeifilter) und nicht mehr als Hauptbetriebsfilter eingesetzt. Die mit einer solchen Anlage eingespeisten Wässer ermöglichen es, auch Trommelkessel ohne Absalzung mit reinstem Dampf zu betreiben, was durchaus von wirtschaftlichem Interesse ist.

Auch bei niedrigeren Druckstufen besonders im Gegendruckbetrieb wird man die Überlegung aufwerfen, die bisherige Wasseraufbereitung aus dem Kessel herauszunehmen, um Absalzung sowie Verunreinigung von Kesselsystem und Turbine mit Sicherheit zu vermeiden.

Wie sehr die Entwicklungstendenzen sich auch im Ausland (USA) zugunsten der Vollentsalzung bewegen, wird an folgender Gegenüberstellung deutlich:

Nach neuesten Zählungen (1957) sollen 39 Werke mit Vollentsalzung und 14 Anlagen mit Verdampfern ausgerüstet werden, während 14 Anlagen eine kombinierte thermisch-chemische Aufbereitung vorgesehen haben. Im Jahre 1954 lautete das Verhältnis noch 38 : 26 zugunsten der Verdampfung. Die Hälfte aller Werke setzt Hydrazin oder Morpholin zu.

Literatur:

1. H. Remy: Anorganische Chemie, Bd. 1 u. 2. Akadem. Verlagsges., Leipzig.
2. Vom Wasser: Jahrbuch f. Wasserchemie, Verlag Chemie, Weinheim (Bergstr.).
3. VBG-Richtlinien für die Aufbereitung von Kesselspeisewasser und Kühlwasser, Vulkan-Verlag, Essen.
4. VGB-Mitteilungen, VGB, Essen.
5. A. Splittgerber: Wasseraufbereitung im Dampfkraftbetrieb, Springer-Verlag, Berlin.
6. A. P. Mamet: Korrosion und Korrosionsschutz in Dampferzeugungsanlagen, VEB-Verlag Technik, Berlin.
7. G. Resch: Über das Verhalten von Hydrazin-Hydrat unter den Bedingungen des Hochdruck-Kessel-Betriebes, Dissert. TH Braunschweig 1957.

TEIL B

Chemische Technologie der Aufbereitung

Wie im Teil A erläutert, vermag das Wasser Stoffe verschiedensten Zerteilungsgrades (Dispersitätsgrades) aufzunehmen. Man unterscheidet drei große Gruppen:

grob-
kolloid- **disperse Lösungen,**
molekular-

wobei keine scharf ausgeprägten Übergangsgebiete existieren. An Hand von Abb. 19 lassen sich verschiedene Stoffgruppen der im Wasser vorkommenden Bestandteile

Teilchengröße 10^{-3} 10^{-4}	Teilchengröße 10^{-5} 10^{-6}	Teilchengröße 10^{-7} 10^{-8} mm
grobdisperse	kolloiddisperse	molekulardisperse
Mikroskopisches Gebiet	Ultramikroskopisches Gebiet	Elektronenmikroskopisches Gebiet
Gruppe I	Gruppe II	Gruppe III
Schwimmstoffe $S < s$ Schwebestoffe $S = s$ Sinkstoffe $S > s$ S = spezifisches Gewicht der Bestandteile s = spezifisches Gewicht des Wassers	Humine Öle Fette Metalle Hydroxyde, Oxyde Kieselsäure Sulfide Organische Verbindungen (z. B. Leim, Gelatine, Seife, Eiweiß, . . . Alkohole, Benzin, . . .)	Salze Säuren Laugen Zucker Gase

Abb. 19. Einteilung der im Wasser enthaltenen Bestandteile

hinsichtlich ihres Dispersitätsgrades einteilen. Aufgabe der Wasseraufbereitung ist die zweckmäßigste Entfernung der im Dampfkesselbetrieb unerwünschten Bestandteile.

Die Bestandteile der Gruppe I werden gegebenenfalls nach vorheriger Klärung in einem Absitzbecken durch Filtration entfernt.

Die Bestandteile der Gruppe II sowie ein Teil aus der Gruppe III (Karbonathärte) werden durch chemische Fällmittel ausgeschieden oder ausgeflockt und einer nachfolgenden Filtration unterworfen. Die Bestandteile der Gruppe III (Salze, Säuren, Laugen) entfernt man restlos auf chemischem Wege durch direkten Ionenaustausch über Vollentsalzungsanlagen, wobei als Endprodukt Wasser entsteht.

Zucker läßt sich ausnahmslos nicht auf dem Wege des Ionenaustausches entfernen. Zuckerhaltige Wässer dürfen auf keinen Fall in den Kessel gelangen, es bilden sich u. a. bei Temperaturen $> 120^0$ C freie Huminsäuren und Kohle sowie in der weiteren Folge flüchtige organische Säuren, die insbesondere bei höheren Temperaturen und Kesseldrücken starke Korrosionen verursachen.

Gase, wie z. B. Sauerstoff, Kohlensäure, Stickstoff, Wasserstoff, werden mittels thermischer Entgasung oder zum Teil (Sauerstoff, Kohlensäure) auf chemischem Wege entfernt.

Im folgenden ist ein Abriß der Aufbereitungsverfahrenstechnik in der Form vorgesehen, daß unter Berücksichtigung der bereits abgehandelten theoretischen Grundlagen eine Grundschaltung angeführt ist, die zur allgemeinen Abhandlung der einzelnen Aufbereitungsstufen dient. Es werden dabei die verschiedensten Wasserzusammensetzungen absichtlich unberücksichtigt gelassen und die tatsächlichen Belastungsverhältnisse nicht herangezogen. Nur so scheint es dem Verfasser didaktisch möglich, eine allgemeinverständliche Einführung und Übersicht zu vermitteln. Erst wenn die wesentlichen Züge der chemischen Aufbereitungstechnik dem Leser vertraut sind, hätte es Sinn, detaillierte Beschreibungen zu geben. Da die Aufgabe der vorliegenden Schrift sich darauf beschränkt, gewissermaßen einen roten Faden durch einen umfangreichen Fachkomplex zu verfolgen, muß der Leser sich bewußt sein, daß es so unendlich viele Varianten der Aufbereitungstechnik gibt, weshalb solche Abhandlungen verschiedenster Schaltungen die Einheit des Manuskriptes gefährden könnte. Im Prinzip gesehen wird man also bei der Grundschaltung (Abb. 20) je nach Wasserbeschaffenheit Stufen hinzufügen oder weglassen können.

Wir betrachten nun einmal die Grundschaltung mit ihren einzelnen Funktionen näher. Dabei mag es nützlich sein, den Zusammenhang zwischen Wasserzusammensetzung und den in der Wasseraufbereitungstechnik üblichen Bezugsgrößen **mval/l** (Millival pro Liter) bzw. **^{0} dH** (Grad deutscher Härte) kurz zu erläutern, um diese Begriffe später als spezifische Kenngrößen anwenden zu können.

Die elektrische spezifische Leitfähigkeit ausgedrückt in Mikro-Siemens (μScm^{-1}) oder bezogen auf Kochsalz (mg NaCl/l bei 20^0 C) ist, wie wir im Teil A gesehen haben, ein Zeichen dafür, daß die wäßrige Lösung Ionen enthält. Da die Leitfähigkeit jedoch abhängig von der Art des im Wasser gelösten Stoffes ist, kann aus den Leitfähigkeitswerten nicht ohne weiteres auf die Menge und Art der im Wasser gelösten Salze geschlossen werden, wenn es sich nicht um eine einzige Komponente handelt. Der Gesamtsalzgehalt beinhaltet außerdem auch die in Komplexionen dissoziierten Stoffe bzw. nur wenig in Ionen gespaltenen Moleküle, so daß nur die chemische Analyse ein klares Bild zu geben vermag, wobei Abdampfrückstand sowie Art und Konzentration der Kationen und Anionen bzw. Gase bekannt sein müssen.

Da alle chemischen Verbindungen aus Elementen, also Atomen, bestehen und sich letztere untereinander nur in bestimmten Verhältnissen vereinigen, hat man den Begriff der **Wertigkeit eines Atoms** geschaffen. Im Wassermolekül ist bekanntlich 1 Atom Sauerstoff mit 2 Atomen Wasserstoff zu HOH verbunden. Der Sauerstoff ist chemisch gegenüber dem Wasserstoff zweiwertig anzunehmen, weil er sich mit 2 Atomen Wasserstoff verbinden läßt.

Aus dieser Beziehung heraus hat man die Wertigkeit der verschiedensten Atome und ihre Masse zu betrachten. **Unter Wertigkeit eines Atoms definiert man die Zahl von Wasserstoffatomen, die von diesem gebunden oder durch dieses aus Verbindungen verdrängt oder ersetzt werden können.** Aus der Division des Atomgewichtes durch die Wertigkeit erhält man das Verbindungsgewicht = **Äquivalentgewicht.** Da wir gesehen haben, daß sich 16 g Sauerstoff mit 2 g Wasserstoff vereinigen, so ergibt sich für den Sauerstoff das Äquivalentgewicht aus 16 : 2 zu 8. Die dem Äquivalentgewicht entsprechende Grammenge heißt **Grammäquivalent** oder **abgekürzt 1 Val.** 1 Val Sulfationen SO_4^{--} entspricht demnach

$$\frac{96{,}06\ \text{g}}{2} = 48{,}03\ \text{g}.$$

Bei Atomgruppen oder Atomen dividiert man das Formelgewicht durch die zugehörige Ionen-, Atom- oder Gesamtwertigkeit.

1 mval (Millival) bezeichnet die tausendfach kleinere Menge:

$$\frac{96{,}06\ \text{mg}}{2} = 48{,}03\ \text{mg} = 1\ \text{mval}\ SO_4^{--}$$

$$\frac{36{,}46\ \text{mg}}{1} = 36{,}46\ \text{mg} = 1\ \text{mval HCl}$$

$$\frac{56{,}08\ \text{mg}}{2} = 28{,}04\ \text{mg} = 1\ \text{mval CaO}$$

36,46 mg HCl sind daher 28,04 mg CaO äquivalent. Da **10 mg/l CaO** definitionsgemäß **1 ⁰ dH** entsprechen, ergibt sich aus

$$\text{Äquivalentgewicht in mg/l} \cdot 0{,}357 = x\ \text{mg/l} = 1^0\ \text{dH}$$

bzw.

$$y\ \text{mval/l} \cdot 2{,}8 = {}^0\ \text{dH}$$

in einfacher Weise die Umrechnung des Salzgehaltes eines Wassers auf die allgemein üblichen Bezugswerte ^{0} dH. Es hat sich eingebürgert, für die Austauschkapazität bei Ionenaustauschern Kationen- und Anionengehalte in ^{0} dH auszudrücken. Im Teil D finden sich für die wichtigsten Verbindungen die äquivalenten Härteangaben. Die **Austauschkapazität,** auch NVK (= Nutzbare Volumenkapazität) genannt, eines Ionenaustauschers wird meist angegeben in g CaO/l-Masse bzw. Val/l-Masse und bezeichnet diejenige Menge an Ionen, die 1 Liter Austauschermasse (bezogen auf den Anlieferungszustand) auszutauschen vermag. Die Kapazitätsangaben lassen sich mit den Formeln g $CaO/l_{Masse} : 28 = Val/l_{Masse}$ und $Val/l_{Masse} \times 28 =$ g CaO/l_{Masse} umrechnen.

Ist für einen Anionenaustauscher beispielsweise die Kapazität mit 20 angegeben, so bedeutet diese Angabe, daß 1 Liter Masse im regenerierten Zustand eine 20 g CaO äquivalente Anionenmenge gegen OH^--Ionen auszutauschen vermag.

Enthält die Angabe für einen Kationenaustauscher eine Kapazität von 40, so kann 1 Liter Masse im regenerierten Zustand eine 40 g CaO äquivalente Kationenmenge gegen H^+-Ionen austauschen. Man muß also durch Wasseranalyse zunächst einmal die Wasserzusammensetzung ermitteln, um den Gesamtdurchsatz ermessen zu können.

Beispiel 1:

Karbonathärte (KH)	1,60 ° dH
Chloride (Cl^-)	7 mg/l
Sulfate (SO_4^{--})	20 mg/l
Kieselsäure (SiO_2)	11 mg/l

Aus vorstehender Analyse errechnen sich die folgenden Kationen- und Anionengehalte des Wassers:

	Kationen	Anionen
KH	1,60 ° dH	3,20 ° dH
Cl^-	0,55 ° dH	0,55 ° dH
SO_4^{--}	1,16 ° dH	1,16 ° dH
SiO_2		1,02 ° dH
	3,31 ° dH	5,93 ° dH

Für die Kieselsäure brauchen nicht äquivalente Kationen Berücksichtigung zu finden, wenn sie als kolloidal gelöste Verbindung SiO_2 angenommen wird.

Beispiel 2:

Karbonathärte (KH)	12,0 ° dH
Chloride (Cl^-)	75,0 mg/l
Sulfate (SO_4^{--})	60,0 mg/l
Nitrate (NO_3^-)	18,0 mg/l
Kieselsäure (SiO_2)	5,0 mg/l
Freie Kohlensäure (CO_2)	10,0 mg/l

	Kationen	Anionen
KH	12,0 ° dH	24,0 ° dH
Cl^-	5,9 ° dH	5,9 ° dH
SO_4^{--}	3,5 ° dH	3,5 ° dH
NO_3^-	0,8 ° dH	0,8 ° dH
SiO_2		0,5 ° dH
CO_2 (freie)		0,6 ° dH
	22,2 ° dH	35,3 ° dH

Sowohl für Beispiel 1 als auch für Beispiel 2 sei ein Gesamtdurchsatz von 100 m³ zwischen zwei Regenerationen gefordert. Es ergeben sich dann folgende Auslegungen ohne Berücksichtigung der Spülwassermengen für das Anionenfilter.

Zu Beispiel 1:

Kationenaustausch:

$33{,}1 \times 100000 = 3310000$ mg CaO = 3310 g CaO
1 Liter Austauscher entspricht 40 g CaO
x Liter Austauscher entsprechen 3310 g CaO
Erforderlich 82,75 Liter Austauschmasse

Anionenaustausch:

$59{,}3 \times 100000 = 5930000$ mg CaO = 5930 g CaO
1 Liter Austauscher entspricht 20 g CaO
x Liter Austauscher entsprechen 5930 g CaO
Erforderlich 300 Liter Austauschmasse

Zu Beispiel 2: Kationenaustausch:

$222 \times 100000 = 22200000$ mg CaO = 22200 g CaO
1 Liter Austauscher entspricht 40 g CaO
x Liter Austauscher entsprechen 22200 g CaO
Erforderlich 555 Liter Austauschmasse

Anionenaustausch:

$353 \times 100000 = 35300000$ mg CaO = 35300 g CaO
1 Liter Austauscher entspricht 20 g CaO
x Liter Austauscher entsprechen 35300 g CaO
Erforderlich 1765 Liter Austauschmasse

Vorstehende Rechnungen sind grobe Überschlagsrechnungen der in Frage kommenden Größenordnung.

Die Spülwassermengen der nachgeschalteten Austauscher müssen hinsichtlich der Menge an Austauschermasse bei den vorgeschalteten Austauschern zusätzliche Berücksichtigung finden. Ebenfalls ist über den stündlichen maximalen Wasserdurchsatz keine Angabe gemacht. Siehe hierzu auch Seite 90, 91.

In der Rechnung Beispiel 2 erscheint in der Spalte Anionen gegenüber 12° dH Kationen für Karbonathärte die doppelte Menge entsprechend 24° dH. Hierbei ist zu beachten, daß für die Löslichkeit von Erdalkalikarbonaten Kohlensäure (gemäß Abb. 4, S. 8) erforderlich ist, wobei z. B. Calciumhydrogenkarbonat $Ca(HCO_3)_2$ mit der etwa doppelten Anionenmenge gegenüber $CaCO_3$ entsteht. Bei der Berechnung braucht die Gesamthärte keine Berücksichtigung zu finden, wenn die Bestandteile der Nichtkarbonathärte (Sulfate, Chloride, Hydroxyde usw.) analytisch einzeln erfaßt sind.

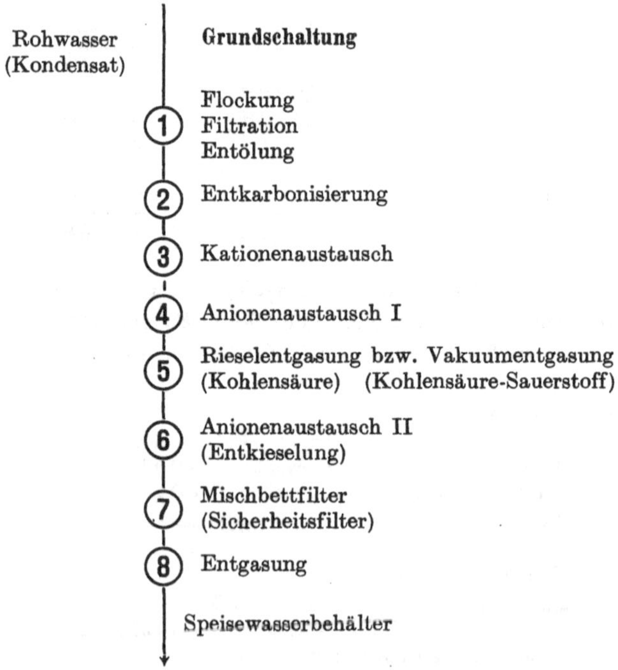

Abb. 20. Grundschaltung

1. Flockung — Filtration — Entölung

Während die grobdispersen Bestandteile der Gruppe I direkt abfiltrierbar sind, müssen die kolloiddispersen Bestandteile der Gruppe II erst in einen filtrierbaren Zustand gebracht werden, indem sie mittels geeigneter Flockungszusätze zur Ausflockung bzw. Ausfällung kommen. Hoher Kaliumpermanganatverbrauch (Permanganatzahl PZ) des Wassers deutet auf starke organische Verunreinigungen, niederer Kaliumpermanganatverbrauch schließt das Vorhandensein organischer Stoffe jedoch nicht aus.

Zur Flockung verwendet man z. B. Aluminiumsulfat, krist. 50—60% $Al_2(SO_4)_3 \cdot 18H_2O$; Eisenchlorid, krist., wasserfrei 98% $FeCl_3$; Natriumaluminat mit 30—35% Al_2O_3. Die beiden Chemikalien Aluminiumsulfat und Eisenchlorid erleiden im Wasser teilweise hydrolytische Spaltung gemäß

$$Al_2(SO_4)_3 + 6HOH \rightleftharpoons 2Al(OH)_3 + 3H_2SO_4 \quad \text{und}$$
$$FeCl_3 + 3HOH \rightleftharpoons Fe(OH)_3 + 3HCl,$$

reagieren also sauer, wobei neben den freien Mineralsäuren Metallhydroxyde vorliegen. Die Mineralsäuren setzen sich mit vorhandenen Hydrogenkarbonaten unter Bildung freier Kohlensäure um oder müssen bei geringer Karbonathärte des Wassers mittels Alkalizusatz neutralisiert werden, um die Ausscheidung der voluminösen Hydroxyde zu ermöglichen. Der Flockungsmechanismus ist auf S. 17/18 beschrieben. Er ist stark p_H-abhängig. Im allgemeinen liegen die **Zusätze an Flockungschemikalien zwischen 5—40 mg/l.** Durch den Zusatz von sauer reagierenden Flockungsmitteln nimmt die Karbonathärte ab, während der Anionengehalt äquivalent steigt. Etwa 20 mg/l $FeCl_3$ bzw. 40 mg/l $Al_2(SO_4)_3 \cdot 18H_2O$ dem Wasser zugesetzt, verringern die Karbonathärte um 1° dH und erhöhen den Anionengehalt um 1° dH.

Natriumaluminat erfährt im Wasser ebenfalls hydrolytische Spaltung gemäß

$$Na_3AlO_3 + 3HOH \rightleftharpoons 3NaOH + Al(OH)_3$$

Das vorhandene Natriumhydroxyd reagiert mit freier Kohlensäure bzw. den Hydrogenkarbonaten des Wassers gemäß

$$CO_2 + NaOH = NaHCO_3$$
und
$$Ca(HCO_3)_2 + 2NaOH = CaCO_3 + Na_2CO_3 + 2H_2O$$

unter Bildung von Natriumhydrogenkarbonat bzw. Natriumkarbonat (Soda).

Bei Zusatz von Natriumaluminat tritt also eine Zunahme der gebundenen Kohlensäure ein. Bei einem Zusatz von 40 mg/l Natriumaluminat erhöht sich die Karbonathärte um max. 2,4° dH.

Die für die Flockung optimale p_H-Zahl hängt neben der Temperatur auch von den Salzbestandteilen des Wassers ab. Nach Literaturangaben sollen hohe Sulfat- bzw. Kieselsäuregehalte die Flockung günstig beeinflussen. In vielen Fällen verwendet man daher **adsoprtionsaktive Zusätze** wie z. B. aktivierte Kieselsäure*), *Ferrosil*, *Separan* 2610 (Dow Chemical Company, Deutschland DEFAC — Düsseldorf) oder Natrium-Alginat. Mit Natrium-Alginat sind besonders günstige Ergebnisse bekannt geworden, wobei zusätzlich außer der Flockungschemikalie noch ein Beschwe-

*) Lösung aus technischem Wasserglas und Zusatz einer Säure bzw. Natriumhydrogenkarbonat.

rungsmittel ($CaCO_3$, Bentonit, Magnopulver) zugesetzt wird. Diese Zusätze intensivieren die Flockung und lassen für den gleichen Flockungseffekt gegebenenfalls geringere Chemikalienmengen zu (Abb. 20a).

Koagulation und **Sedimentation** sind naturgemäß vom spezifischen Gewicht und nach dem STOKEschen Gesetz vom Teilchenradius abhängig, da die **Sinkgeschwindigkeit** des Teilchens mit dem Quadrat des Radius zunimmt*). Die adsorptionsaktiven Zusätze vermögen sich durch ihre elektrische Aufladung (aktivierte Kieselsäurekolloide tragen z. B. negative Aufladung) an die Flockungschemikalien anzulagern, diese zu beschweren, den Teilchenradius infolge Agglomeration zu vergrößern und die Sinkgeschwindigkeit der Flocken zu erhöhen. Allerdings darf der Zusatz an solchen Komponenten nur in wohl abgestimmten Proportionen erfolgen, um den Flockungsmechanismus nicht etwa umgekehrt so zu stören (z. B. durch zu schnelle Sedimentation der Flocken), daß die beabsichtigte Fällung der zu entfernenden Stoffe wegen zu geringer Berührungszeit bzw. zu großer Teilchengröße (= zu kleiner aktiver Oberfläche) eine Behinderung erfährt.

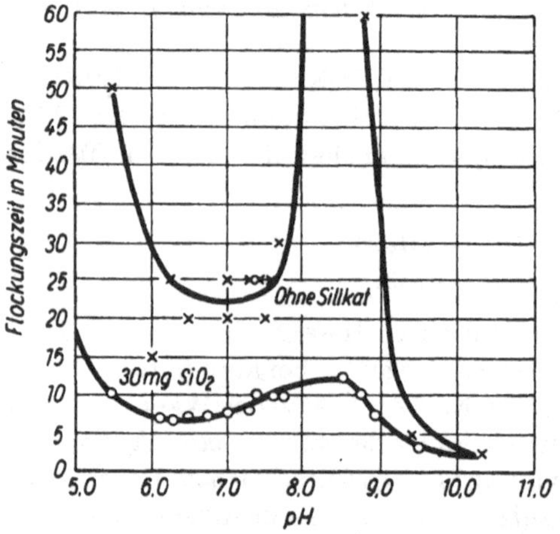

Abb. 20a. Abhängigkeit der Flockungszeit vom p_H mit und ohne *Ferrosil* (F. H. R. KRUMBIEGEL)

Bei der Aluminiumsulfatflockung liegt der günstigste p_H-Bereich im allgemeinen zwischen 5,5—7, bei der Eiesnchloridflockung zwischen 5,5—6,5, bei Natriumaluminat 8—9. Für die Einstellung der experimentell zu ermittelnden optimalen p_H-Zahl muß unter Umständen Säure oder Lauge außer der Flockungschemikalie zugesetzt werden. Eine Wassertemperatur von 20° C ist günstiger als eine solche von 10° C.

Zusammenstellung der **Reaktionen bei der Flockung** mit:

a) Aluminiumsulfat

$$Al_2(SO_4)_3 + 3Ca(HCO_3)_2 = 2Al(OH)_3 + 3CaSO_4 + 6CO_2$$

Bei sehr weichen, d. h. karbonathärtearmen Wässern Zusatz von Alkali (Kalk, Soda, Natronlauge).

$$Al_2(SO_4)_3 + 6NaOH = 2Al(OH)_3 + 3Na_2SO_4$$

b) Eisenchlorid

$$2FeCl_3 + 3Ca(HCO_3)_2 = 2Fe(OH)_3 + 3CaCl_2 + 6CO_2.$$

Bei weichen Wässern Zusatz von Alkali.

$$FeCl_3 + 3NaOH = Fe(OH)_3 + 3NaCl$$

---

*) Gilt streng nur für die Kugelform.

c) Natriumaluminat

Bevorzugt verwendet bei karbonatreichen Wässern hoher Magnesiahärte. Neben Aluminiumhydroxyd entstehen das schwer lösliche Magnesiumaluminat und das leicht lösliche Calciumaluminat.

$$Na_3AlO_3 + 3Ca(HCO_3)_2 = Al(OH)_3 + 3CaCO_3 + 3NaHCO_3$$
$$2Na_3AlO_3 + 3CaSO_4 = 3Na_2SO_4 + Ca_3(AlO_3)_2$$
$$2Na_3AlO_3 + 3MgSO_4 = 3Na_2SO_4 + \mathbf{Mg_3(AlO_3)_2}$$

d) Natriumaluminat und Aluminiumsulfat

Bei karbonatweichen Wässern besser geeignet.

$$2Na_3AlO_3 + Al_2(SO_4)_3 + 6H_2O = 4Al(OH)_3 + 3Na_2SO_4.$$

e) Natriumaluminat und Magnesiumchlorid

Das entstehende Magnesiumaluminat vermag Kieselsäure aufzunehmen.

$$2Na_3AlO_3 + 3MgCl_2 = Mg_3(AlO_3)_2 + 6NaCl$$

Bei der Flockung muß eine gewisse Reaktionszeit Berücksichtigung finden, damit die Flocke genügend Zeit zur Ausbildung erhält und die Adsorption stattfinden kann, bevor die Filtration beginnt. Man verwendet daher vielfach **Reaktoren,** die einen ausgezeichneten Flockungsmechanismus garantieren, wie z. B. den *Accelator* (Abb. 21).

Der *Accelator* besteht aus einem einzigen Behälter, der in der Hauptsache folgendes enthält:

eine primäre Misch- und Reaktionszone
zwei konzentrische Leitrohre, welche die sekundäre Misch- und Reaktionszone bilden,
ein Klärsystem,
Eindickungskammern, in denen der überschüssige Schlamm angereichert und abgezogen wird,
Vorrichtungen zum Zusetzen von Chemikalien,
eine elektrisch angetriebene „Rührpumpe“ zum Mischen und Umpumpen.

VERFAHRENSMERKMALE

a) Einführen der Chemikalien und des Rohwassers in die Misch- und Reaktionszone, wobei die Reaktionen in Gegenwart von vorher gebildeten Feststoffen erfolgen.

Dies wird erreicht durch geregelte Rückführung des Schlammwassers — mehrere Volumen je Volumen Rohwasser — mit tatsächlichem Rücklauf der Feststoffe aus der Abtrennzone in die primäre Misch- und Reaktionszone.

Unter diesen Umständen erfolgt die Niederschlagsbildung an der Oberfläche alter bereits gebildeter Teilchen, wodurch ein gut geflocktes, meistens sofort abtrennbares Produkt entsteht. Die Bildung von feinstverteilten Reaktionsprodukten, wie sie entstehen, wenn die Chemikalien dem Wasser vor der Berührung mit bereits vorgebildeten Fällungsprodukten zugesetzt würden, und die Notwendigkeit, eine anschließende Koagulierung und Agglomerierung durchzuführen, wird beim *Accelator* weitgehend — wenn nicht vollkommen — ausgeschaltet. Die besonders konstruierte Rührpumpe erzeugt eine kräftige Strömung in der primären Misch- und Reaktionszone, so daß das einfließende Rohwasser, die Chemikalien und das Schlammwasser rasch gemischt werden und sich keine Feststoffe auf dem Boden des Behälters ablagern können. Dabei werden große Mengen von Wasser bei verhältnismäßig geringer Geschwindigkeit bewegt, wodurch ein Zerreißen der gebildeten Flocken vermieden wird. Die von der Rührpumpe bewirkte Zirkulation des Schlammwassers kann ohne Schwierigkeiten auf die Erfordernisse der jeweils vorliegenden Wasserverhältnisse abgestimmt werden. Unter Schlammwasser wird hier stets eine Suspension von nicht abgesetzten Feststoffteilchen verstanden.

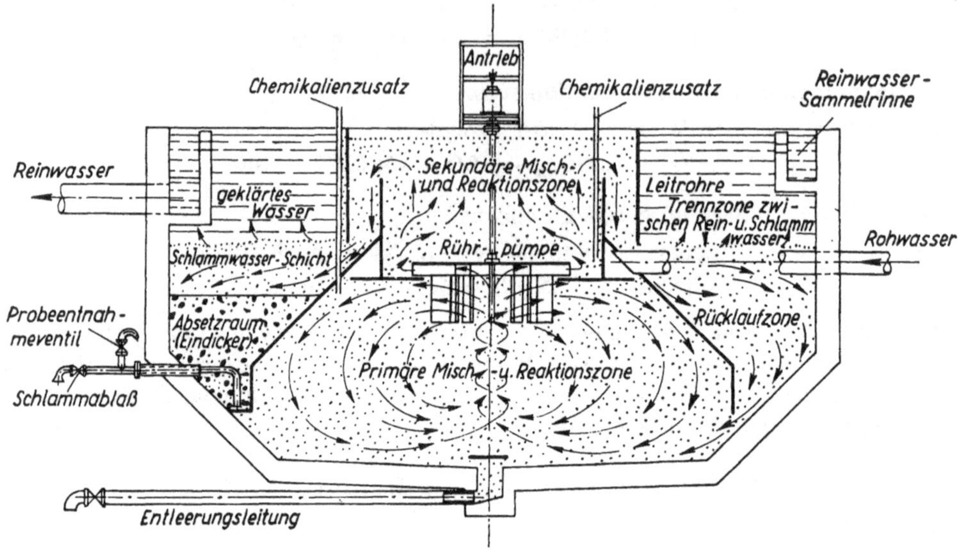

Abb. 21. *Accelator* (Lurgi)

Aus der primären Reaktionszone fließt das eintretende, bereits behandelte Rohwasser zusammen mit der zwei- bis vierfachen Menge zurückgeführten Schlammwassers in die sekundäre Misch- und Reaktionszone. Langsame Umwälzung und laufende innige Berührung mit dem Schlammwasser bringen hier die Behandlungsreaktionen zum Gleichgewicht, bevor die Weiterleitung in den äußeren Teil des *Accelators* erfolgt, wo die Feststoffe abgetrennt werden.

b) Schnelle Abtrennung des vollständig behandelten und klaren Wassers vom Schlammwasser durch die Verdrängungswirkung des eintretenden Rohwassers.

Beim Verlassen der sekundären Reaktionszone verteilt sich das Schlammwassergemisch nach außen und unten in eine Zone, in der sich das Schlammwasser in geregelter, gelenkter Bewegung nach außen und abwärts befindet. Von hier aus wird das fertig behandelte Wasser entsprechend dem eintretenden Rohwasser nach oben verdrängt. Das behandelte Wasser trennt sich an der Oberfläche des nach unten fließenden Schlammwasserstroms von diesem ab, wobei es sich etwa rechtwinklig zu demselben bewegt. Das bedeutet, daß das behandelte Wasser nicht durch eine mehr oder weniger dichte Suspension von Schlammteilchen hindurch aufsteigen muß, was seine höchstmögliche Geschwindigkeit wegen der Gefahr der Durchwirbelung und des Mitreißens kleinster Teilchen stark begrenzen würde. Die maximale Steiggeschwindigkeit des Reinwassers im *Accelator* wird vielmehr nur begrenzt durch die Sinkgeschwindigkeit der einzelnen durch das Verfahren der Schlammwasserrücknahme aber besonders gut geflockten Teilchen. Bei klarem Ablauf des behandelten Wassers in besonders konstruierte Über- und Auslaufvorrichtungen lassen sich dabei in der Trennzone ohne Schwierigkeiten **Aufsteiggeschwindigkeiten von 5 bis 7 m/h** erreichen.

Der Trübstoffspiegel im *Accelator* wird durch die gleichgehaltene Konzentration des Schlammwassers sowie die geregelte und gelenkte Rückführung des-

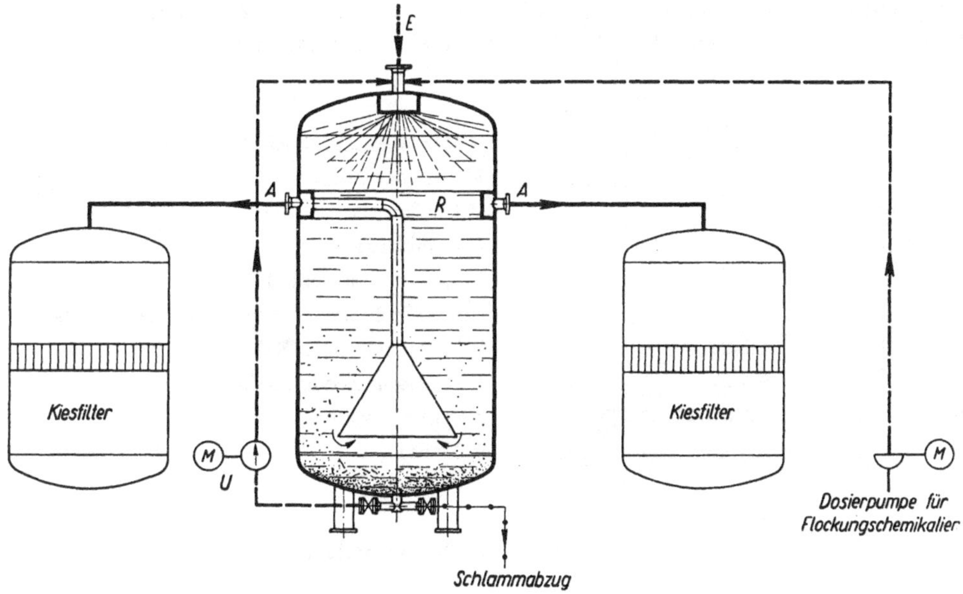

Abb. 22. Reaktionskammer System Bran u. Lübbe
E = Wassereintritt. — R = Ringschleuse. — A = Wasseraustritt. — U = Schlammumwälzung

selben immer in gleicher Höhe gehalten und ist unabhängig vom Durchsatz, so daß der Kontakt des Rohwassers mit den Feststoffteilchen auch bei wechselnder Belastung gleichbleibt.

c) Kontinuierliche Eindickung und automatischer Abzug der überschüssigen Feststoffe unter Verwendung von speziell dafür ausgebildeten und besonders angeordneten Eindickern.

Die Konzentration des umgewälzten Schlammwassers wird auf einem ziemlich hohen Wert gehalten, um eine größtmögliche Oberflächenberührung in der Reaktionszone zu erreichen. Diese Konzentration wird von der Menge an Feststoffen beeinflußt, die aus dem Kreislauf abgeführt werden. Der Überschuß an Feststoffen wird aus den trichterförmigen Eindickern als Grobschlamm durch ein automatisch gesteuertes Ventil periodisch abgezogen. Die Eindicker sind so bemessen, daß sie die maximal mögliche Menge von Feststoffen, die durch die Behandlung im *Accelator* entstehen, aufnehmen können.

In einfacherer Weise läßt sich mit einer **Reaktionskammer** (Abb. 22) arbeiten. Diese besteht aus einem zylindrischen Behälter mit entsprechenden Einbauten, um den Flockungsprozeß zu intensivieren. In diesem Behälter findet sowohl Flockenals auch Schlammanreicherung statt. Mittels einer Pumpe wird ein gewisser Flockenanteil wieder dem zulaufenden Wasser beigegeben; in Abständen kann aus der

Kammer gealterter Schlamm abgezogen werden. Die Umsetzungszeit, d. h. Verweilzeit, für das durchlaufende Wasser liegt bei 20—30 Minuten und einer Filtrationsgeschwindigkeit von 5—10 m/h. Auf Grund der Wassermenge ergibt sich die Auslegung des Behälters.

Die gleichen Flockungsverfahren können bei der **Entölung** z. B. von Kondensat zum Einsatz kommen, um Ölgehalte > 10 mg/l weitgehendst adsorptiv zu entfernen. Restgehalte bzw. Ölgehalte < 10 mg/l beseitigt man in Aktivkohlefiltern ohne Vorflockung (Abb. 22a). Die Aktivkohle reichert sich allmählich mit Öl an und muß

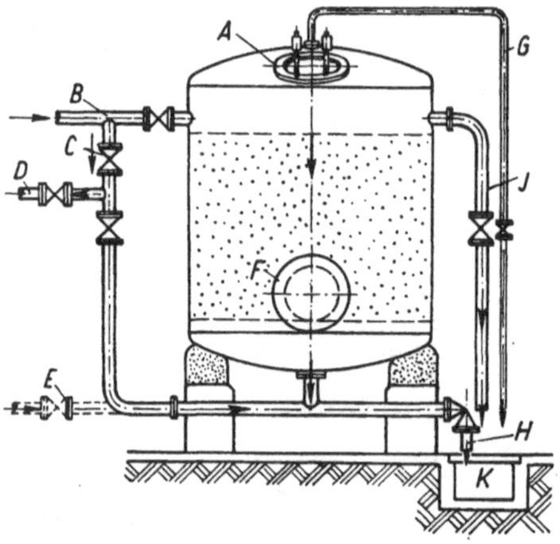

A Mannloch zum Einfüllen der Aktivkohle
B Rohkondensatzulauf
C Umführungsschieber
D Reinkondensatablauf
E Spülwasseranschluß
F Handloch zum Entleeren der Aktivkohle
G Entlüftung und Ölablaß
H Entleerung und Vorfiltratablauf
J Spülwasserablauf
K Kanal

Abb. 22a. Geschlossener Hydraffinentöler (Lurgi)

regelmäßig erneuert werden. Eisenoxydhaltige Wässer dürfen nicht mit Aktivkohlefiltern entölt werden (Verstopfungsgefahr).

Bei starker Verölung ist es üblich, eine Vorentölung mit mechanischen Ölabscheidern (Absitzbecken, Koksfilter, Anschwemmfiltration bei Wasser; Prallflächen- oder Fliehkraftentöler bei Abdampf) vorzunehmen. Zur Klarfiltration dienen Kiesfilter. Die Filtration geschieht meist in geschlossenen Behältern mit einem Düsenboden unter Wasserdruck. Die gebräuchlichsten **Filterstoffe** sind Quarzkies, Magnokies (bzw. Akdolit) und Aktivkohle. Bei **Quarzkiesen** kommen nur einkristalline Kiese in Frage, die Kiese sollen nicht runde, sondern gebrochene Oberflächen mit Kanten aufweisen.

Magnomasse ist halb gebrannter und gekörnter Dolomit, wobei auf Grund der Brenntemperatur zwischen 400—800° C der Magnesiumkarbonatanteil des Dolomits unter Kohlensäureabspaltung zu Magnesia (Magnesiumoxyd) umgesetzt wird, während der Calciumkarbonatanteil erhalten bleibt. Es entsteht also ein alkalisch reagierendes Produkt von steinartiger Beschaffenheit, das zur Entsäuerung, Enteisenung, Entmanganung vielfache Verwendungsmöglichkeiten aufweist.

Bei der Filtration von Rohwässern mit überschüssiger, freier Kohlensäure (bzw. Mineralsäure) erfolgt die Entsäuerung unter Hydrogenkarbonatbildung (bzw. Salzbildung) gemäß

$$MgO + 2CO_2 + H_2O = Mg(HCO_3)_2$$

und

$$CaCO_3 + CO_2 + H_2O = Ca(HCO_3)_2.$$

Der aktivere Teil ist das MgO und damit verläuft die 1. Reaktion bevorzugt. Infolge der Härteerhöhung bei der Entsäuerung über Magnomaterial steigt die Karbonathärte eines Wassers je 10 mg/l abgebundene freie Kohlensäure um 1° dKH. Bei sehr weichen Wässern tritt eine Aufhärtung dadurch ein, daß Magnomasse in Lösung geht, wobei Magnesiumhydroxyd entsteht und dem Wasser eine alkalische Reaktion erteilt. Bei 18° C können bis zu 8,75 mg $Mg(OH)_2$/l in Lösung gehen. Sind Salze zugegen, insbesondere Ammoniumsalze, so steigt die Löslichkeit bedeutend.

Magnomaterial enthält kaum Kieselsäure, weshalb man gern das Material zur Filtration alkalischer Wässer einsetzt, wenn die bei Quarzkiesen eintretende Aufkieselung (im heißen Wasser) vermieden werden soll.

Um der vorerwähnten Aufhärtung des Wassers zu begegnen, findet sich in der Literatur die Empfehlung, mit heißer Phosphatlösung vorbehandeltes Magnomaterial zur Filtration einzusetzen. Die praktischen Erfahrungen haben jedoch gezeigt, daß die gebildeten schwer löslichen Phosphate mit der Zeit verschwinden, so daß die Alkalisierung allmählich wieder einsetzt, insbesondere, wenn es sich um salzarme Wässer, z. B. Dampfkondensate, handelt.

Bei der **Entmanganung** bzw. **Enteisenung,** die vor jeder Vollentsalzungsanlage angebracht ist, sofern im Rohwasser Gehalte in der Größenordnung von 1 mg/l vorliegen, bewirkt der alkalische Magnesiaanteil die Abscheidung von Eisenhydroxyd bzw. Braunstein in Schlammform. Das Wasser muß gelösten Sauerstoff enthalten, um evtl. Eisen-2-Salze aufzuoxydieren.

Magnomasse besitzt in gewissem Maße entkieselnde Eigenschaften und verbessert die Ausflockung organischer Substanzen bei der Filtration eines vorgeflockten Wassers.

Tabelle VIII

Kenndaten für Quarzkiese (Kiesfilter) **und Magnomasse** (Magnofilter)

	Quarz	Magno
Schüttgewicht	1,6 t/m³	1,2 t/m³ (Magno-DOL) 1,0 g/m³ (Magno-SYN)
Körnungen:		
Stützschicht über Filterboden	5—7 mm	4—8 mm
Füllung	1—3 mm	2—4 mm 0,5—2 mm (oben)
Filtrationsgeschwindigkeit	5—15 m/h	5—10 m/h
Rückspülgeschwindigkeit	15—20 m/h	20—30 m/h
Spülwassermenge	15—25 m³/h je m²-Fläche	20—30 m³/h je m²-Fläche
Spülluftmenge	35—40 m³/h je m²-Fläche	60 m³/h je m²-Fläche
Spüldruck	0,5 atü	0,3—0,5 atü
Filterwiderstand bis zur maximalen Beaufschlagung	3—5 m WS	3—5 m WS
Schichthöhe:		
offenes Filter		0,7—1,3 m
geschlossenes Filter		1,5—2,5 m
Spezifische Belastung:		
$\frac{m^3/h}{m^3 \text{ Masse}}$		3—5

Die einwandfreie Arbeitsweise eines Filters hängt in starkem Maße davon ab, daß kein **Verbacken** der Körner, Kluft- bzw. Gassenbildung und damit verbundenes Durchreißen eintreten. Dem **Rückspülvorgang,** wobei das Spülwasser von unten nach oben strömt und die Filtermasse anhebt, muß große Sorgfalt und Aufmerksamkeit gewidmet werden. Es ist zweckmäßig, bei der Rückspülung unterhalb des Filterdüsenbodens, auf dem die Filtermasse aufliegt, Luft dem Spülwasser zuzumischen. Hierzu finden spezielle **Filterdüsen** Anwendung (Abb. 23). Diese besitzen im unteren Teil **Schaftrohre,** die so ausgebildet sind, daß ein niveaugleiches Luftpolster unterhalb des Filterbodens entsteht, damit eine gleichmäßige Beaufschlagung beim Spülvorgang gewährleistet ist.

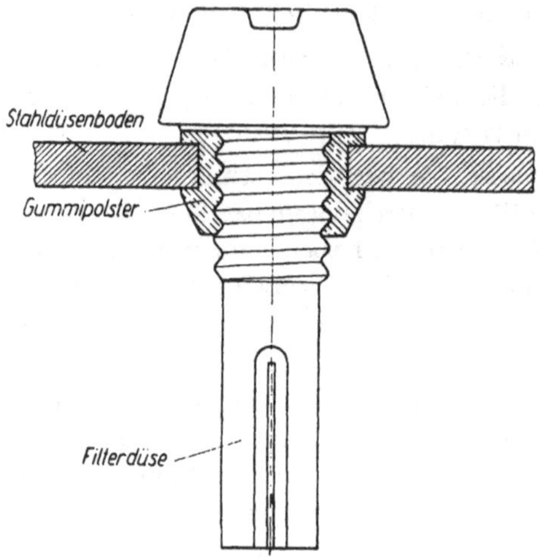

Abb. 23. Filterdüsen aus Porzellan (Neue Continentale Bau-GmbH, Hannover)

Die Bauhöhe eines zylindrischen Filterbehälters muß im allgemeinen so abgestimmt sein, daß $^1/_3$ des gesamten Inhaltes als **Steigraum** für die Rückspülung zur Verfügung steht. Werden dem Wasser vor dem Filter sog. Filterhilfsmittel, wie z. B. aktivierte Kieselsäure oder Filtrierpapierschnitzel, zugesetzt, um den Filtrationseffekt zu verbessern, so spricht man von **Anschwemmfiltration.**

2. Entkarbonisierung

Unter Entkarbonisierung versteht man die Entfernung der Karbonathärte aus dem Wasser; es handelt sich also um eine Teilenthärtung. Die wichtigsten Verfahren sind

a) **Fällungsverfahren**
Teilenthärtung mit Kalk in Schnellreaktoren und nachgeschalteten Kiesfiltern

b) **Austauschverfahren**
Teilenthärtung mittels schwach saurer Kationenaustauscher.

a) Fällungsverfahren

Kalk ist das billigste Enthärtungsmittel und bewirkt die Ausscheidung von Calcium-Hydrogenkarbonaten, entfernt also die Karbonathärte. Das Fällungsverfahren eignet sich am besten für Wässer mit höherer Karbonathärte ($> 6^0$ dKH), weil dieses Verfahren die Karbonathärte nur bis auf etwa 2^0 dKH herab beseitigt. Wässer, deren gesamte Magnesiahärte größer als die Nichtkarbonathärte ist, eignen sich weniger für das Fällungsverfahren.

Im allgemeinen verwendet man beim Fällungsverfahren sog. **Schnellreaktoren** (Abb. 38), kegelförmig auf der Spitze stehende Behälter bis zu etwa 12 m Höhe bzw. zylindrische Behälter bis zu 10 m Bauhöhe; letztere bestehen aus zwei aufeinander gesetzten Behältern mit verschiedenen Durchmessern. Die Behälter enthalten die sog. **Kontaktmasse.** Diese bildet sich beim Betrieb selbst durch die feinkörnigen Calciumkarbonatausscheidungen. Beim Anfahren kann als Kontaktmasse z. B. gesiebter, feinkörniger Quarzsand zur Anlagerung der Kristallisationskeime dienen, welche aus abgeschiedenem Calciumkarbonat bestehen und laufend wachsen. Dadurch erhöht sich das Volumen der Reaktormasse ständig, so daß in Zeitabständen abzuschlämmen ist.

Der Kalk wird im allgemeinen als **Kalkhydrat** eingesetzt. Seine Eignung ergibt sich aus den nutzbaren Anteilen an Calciumhydroxyd $Ca(OH)_2$. Kalkhydrat kommt

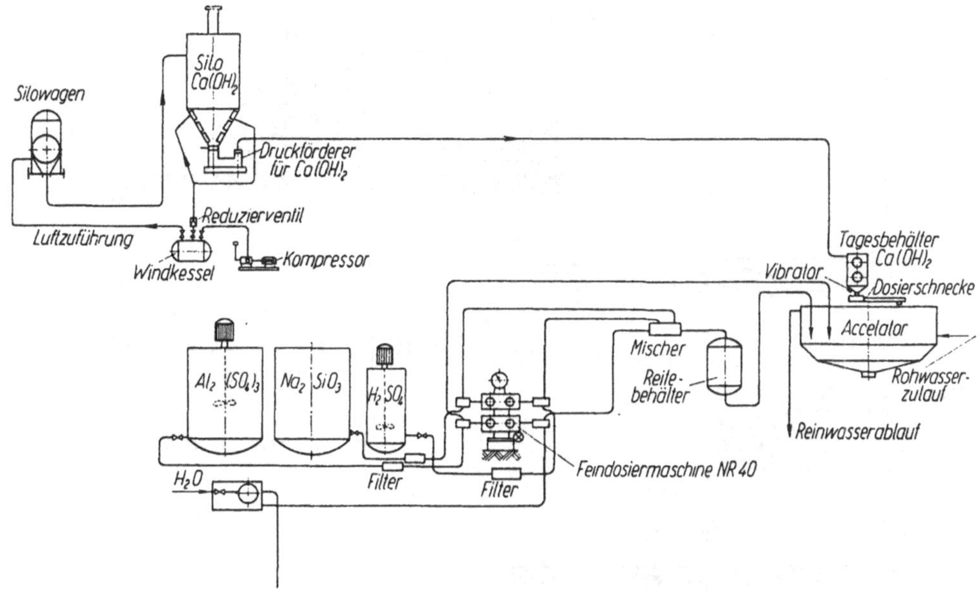

Abb. 24. Schemadarstellung der Dosierung für die Accelatoranlage

entweder als wäßrige Lösung (Kalkwasser) oder als Kalkmilch verrührt in 1—5%iger Aufschlämmung zur Anwendung. Im letzteren Fall besteht die Gefahr der Entmischung, weshalb Kalkmilch mit Preßluft in Bewegung gehalten wird. Für dickflüssige Kalkmilch sind entsprechende Vorkehrungen hinsichtlich des Weitertransportes geboten. (Kurze Wegstrecke zum Reaktor — schnellaufende Pumpen — enge Rohrleitungen.) Man kann aber auch die Kalkfeststoffdosierung mit einer Dosiermaschine für flüssige Komponenten kombinieren, wie die Schemazeichnungen Abb. 24, 25 zeigen. Flockung und Entkarbonisierung verlaufen gekoppelt über einem Reaktor (Schwebefilter bzw. *Accelator*). In diesem Fall ist das Kiesfilter der Entkarbonisierung nachgeschaltet.

Abb. 26 zeigt eine anders ausgebildete Dosiereinrichtung, die mengen- und p_H-Zahlgesteuert betrieben wird.

Die Wirksamkeit eines Schnellreaktors zur Entkarbonisierung hängt entscheidend von der intensiven Mischung des Wassers mit dem Kalk ab. Entsprechende Bedeutung besitzen demnach die erwähnten Dosiereinrichtungen.

Nach E. SCHUMANN sind nachfolgende Gesichtspunkte beim Betrieb von Schnellentkarbonisierungsanlagen zu beachten. Die Entkarbonisierung des Wassers mit

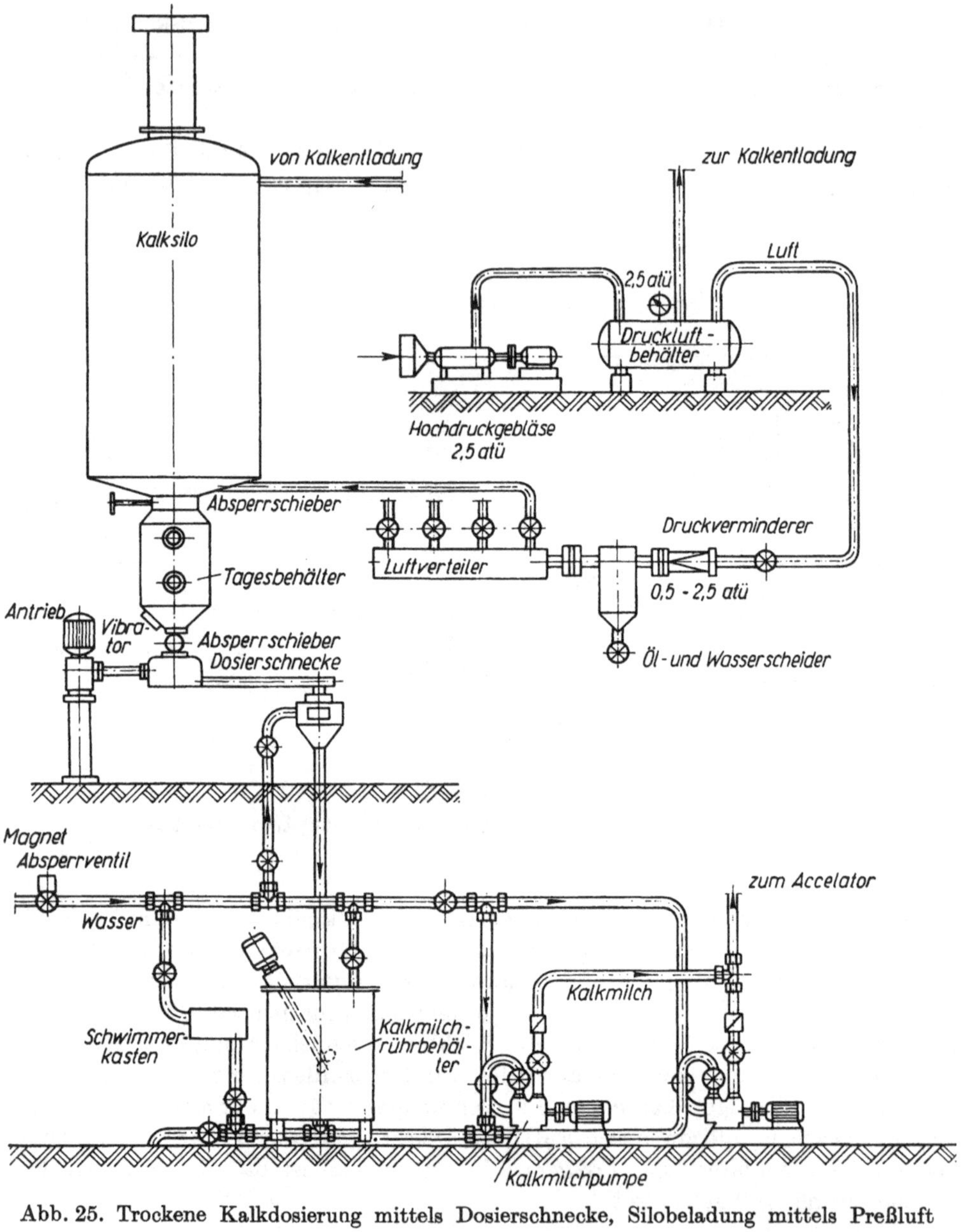

Abb. 25. Trockene Kalkdosierung mittels Dosierschnecke, Silobeladung mittels Preßluft

Kalk in Schnellreaktoren geht im Durchlauf von unten nach oben bei kontinuierlicher Zugabe der Chemikalien vor sich. Die Vorgänge im Reaktor umfassen

1. **Umsetzung der Härtebildner mit Kalk und**
2. **Anlagerung des ausgeschiedenen Calciumkarbonats an die Kontaktmasse.**

Der mit Kalk versetzte Rohwasserstrom muß sich, durch die Konstruktion des Reaktors bedingt, möglichst gleichmäßig auf den Reaktorraum verteilen. Dieses fördert die Reaktionsgeschwindigkeit und begünstigt die Anlagerung der ausgeschiedenen Kristallkeime an die Kontaktkörner. Im allgemeinen ist die Reaktion des Kalkhydrates mit der Karbonathärte des Rohwassers nach verhältnismäßig kurzer Berührungszeit des Wassers mit der Kontaktmasse beendet. Längere Zeit benötigt die Anlagerung des ausgeschiedenen Calciumkarbonats. Sie erfolgt nur durch das Einzelkorn und im Energieaustausch mit den ausgeschiedenen Keimen. Infolgedessen werden die Keime um so vollständiger aufgenommen, je länger die Berührungszeit des Wassers mit der Kontaktmasse war. Anschwellende Trübungen lassen vermuten, daß der Reaktor entweder nicht ausreichende Mengen Kontakt enthielt oder die Kontaktmasse nicht mehr aufnahmefähig genug war oder Wasserdurchbrüche im Reaktor die Anlagerung der Keime behinderten. Das Nachlassen des Anlagerungsvermögens der Kontaktkörner zeigt sich außerdem durch Mattwerden ihrer Oberfläche an. Die Kristallkeime werden alsdann von der Kontaktmasse nicht mehr aufgenommen, ballen sich zusammen, erscheinen dem Auge als Trübstoffe und gelangen auf die Filter. Hiernach sind die untersten Körnerschichten abzulassen und durch neue Kontaktmasse, die aus feinkörnigem Rheinsand oder zerkleinerter abgeschiedener Kontaktmasse bestehen kann, auszufüllen. Die Farbe der Kontaktkörner ist nicht von ausschlaggebender Bedeutung. Farbige Körner deuten an, daß im Einzelkern Fremdstoffe eingeschlossen sind. Hierdurch vermindert sich im allgemeinen auch die Anlagerungsfähigkeit des Einzelkornes. Eine Reinigung des Reaktors ist durchweg nicht notwendig. Tote Ecken und Räume füllen sich zwar mit Karbonatstein, der sich jedoch in der Form dem Strömungsverlauf anpaßt und ihn nicht weiter behindert. Durch Steine verengte Zulaufrohre oder verschlammte Ablaufrohre sind ernster zu nehmen. Die Ursachen sind meistens falsche Einführung der Kalkmilch oder des Kalkwassers bzw. eine unzulässig hohe Eintrübung des zu den Filtern ablaufenden Wassers.

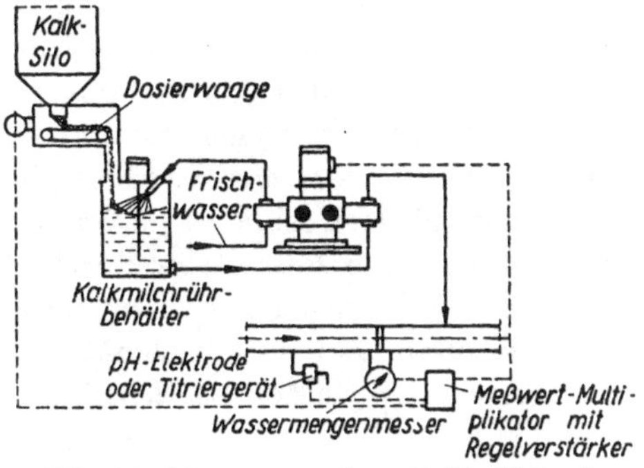

Abb. 26. Mengen- und p_H-Zahl-abhängig gesteuerte Kalkmilch-Dosieranlage

In den nachgeschalteten Kiesfiltern erfolgt des öfteren noch eine weitere Abnahme der Restkarbonathärte, sofern der Gleichgewichtszustand noch nicht erreicht war. Die Unterschiede in der Karbonathärte der Proben, die vom Ablauf des Reaktors und der Kiesfilter gezogen wurden, sind ein Maßstab für das Verhalten des Reaktors. Obwohl die örtlichen Verhältnisse berücksichtigt werden müssen, werden im allgemeinen keine größeren Trübstoffmengen im Wasser zu den Kiesfiltern als 5—15% zugelassen, wobei die höheren Prozentanteile für Wässer von etwa 5^0 dKH und die niedrigen Anteile für Wässer bis zu 20^0 dKH gelten. Bezugswerte sind die aus der Karbonathärte mit Kalk gebildeten Calciumkarbonatmengen. Diese betragen 36 g je ^{0} d ausgeschiedener Karbonathärte und m^3.

Mit Rücksicht auf die größtmögliche Klärung des ablaufenden Wassers auch von Trübstoffen ist eine maximale Wassergeschwindigkeit von 16 m/h angebracht. Im oberen Teil des Reaktors trennt sich das mit den Fällungschemikalien behandelte

Wasser von der Kontaktmasse. In dem freien Raum über der Kontaktmasse erfolgt auch die Klärung von feinen Trübstoffen auf Grund der aufsteigenden Tendenz des Wassers.

Die Reaktion verläuft am günstigsten, wenn im ablaufenden Wasser die Beziehung $2p = m$*) eingestellt und das Umsetzungsprodukt praktisch nur aus Calciumkarbonat oder Magnesiumkarbonat besteht. Magnesiumkarbonat besitzt aber eine etwa 10mal höhere Löslichkeit. Erst bei Kalküberschuß ($2p > m$) erfolgt Ausfällung von Magnesiumhydroxyd. Der Einschluß von letzterem in die Kontaktmasse erfolgt nur zögernd und hat Störungen für die weitere Anlagerung von Calciumkarbonat zur Folge. Mittels Kalk ausgeschiedenes Magnesiumhydroxyd ist in kaltem Zustand sehr feinflockig, läßt sich schlecht filtrieren und dringt möglicherweise bei Durchschlagen der Kiesfilter zum Reinwasser durch. Bei Unterschuß an Kalk bleibt ein größerer Anteil der Karbonathärte in Lösung, die Reaktionsfähigkeit der Reaktormasse bleibt jedoch erhalten. Bei verhältnismäßig höherer Magnesiumhärte ist daher besser mit Ionenaustauschverfahren zu arbeiten, desgleichen wenn KH $< 6^0$ d.

b) Austauschverfahren

Bei der Entkarbonisierung mit schwach sauren Kationenaustauschern werden nur die Kationen der Hydrogenkarbonate ausgetauscht (s. u.).

Wir haben nunmehr die Grundlagen der chemischen Vollentsalzung und Entkieselung zu besprechen.

3. Kationenaustausch, Anionenaustausch, Mischbettfilter

Im Dampfkraftbetrieb kommt der Speisewasseraufbereitung eine immer größere Bedeutung zu, je höher Kesseldruck und Dampftemperatur liegen. Im Hochdruckgebiet, d. h. also ab 64 atü, müssen Kessel mit einem aufbereiteten Speisewasser bestimmter Qualität gefahren werden. Dabei ist besonderer Wert auf Salzfreiheit und Kieselsäurefreiheit zu legen, wenn eine Turbine nachgeschaltet ist. Obwohl Trommelkessel eine gewisse Schluckfähigkeit an Salzen besitzen, gelten auch hier die gleichen Wasseranforderungen wie bei Zwangsdurchlaufkesseln hinsichtlich der Salz- und Kieselsäurefreiheit des eingespeisten Wassers, wenn man diese Kesselart ohne Absalzung (Abschlämmung) betreiben will. Diese Fahrweise ist zweifellos wirtschaftlicher, weil bei der Absalzung stets Hochdruckenergie vernichtet wird. Wenn die Rohwasserverhältnisse es also irgend zulassen, sollte die Aufbereitung des Speisewassers für Hochdrucktrommelkessel bei Verwendung von Vollentsalzung und Entkieselungsanlagen auf den kontinuierlichen Betrieb ohne Absalzung abgestimmt sein.

Auch bei Kesselanlagen mit Betriebsdrücken unter 64 atü eröffnet die neuzeitliche rein chemische Wasseraufbereitung die Möglichkeit des absalzlosen Kesselbetriebes. Damit wird aber ein sehr viel narrensicherer Betrieb erreicht, und Turbinenverkieselungen oder -versalzungen lassen sich mit Sicherheit vermeiden. Es gibt verschiedene Gründe für die Kieselsäureflüchtigkeit in den Dampfraum, wie z. B. Anwesenheit von Karbonaten bzw. Kohlensäure, hohe Alkalität, Abhängigkeit vom Kesseldruck. Die im Dampf mitgeführte **Kieselsäure scheidet sich bevorzugt im Temperaturgebiet 250—300° C ab.**

*) p = p-Wert, m = m-Wert (siehe Teil D, S. 140).

Nach Erfahrungswerten von installierten Kesselanlagen liegen für den zulässigen Höchstgehalt an Kieselsäure Werte vor, bei denen eine Verkieselung des Dampfes und der Turbine nicht mehr zu befürchten sei. Diese Angaben können jedoch nicht als verbindlich angesehen werden, weil stets die besonderen Betriebsverhältnisse, (Dampfraumbelastung, Lastwechsel, Bauweise der Turbinen usw.) eine Rolle spielen. Es kann nur empfohlen werden, beim Hochdruckkesselbetrieb hinsichtlich der Kieselsäureentfernung aus dem Rohwasser größte Sorgfalt aufzuwenden, gleichgültig, um welche Kesselart es sich handelt.

Die **Wirtschaftlichkeit** der rein **chemischen Wasseraufbereitung** (Entsalzung und Entkieselung) gegenüber Verdampferbetrieb oder Dampfumformung ist gegeben wenn

a) die Nichtkarbonathärte 70—100% der Gesamthärte beträgt und der Gesamtsalzgehalt unter 450 g/m³ liegt;

b) der Anteil der Nichtkarbonathärte 70% und der Gesamtsalzgehalt 560 g/m³ nicht übersteigt;

d) der Anteil der Nichtkarbonathärte nicht mehr als 40% beträgt und der Gesamtsalzgehalt unter 800 g/m³ liegt;

c) das Rohwasser nur Karbonathärte aufweist und sein Salzgehalt 1200 g/m³ nicht übersteigt (s. Abb. 27).

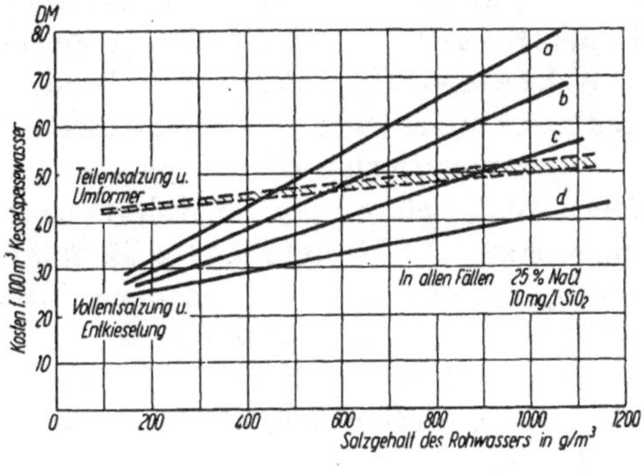

Abb. 27.
Wirtschaftlichkeit der chemischen Vollaufbereitung

Der Standort neu zu erstellender Dampfkraftanlagen ist nicht nur nach Brennstoffversorgungsgesichtspunkten, sondern ebenso nach vorheriger Prüfung der dortigen Wasserverhältnisse zu wählen. Sind die Wasserverhältnisse so schlecht, daß eine chemische Entsalzung technisch nicht mehr geeignet erscheint, ergeben sich auch für die thermische Aufbereitung mittels Verdampfung Probleme und Schwierigkeiten, jedenfalls wenn es sich um Hochdruckkessel handelt.

Mit thermischen Verdampfern bzw. Dampfumformern gelingt es nicht, die Wasserqualität einer Ionenaustauschanlage hinsichtlich Leitfähigkeit und Gasfreiheit zu erreichen. Das dürfte ohne weiteres verständlich sein, wenn man bedenkt, daß Gase, wie z. B. Ammoniak oder Kohlensäure, nicht nur thermodynamische, sondern auch chemische Gleichgewichte im Wasser besitzen, woraus ein gewisser Restgasgehalt in Form einer chemischen Verbindung mit dem Wasser resultiert, der nur auf chemischem Wege eliminierbar ist. Beim Verdampferbetrieb hängt die Dampfreinheit von vielen Faktoren ab. Dabei spielen nicht nur rein chemische Fragen, wie z. B. Salzzusammensetzung der Verdampferlauge (d. h. also Eindickungsverhältnisse), sondern auch betriebstechnische Vorgänge, wie z. B. Ausdampffläche, ungleichmäßige Heizdampfkondensierung, **starke Schwankungen im Wasserspiegel** bei Laständerungen, zu hohe Überhitzung — um nur einige Punkte herauszugreifen — eine wesentliche Rolle. Aus Gründen der Dampfreinheit verwendet man bei der Verdampfung vielfach mehrstufige Anlagen bzw. Zykloneinbauten. Da in den meisten Fällen das in den Verdampfer eingespeiste Wasser härtefrei sein muß, schaltet man eine chemische Enthärtungsanlage (Basenaustausch) vor, um einer Abscheidung von Kesselstein zu begegnen. Beim Vergleich einer rein chemischen Aufbereitung mit der chemisch-thermischen (Verdampfung) wird oft der Leistungsrückgang, d. h. der erhöhte Wärmeaufwand infolge Heizflächenverschmutzung durch ausgeschiedene Salze, außer acht gelassen, hinzu kommen noch die Reinigungskosten, TÜV-Inspektion und andere Größen, wie z. B. Wärmegefälleverluste, Reparaturen usw. Die chemische Überwachung einer Verdampfer- oder Dampfumformeranlage erfordert keineswegs geringere Sorgfalt. Arbeitet die vorgeschaltete Enthärtung nicht einwandfrei, so können durch **Magnesiumchloridspaltung,** die bekanntlich unter 100° C einsetzt, unangenehme Korrosionsschäden nicht nur im Verdampferteil, sondern auch in den Kesseln bzw. Speisepumpen eintreten.

Welche Gesichtspunkte liegen beim Betreiben chemischer Vollentsalzungs- und Entkieselungsanlagen mit Ionenaustauschern vor?

Unter **Ionenaustauschern** versteht man feste, wasserunlösliche Stoffe, welche befähigt sind, sich mit den im Rohwasser gelösten Elektrolyten in **umkehrbarer** Weise umzusetzen. Elektrolyte sind z. B. Salze, Säuren und Basen, welche im Wasser in Ionen, und zwar in positiv geladene Kationen bzw. negativ geladene Anionen gemäß $NaCl \rightleftharpoons Na^+ + Cl^-$ zerfallen.

Demgemäß unterscheidet man auch **Kationenaustauscher** und **Anionenaustauscher***). Im Kationenaustauscher werden positiv geladene Kationen gegen Wasserstoffionen, z. B. gemäß

$$2\,Na^+ + H_2X \longrightarrow Na_2X + 2\,H^+ \quad (H_2X = \text{Kationenaustauscher}),$$

im Anionenaustauscher negativ geladene Anionen gegen Hydroxylionen, z. B. gemäß

$$2\,Cl^- + (OH)_2Y \longrightarrow Cl_2Y + 2\,OH^- \quad [(OH)_2Y = \text{Anionenaustauscher}],$$

ausgetauscht.

Als Endprodukt entsteht also

$$2\,H^+ + 2\,OH^- = 2\,H_2O, \text{ d. h.}$$

Wasser. Je nachdem, ob alle Kationen oder Anionen bzw. nur ein Teil derselben im Austausch gegen Wasserstoff- bzw. Hydroxylionen aus dem Rohwasser entfernt werden, spricht man von

Vollentsalzung bzw. **Teilentsalzung.**

Die einzelnen Austauschersorten besitzen eine unterschiedliche Charakteristik und können dementsprechend zur Vollentsalzung bzw. nur zur Teilentsalzung Verwendung finden.

Man unterscheidet schwach und stark saure Kationenaustauscher sowie schwach und stark basische Anionenaustauscher.

Ein stark saurer Kationenaustauscher vermag **alle Kationen** im Wasser gegen Wasserstoffionen zu ersetzen, während ein schwach saurer nur die Kationen der wenig dissoziierten schwachen Säuren wie z. B. Kohlensäure oder Kieselsäure gegen Wasserstoffionen austauscht.

Ein stark basischer Anionenaustauscher kann **alle Anionen** austauschen, während ein schwach basischer Austauscher nur die Anionen starker Säuren, nicht aber die Anionen schwach dissoziierter Säuren (z. B. CO_2 oder SiO_2) auszutauschen vermag.

---

*) Eine ausführliche Beschreibung der Ionenaustauscher (Geschichte, chemische Konstitution, chemische Eigenschaften usw.) findet man in dem Aufsatz: G. Krüger, Ionenaustauscher — ein Überblick; Chemiker-Ztg. **79**, 21 (1955) S. 733—737, 768—772, 804—806.

Für den Austausch der schwachen Säuren ist ein höherer Regeneriermittelbedarf erforderlich. Die Kationenaustauscher werden meist mit verdünnter Salzsäure, die Anionenaustauscher mit verdünnter Natronlauge*) regeneriert. Bei der **Regeneration** spielt sich eine chemische Reaktion ab, die dem Austauschvorgang entgegengesetzt ist, z. B. beim Kationenaustauscher

$$\underset{\text{Erschöpfter Austauscher}}{Na_2X + 2\,H^+} \longrightarrow \underset{\text{Regenerierter Austauscher}}{2\,Na^+ + H_2X}$$

und beim Anionenaustauscher

$$Cl_2Y + 2\,OH^- \longrightarrow 2\,Cl^- + (OH)_2Y.$$

Dabei beruht die Regeneriermittelwirkung auf der Anwendung eines Überschusses an Säure oder Lauge, d. h. also an Wasserstoff- bzw. Hydroxylionen.

Aus wirtschaftlichen Gründen wird man daher im allgemeinen mit einem schwach basischen Austauscher und geringerem Regeneriermittelbedarf die starken Säuren hinter dem Kationenfilter entfernen, die vorhandene Kohlensäure (CO_2) durch Entgasung oder Rieselung bis auf 2—5 mg/l herausnehmen und nun erst das in der Hauptsache Kieselsäure und Restkohlensäure enthaltende Wasser über einen stark basischen Austauscher leiten. Hier findet dann als letzter Vorgang die Entkieselung statt.

Beim Kationenaustausch beobachtet man oft einen an sich unerwünschten Vorgang, den **Schlupf** („leakage"). **Der Schlupf ist der Ionenwertigkeit umgekehrt proportional;** d. h. am leichtesten „schlüpfen" einwertige Kationen wie Na^+ durch, während die zweiwertigen Ionen wie Ca^{++} praktisch vollständig vom Austauscher gebunden werden. Daher hängt man fast immer noch an den Schluß einer Ionenaustauschanlage ein **Mischbett-** oder **Pufferfilter** an, um die restlichen Kationen bzw. Salzspuren zu beseitigen. Als Folge des Schlupfes würde sonst ein alkalisches Wasser abfließen, da den OH^--Ionen des Anionenaustauschers noch Na^+-Ionen gegenüberstehen. Als umfassendste Grundschaltung einer Vollentsalzungs- und Entkieselungsanlage ergibt sich ein **sechsstufiger Aufbau,** bestehend aus

Stufe 1. **Entkarbonisierung mit schwach sauren Kationenaustauschern (Teilentbasung).** Es werden nur die Kationen der Hydrogenkarbonate (KH) ausgetauscht. Der Austauscher läßt sich mit Säure geringer Konzentration ohne nennenswerten Chemikalienüberschuß regenerieren. Zum Regenerieren kann der Regeneriermittelablauf des nachgeschalteten stark sauren Kationenaustauschers dienen. In diesem Fall benötigt die Entkarbonisierung keinen zusätzlichen Regneriermittelaufwand.

Stufe 2. **Kationenaustausch mit stark sauren Kationenaustauschern (Entbasung).** Diese Austauscher vermögen alle im Wasser gelösten Kationen auszutauschen, bedürfen aber eines Überschusses an Regeneriermittel.

Stufe 3. **Anionenaustausch I mit schwach basischen Anionenaustauschern.** Es werden nur die Anionen der starken Säuren (Cl^-, SO_4^{--}), wie sie aus dem stark sauren Kationenaustauscher ablaufen, gebunden, dagegen nicht die Anionen der schwach dissoziierten Säuren, wie z. B. CO_2, SiO_2. Als Regeneriermittel ist verdünnte Natronlauge mit nur geringem Überschuß geeignet. Daher kann der aus der Regeneration des nachgeschalteten stark basischen Anionenaustauschers (Stufe 5) stammende Ablauf benutzt werden, was wirtschaftlich einen Vorteil ergibt. Schwach basische Anionenaustauscher vermögen nach erfolgter Regeneration zunächst erhebliche Mengen Kohlensäure bzw. Karbonat-

*) Dient der Anionenaustauscher zur Entkieselung, sollte die Temperatur der Regenerierlauge 35—40° C betragen.

ionen zu adsorbieren, die im weiteren Verlauf der Arbeitsperiode jedoch wieder als Kohlensäure abgegeben werden (Verdrängung durch die den Austauscher fortschreitend beaufschlagenden starken Säuren).

Stufe 4. **Rieselentgasung oder Vakuumentgasung zum Austreiben der Kohlensäure.** Bei der Rieselentgasung erfolgt die Austreibung der Kohlensäure durch Belüftung. Die Belüftung erfolgt drucklos, so daß das Wasser aus dem Rieseler mittels Pumpe weitergefördert werden muß.

Die thermische Vakuumentgasung erreicht eine weitgehende Entgasung bei Unterdruck ($CO_2 < 3$ mg/l, $O_2 < 75\ \mu$g/l). Die Betriebstemperatur liegt vielfach bei etwa 30—38° C

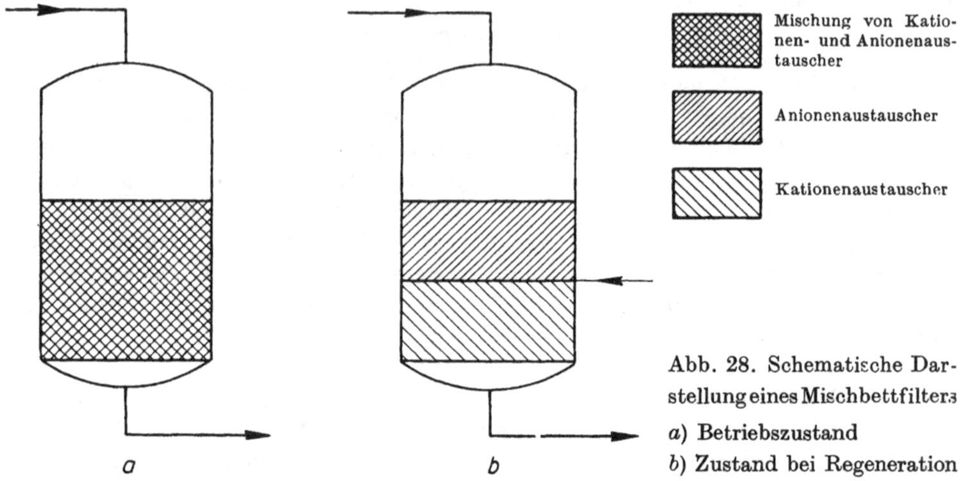

Abb. 28. Schematische Darstellung eines Mischbettfilters
a) Betriebszustand
b) Zustand bei Regeneration

und ist von der zulässigen Betriebstemperatur nachgeschalteter Anionenaustauscher abhängig. Es werden nicht nur Kohlensäure, sondern auch die anderen im Wasser gelösten Gase, insbesondere Luftsauerstoff, mit ausgetrieben. Das Fehlen oxydierender Gase soll sich vorteilhaft auf die Lebensdauer nachgeschalteter Anionenaustauscher auswirken. Zur Aufrechterhaltung des Vakuums ist eine Vakuumpumpe, zur Förderung des Wassers aus dem Entgaser eine selbstansaugende Pumpe erforderlich.

Stufe 5. **Anionenaustausch II und Entkieselung*) mit stark basischen Anionenaustauschern.** Die noch vorhandenen Anionen, gegebenenfalls Restgehalte an Kohlensäure sowie die gesamte Kieselsäure werden mit stark basischen Anionenaustauschern entfernt**).

Diese Austauscher benötigen einen größeren Regeneriermittelüberschuß. Die bei der Regeneration ablaufende Natronlauge kann meist noch zur Regeneration schwach basischer Anionenaustauscher (Stufe 3) dienen.

Stufe 6. **Puffer- oder Sicherheitsfilter.** Zweckmäßig werden als „Polizeifilter" Mischbettfilter an den Schluß gehängt, um alle Ionen zu entfernen („Schlupf") und darüber hinaus bei verspätetem Abschalten erschöpfter Filter einen Salzdurchbruch in das Reinwasser zu verhindern. Ein Mischbettfilter enthält eine Mischung von stark saurem Kationenaustauscher und stark basischem Anionenaustauscher in einem Bett („Mixbed"). Die Regeneration mit Säure und Lauge erfolgt nach Trennung der im spezifischen Gewicht unterschiedlichen Austauscher mittels Wasserrückspülung (Entmischung). Dabei findet Entmischung der Austauschermassen in zwei Zonen (Abb. 28) statt. Nach den nun

*) Dient der Anionenaustauscher zur Entkieselung, sollte die Temperatur der Regenerierlauge 35—40 C° betragen.

**) Bei Wässern mit sehr hohem Anteil an Alkaliionen im Verhältnis zu den gesamten Kationen ist die Vorschaltung eines weiteren stark sauren Kationenaustauschers vor dem stark basischen Anionenaustauscher erforderlich, um den hohen Natriumschlupf und damit alkalische Reaktion im Ablauf (NaOH) zu vermeiden.

erfolgenden einzelnen Teilregenerationen wird das Wasser im Mischbett so weit abgelassen, daß die Austauschermasse gerade noch bedeckt ist. Durch Einblasen von Luft lassen sich die vorher getrennten Kationen- und Anionenaustauschermassen wieder vermischen.

Der **Regeneriermittelbedarf ist beim Mischbett,** insbesondere für Laugen, **wesentlich höher** als bei Einzelfiltern. Die Mischbettfilter sind besonders störanfällig gegen Eisensalze bzw. organische Substanzen, weshalb sie nur in besonderen Fällen als Arbeitsfilter in Frage kommen. Auf der anderen Seite gelingt es, bei Verwendung als Nachschaltfilter Reinwässer mit einer Leitfähigkeit $< 0,1\ \mu S\ cm^{-1}$ und einem Kieselsäuregehalt $< 20\ \mu g\ SiO_2/l$ zu erzeugen.

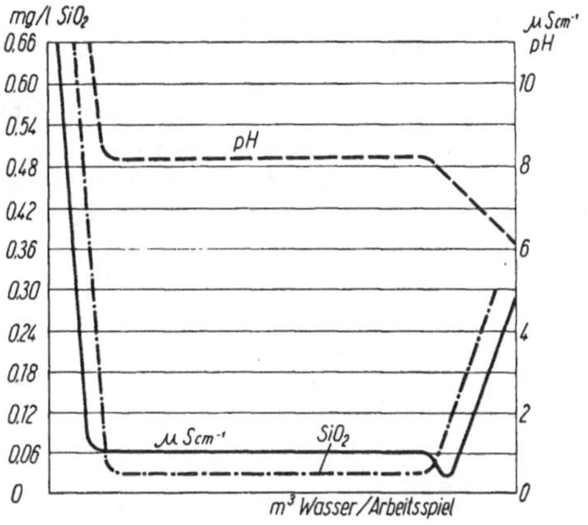

Abb. 29. Arbeitsspiel bis zur Erschöpfung eines Anionenaustauschers

Nachgeschaltete Mischbettfilter brauchten theoretisch nur in längeren Zeiträumen regeneriert zu werden, da sie vom durchlaufenden vollentsalzten Wasser kaum beaufschlagt werden. Damit jedoch kein Zusammenbacken und keine Gassenbildung den beabsichtigten Sicherheitseffekt gefährdet, empfiehlt es sich, nachgeschaltete Mischbettfilter in kürzeren Zeitabständen regelmäßig (7- bis 14 tägig) zu regenerieren.

Werden geringere Anforderungen gestellt, so kann an Stelle von Mischbettfiltern ein stark saurer Kationenaustauscher als Endstufe Anwendung finden. Dieser kompensiert den eventuellen Schlupf von Na-Ionen, stellt den p_H-Wert auf etwa 7 ein und wirkt somit als „p_H-Regler". Die organischen Stoffe durchlaufen unter Umständen sämtliche Austauschstufen je nach ihren Stoffeigenschaften und werden daher besser **vor** der gesamten Aufbereitungsanlage mit Fällungschemikalien (z. B. Eisenchlorid bzw. Aluminiumsulfat) ausgeflockt oder auf anderem Wege beseitigt (z. B. Oxydation mit Chlorderivaten, Ozon, γ-Strahlen).

Es ist besonders darauf zu achten, daß **kein Öl** im **Rohwasser** enthalten sein darf, gegebenenfalls muß also vorher eine Entölung vorgenommen werden.

Die vorstehend beschriebene Grundschaltung stellt das umfassendste und ausführlichste Prinzipschema einer Vollentsalzung und Entkieselung dar. In vielen Fällen — wo günstige Rohwasserqualitäten es zulassen — genügt eine einfachere Schaltung unter Fortfall einer oder mehrerer Stufen.

Um eine Entsalzungsanlage störungsfrei betreiben zu können, muß sie sehr sorgfältig überwacht werden. Wird ein Austauscher nicht rechtzeitig abgeschaltet, d. h. überfahren, so steigt der Restsalzgehalt des entsalzten Wassers an. **Im Ablauf** eines **stark basischen Anionenaustauschers** erscheint mit beginnender Erschöpfung normalerweise **zuerst Kieselsäure,** die man kolorimetrisch oder photometrisch bestimmt. Erst später steigt die Leitfähigkeit an. Daher kann der Austauscher nicht nach Leitfähigkeitsanzeige allein ausgefahren werden (Abb. 29).

Es gibt heute jedoch bereits selbstschreibende Meßgeräte zur Kieselsäurebestimmung („Silicometer"), deren Anzeige die Erschöpfung eines stark basischen Anionenaustauschers zu erkennen ermöglicht.

Allgemein geben folgende **Meßgrößen** über den Zustand **eines Ionenaustauschers** Aufschluß:

1. Kationenaustauscher

a) Leitfähigkeit

Wenn sich der Austauscher seinem Erschöpfungspunkt nähert, gibt er nicht mehr so viel Wasserstoffionen (H^+) ab, so daß die Konzentration des abfließenden Wassers an freien

Tabelle IX

Kenndaten der in der Speisewasseraufbereitung zur Vollentsalzung und Entkieselung verwendeten Austauschermassen in- und ausländischer Herkunft

Die Tabellen zeigen nur eine Gegenüberstellung verschiedener Austauschersorten ohne Gewähr für Vollständigkeit und Richtigkeit der von den Herstellerfirmen gemachten Angaben. Die Auswahl erfolgte ohne jede Berücksichtigung qualitätstechnischer Gesichtspunkte

LEWATIT Tabelle IX/1

Type	PN*)	KSN	S 100	CNO	CNS**)	MIH	MN
Charakteristik	stark sauer	stark sauer	stark sauer	schwach sauer	gemischt stark-schwach sauer	schwach basisch	stark basisch
Körnung in mm	0,3—2,0	0,3—1,5	0,3—1,0 (K)	0,3—2,0	0,3—2,0	0,3—2,0	0,3—2,1
Schüttgewicht g/l	600—800	700—800	800—900	750—850	750—850	700	700
Max. Betriebstemp. °C . .	30 95	30	110	40	40	30	30
p_H-Bereich . .	0—8,6 0—7,8	0—7,8	0—12	0—8	0—8	1—14	1—14
NVK (g CaO/l Austauscher)	11—12	21—23	40	22—25	20	26	10—15
NVK (Val/l Austauscher)	0,39—0,4	0,75—0,8	1,4	0,8—0,9	0,7	0,9	0,4—0,5
Spezifische Belastung . . ($m^3/h \cdot m^3$ Austauscher)	5—25	5—25	5—40	5—15	5—15	5—15	5—15
Durchsatzgeschwindigk. max. m/h . .	40—50	40—50	50	30	30	30	30
Regeneriermittel . . .	HCl	HCl	HCl	HCl	HCl	NaOH	NaOH
Menge in % d. d. Theorie . .	150—200	150—250	150—250	110	110	120—200	etwa 300
Konzentration in %	5—7	5—7	5—7	2—3	2—5	2—3	2—3
			(K) = Kugelform				

*) Verwendet als H-Austauscher beim Teilstromverfahren und als Enthärtungsfilter hinter Lewatit CNO. **) Zur gleichzeitigen Entkarbonisierung und Enthärtung.

PERMUTIT Tabelle IX/2

Type	RS	C	ES	ESB	E
Charakterisitik	stark sauer	schwach sauer	stark basisch	stark basisch	mittel basisch
Körnung in mm. .	0,3—1,2 (K)	0,3—1,2 (K)	0,3—1,2 (K)	0,3—1,2 (K)	0,3—1,2
Schüttgewicht g/l .	800	800	700—800	700—800	700—800
Max. Betriebstemp. °C	115	100	50	70	40
p_H-Bereich	0—12	0—12	2—14	0—14	2—14
NVK (g CaO/l Austauscher) . .	40—45	60	10—25	10—20	20—35
NVK (Val/l Austauscher)	1,4—1,6	2,1	0,4—0,9	0,4—0,7	0,7—1,3
Spezifische Belastung . . . ($m^3/h \cdot m^3$ Austauscher)	40	40	40	40	20—25
Durchsatzgeschwindigkeit max. m/h	40	40	40	40	20—25
Regeneriermittel .	HCl	HCl	NaOH	NaOH	NaOH
Menge in % d. Theorie	150—250	110	150—300	150—300	120—150
Konzentration in %	10	10	2—4	2—4	2—4
	(K) = Kugelform				

Säuren geringer wird und ungespaltene Neutralsalze auftreten. **Die freie Säure weist eine größere elektrolytische Leitfähigkeit auf als ihr zugehöriges Neutralsalz.** (Daher sinkt die Leitfähigkeit in der Nähe des Erschöpfungspunktes ab.)

b) p_H

Die Verminderung der Wasserstoffionenkonzentration im Ablauf eines nahezu erschöpften Kationenaustauschers bewirkt eine Zunahme des p_H-Wertes, d. h. das ablaufende Wasser nähert sich im p_H dem Neutralpunkt.

c) Negativer m-Wert

Der negative m-Wert (Verbrauch an n/10-Lauge gegen Methylorange für 100 ml Wasser) ist ein Maß für den Gehalt des entgasten Wassers an freien Säuren. Der Rückgang des negativen m-Wertes zeigt die beginnende Erschöpfung an.

2. Anionenaustauscher

a) Leitfähigkeit

Bei einem Anionenaustauscher zeigt der Anstieg der Leitfähigkeit die Erschöpfung an, wenn der vorgeschaltete Kationenaustauscher noch nicht erschöpft ist.

b) p_H

Aus einem betriebsfähigen Anionenaustauscher läuft entweder ein praktisch neutrales oder ein dem Kationenschlupf entsprechend alkalisches Wasser ab. Bei beginnender Erschöpfung schlagen die freien Säuren vom Kationenaustauscher durch, d. h. der p_H-Wert sinkt laufend (Abb. 29).

c) Arbeitscharakteristik

Abb. 29 zeigt das Arbeitsspiel eines stark basischen Anionenaustauschers zwischen zwei Regenerationen. Nach dem Auswaschen der vom Regenerieren stammenden Natronlauge

AMBERLITE

Tabelle IX/3

Type	IR—120	IRC—50	IRA—400	IRA—410
Charakteristik	stark sauer	schwach sauer	sehr stark basisch	stark basisch
Körnung in mm. . .	0,3—1,2 (K)	0,3—1,2 (K)	0,3—0,9 (K)	0,3—0,9 (K)
Schüttgewicht g/l . .	800	700	600	600—700
Max. Betriebstemp. °C	120	120	60	40
p_H-Bereich	1—14	7—14	0—12	0—12
NVK (g CaO/l Austauscher) . . .	30—40	30	15—20	20—30
NVK (Val/l Austauscher) . . .	1,1—1,4	1,1	0,5—0,7	0,7—1,1
Spezifische Belastung ($m^3/h \cdot m^3$ Austauscher)	16—24	8	16—24	16—24
Durchsatzgeschwindigkeit max. m/h . .	20	10	15	20
Regeneriermittel . .	HCl	HCl	NaOH	NaOH
Menge in % d. Theorie	200—300	100	300—400	120—300
Konzentration in % .	10	1—2	4	4
	(K) = Kugelform			

NACLITE*)

Tabelle IX/4

Type	HCR (Dowex 50)	SAR (Dowex 2)	SBR***) (Dowex 1)	WBR
Charakteristik	stark sauer	stark basisch	stark basisch	schwach basisch
Körnung in mm . . .	0,3—1,2 (K)	0,3—1,2 (K)	0,3—1,2 (K)	0,4—1,3 (K)
Schüttgewicht g/l .	etwa 800	etwa 600	etwa 600	etwa 600
Max. Betriebstemp. °C	110	40	65	65
p_H-Bereich	1—10	0—14**)	0—14**)	0—14**)
NVK (g CaO/l Austauscher) . . .	30—40	21—25	13—17	18—36
NVK (Val/l Austauscher) . . .	1,1—1,4	0,8—0,9	0,5—0,6	0,6—1,3
Spezifische Belastung ($m^3/h \cdot m^3$ Austauscher)	10—60	10—50	10—50	5—15
Durchsatzgeschwindigkeit max. m/h . .	10—40	etwa 10—40	etwa 10—40	etwa 5—10
Regeneriermittel . .	HCl	NaOH	NaOH	NaOH
Menge in % d. Theorie	200—250	180—310	270—500	110—235
Konzentration in % .	5—15	2—4	2—4	2—4

*) Identisch mit Dowex-Handelssorten

**) Bei nichtoxydierendem Medium

***) Bevorzugt verwendet, wenn die schwachen Säuren ($CO_2 + SiO_2$) mehr als 30% der gesamten Anionen betragen

sinken Leitfähigkeit und p_H-Wert bis auf einen nahezu konstanten Wert ab. Solange noch Natronlauge anwesend ist, erreicht die Entkieselung ebenfalls noch nicht den Endwert, weil die vorhandene Natronlauge die quantitative Entfernung der Kieselsäure beeinträchtigt. Interessant ist der Punkt beginnender Erschöpfung:

1. Die Kieselsäure steigt schnell an.
2. Die Leitfähigkeit nimmt zunächst ab, obwohl der Austauscher bereits als erschöpft anzusehen ist. Der Grund liegt darin, daß der **Anionenaustauscher nicht mehr imstande ist,**

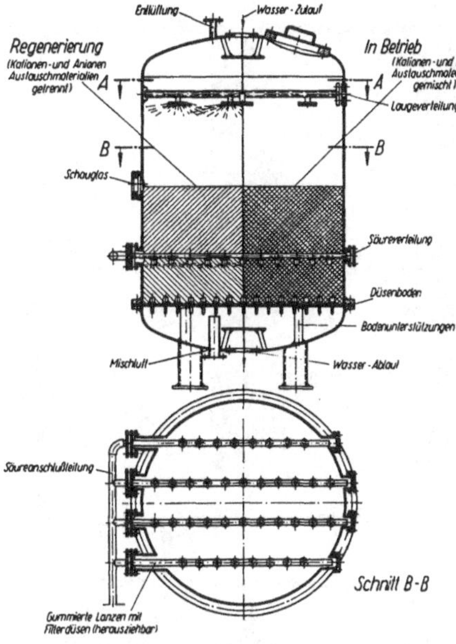

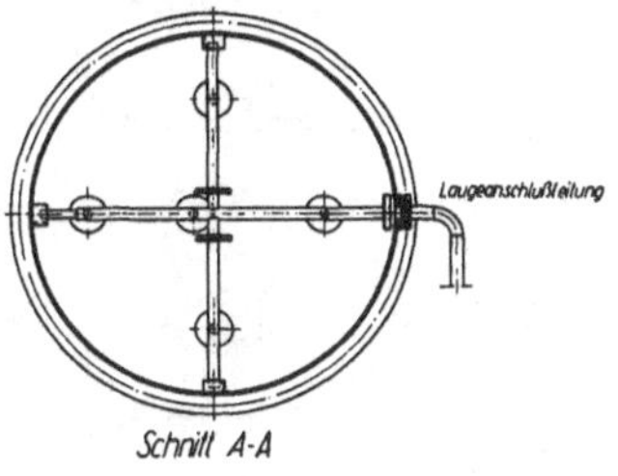

Abb. 30. Mischbettfilter, Bauart Bran u. Lübbe

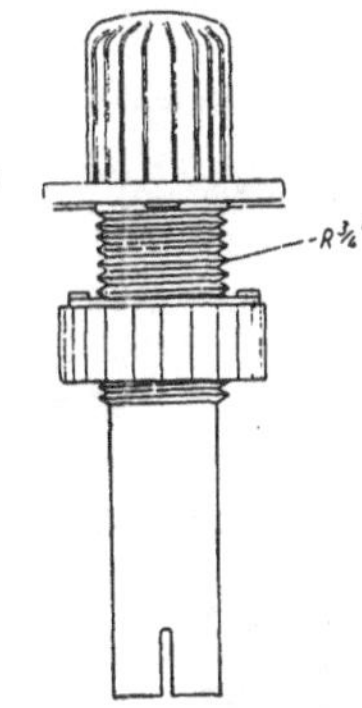

Abb. 31. Filterdüse KST (Type IV), Bauart Bran u. Lübbe

Natriumsalz aufzuspalten, wenn er sich seiner vollständigen Erschöpfung nähert. Das als Folge des Kationenschlupfes vorhandene Natriumsalz wird normalerweise in Natronlauge umgewandelt (s. o.), die Leitfähigkeit der Lauge ist jedoch größer als die des zugehörigen Neutralsalzes. Demnach sinkt die Leitfähigkeit im Erschöpfungspunkt des Austauschers, sobald die Neutralsalze durchschlagen. Kurz darauf erfolgt der steile Anstieg beim Durchbrechen der freien Säure. Der Austauscher befindet sich dann im Zustand vollständiger Erschöpfung.

In der Praxis vermeidet man jedoch ein so weites Ausfahren der Filter.

Tabelle IX enthält eine Auswahl in- und ausländischer Ionenaustauscher mit ihren wichtigsten Daten.

Abb. 30—37, 39—41 zeigen Beispiele ausgeführter Vollentsalzungsanlagen mit verschiedenen Schaltungen. Je nach den Wasserverhältnissen ergeben sich Abweichungen von dem diskutierten Grundschema. Bei einem Wasser mit höherem Salzgehalt z. B. wählt man meistens eine Schaltung gemäß Abb. 39, wobei ein zusätzlich hinter den schwachbasischen Anionenaustauscher geschalteter stark saurer Kationenaustauscher den Schlupf an Na^+-Ionen auffängt. Bei dieser Schaltung wirkt sich der sog. **Gegenioneneffekt** am wenigsten aus, weil das Wasser im Kationenfilter K_3 keine freie Mineralsäure enthält.

Der Gegenioneneffekt besteht darin, daß in Gegenwart überschüssiger Wasserstoffionen die Kationenaustauschmasse Natriumionen des Wassers nicht mehr aufnimmt, sondern lieber abgibt. Der gleiche Vorgang läuft bei der Regeneration eines Kationenaustauschers ab, den man bekanntlich mit einem Überschuß an Säure

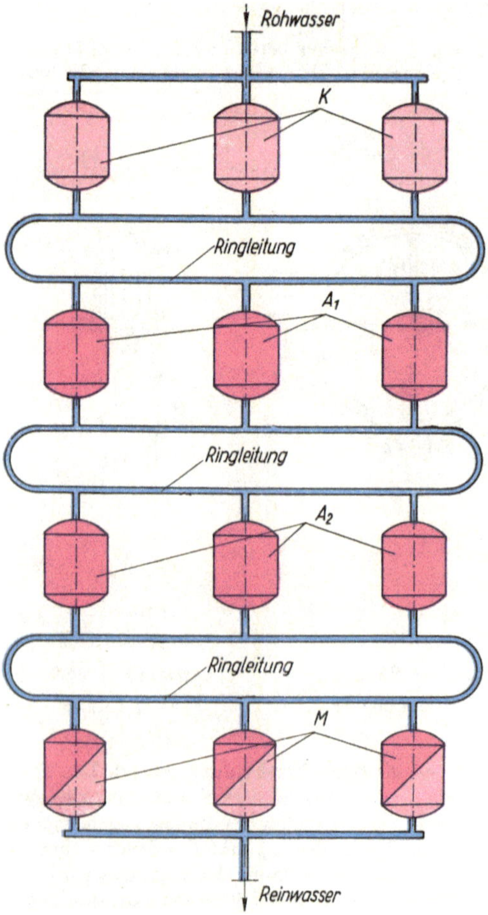

K = Kationenaustauschfilter, stark sauer
A_1 = Anionenaustauschfilter, schwach basisch
A_2 = Anionaustauschfilter, stark basisch
M = Mischbettfilter

Abb. 32.
Schaltung einer Vollentsalzungsanlage mit Ringleitung zwischen den Austauscherstufen

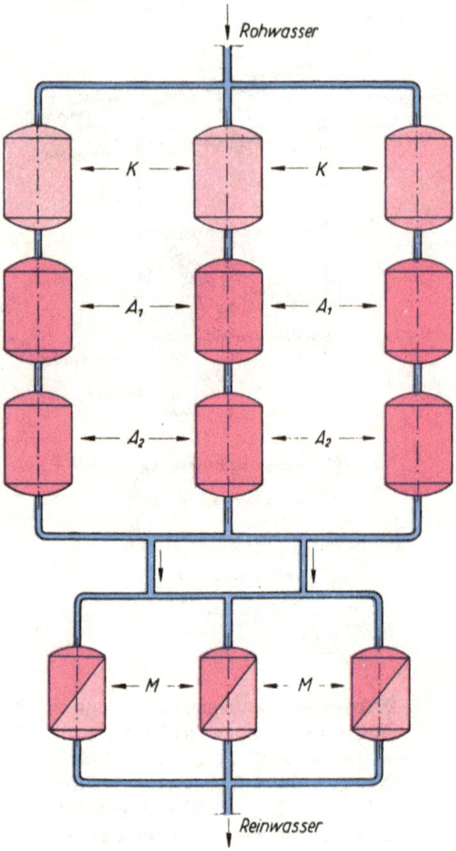

K = Kationenaustauschfilter, stark sauer
A_1 = Anionenaustauschfilter, schwach basisch
A_2 = Anionenaustauschfilter, stark basisch
M = Mischbettfilter

Abb. 33.
Gruppenschaltung von drei Zügen mit getrennter Mischbettgruppe

regeneriert, wobei Kationen wie z. B. Na^+, K^+, Ca^{++}, Mg^{++} in die Regenerierlösung abgegeben und Wasserstoffionen (H^+) vom Austauscher aufgenommen werden.

Ist ein weiterer stark sauer Kationenaustauscher jedoch dem schwach basischen Anionenaustauscher nachgeschaltet, so liegt kein stark saures Wasser mehr vor. Die Kohlensäure als schwache Säure stört im Gegensatz zu Mineralsäuren, also starken Säuren, nicht mehr und verursacht keinen Gegenioneneffekt.

Abb. 34. Teilansicht einer Vollentsalzungsanlage

Abb. 35. Schnellreaktor mit nachgeschaltetem Kiesfilter

Abb. 36. Halbautomatische Regenerationseinrichtung für Säure und Lauge

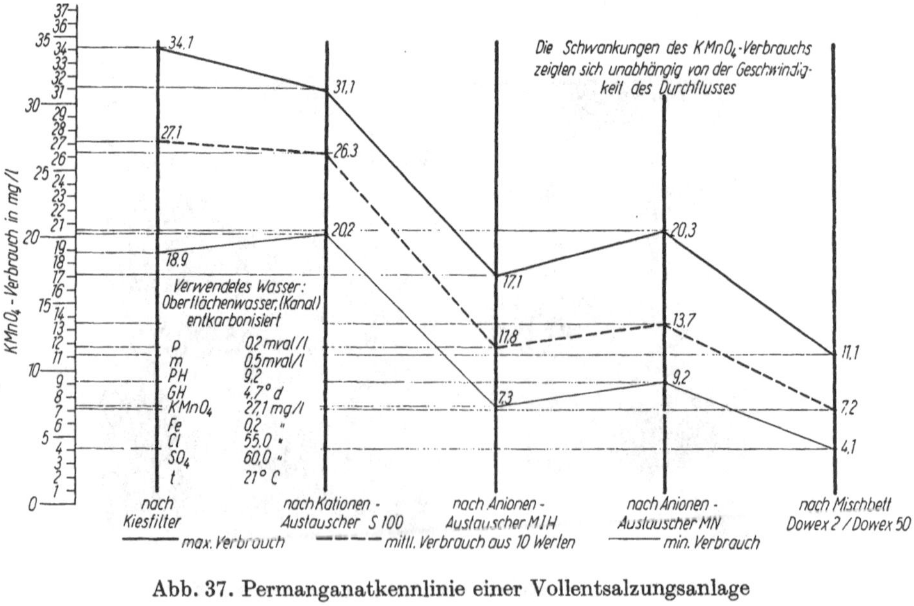

Abb. 37. Permanganatkennlinie einer Vollentsalzungsanlage

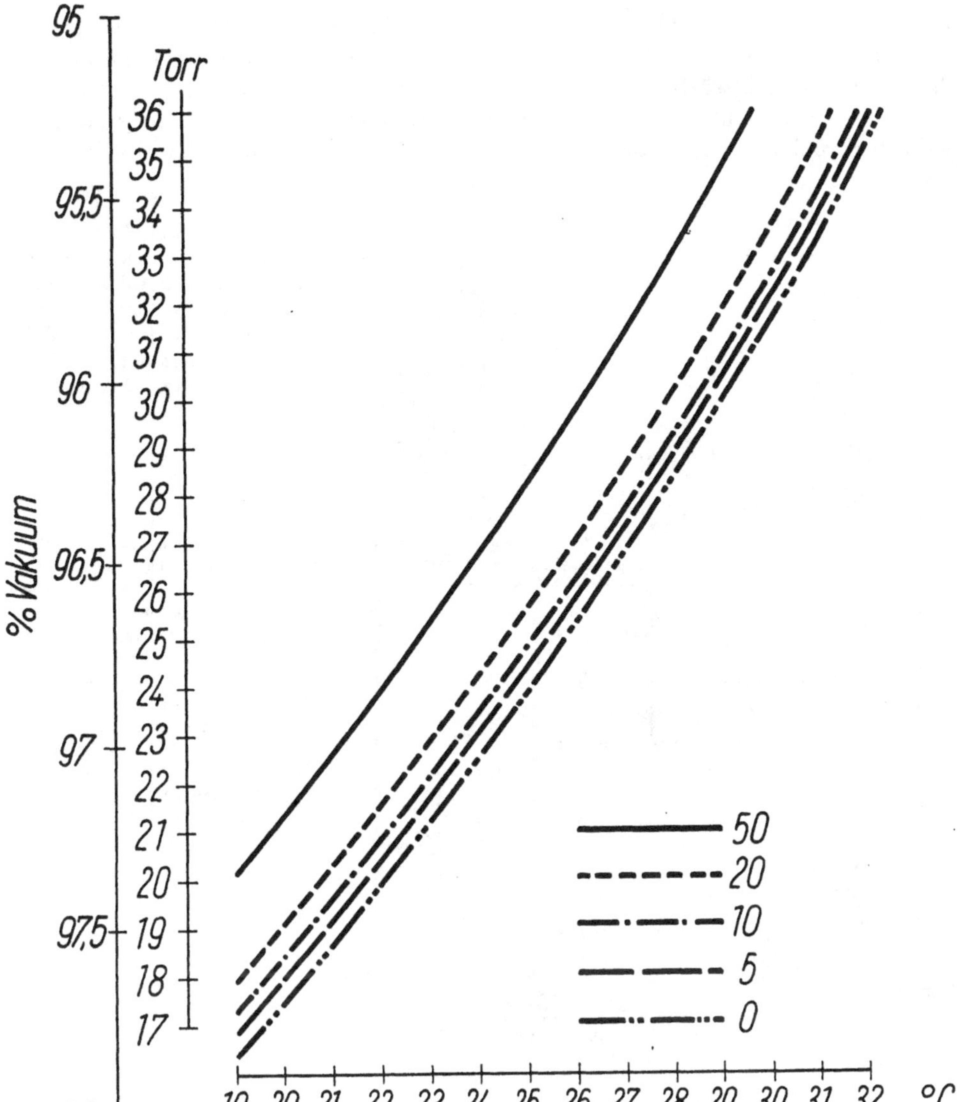

Abb. 38. Max. O_2-Gehalte in μg/l im Vakuumgebiet in Abhängigkeit von Druck und Temperatur

4. Entgasung

Bevor das chemisch aufbereitete Wasser dem Speisewasserbehälter bzw. dem Kessel zugeleitet wird, muß es von schädlichen Gasen, die Korrosionen im Wasser-Dampf-Kreislauf hervorrufen, befreit sein. Es handelt sich dabei in erster Linie um Sauerstoff und Kohlensäure.

Wenn die Kohlensäure bereits chemisch innerhalb der Vollentsalzungsanlage abgebunden ist, muß man nur für die Entfernung des gelösten Sauerstoffs Sorge tragen.

Befindet sich bereits ein Vakuumentgaser in der Vollentsalzungsanlage, so besitzt das einzuspeisende Wasser einen Restsauerstoffgehalt $< 100 \mu g\, O_2/l$ (Abb. 41), im anderen Fall liegt sauerstoffgesättigtes Wasser mit etwa 8—9 mg O_2/l vor. Häufig sitzt der thermische Entgaser über dem Speisewasserbehälter und dient gleichzeitig zur Entgasung der rücklaufenden Kondensate (Turbinen-, Dampf- und Heizungskonden-

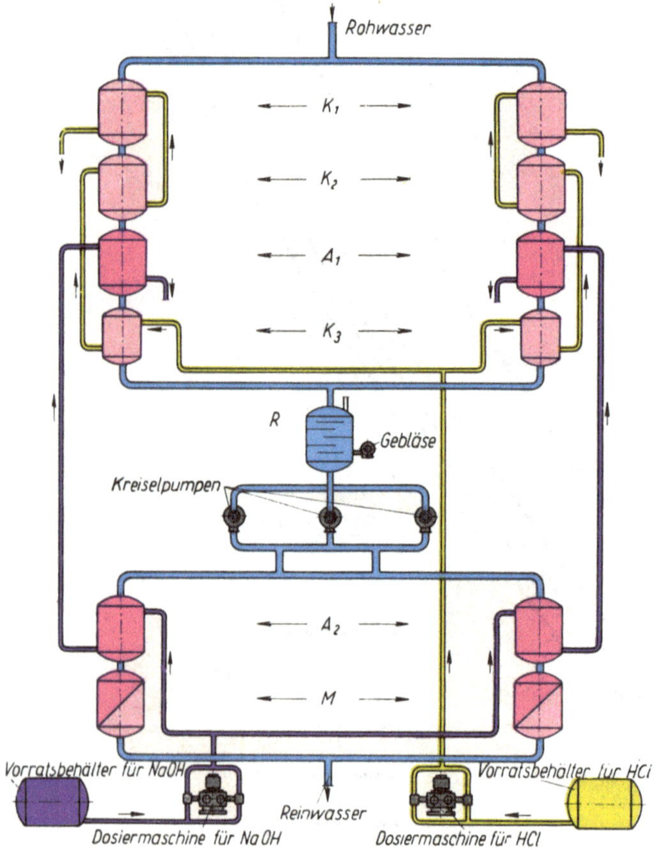

Abb. 39.
Sparschaltung mit 3 Kationenstufen, 2 Anionenstufen und 1 Mischbettfilter zur Aufbereitung eines Rohwassers mit einem Salzgehalt von 1400 mg/l

K_1 = Kationenaustauschfilter, schwach sauer
K_2 = Kationenaustauschfilter, stark sauer
A_1 = Anionenaustauschfilter, schwach basisch
K_3 = Kationenaustauschfilter, stark sauer
R = Rieselentgaser
A_2 = Anionenaustauschfilter, stark basisch
M = Mischbettfilter

sate), wie aus Abb. 18 ersichtlich. Diese Entgaser arbeiten thermisch, stehen unter dem Druck des Speisewassernetzes und heißen im Gegensatz zu den Vakuumentgasern Druckentgaser. Es sind zylindrische Behälter mit Einbauten (Abb. 42, 43), die eine innige Berührung des durchlaufenden zu entgasenden Wassers mit Dampf garantieren sollen. Der Dampf dient als Treibmedium zur Austreibung der gelösten Gase, steigt dem fallenden Wasser entgegen und tritt mit Gasen beladen in die Luftatmosphäre aus. Die Entgaserdampfdrücke liegen meist bei 1,1—3 atü. Der Treibdampf soll daher einen möglichst geringen Gehalt an den Gasen aufweisen, die im Betrieb unerwünscht sind. Nach dem sog. HENRYschen **Gesetz ist die Löslichkeit eines Gases c bei gegebener Temperatur proportional seinem Druck p** (genauer Partialdruck).

$$c = K \cdot p \qquad (15)$$

Abb. 40.
Vollentsalzung mit vorgeschalteter Entkarbonisierung und getrennt nachgeschalteter Mischbettgruppe, die eigene Regeneriermaschinen hat

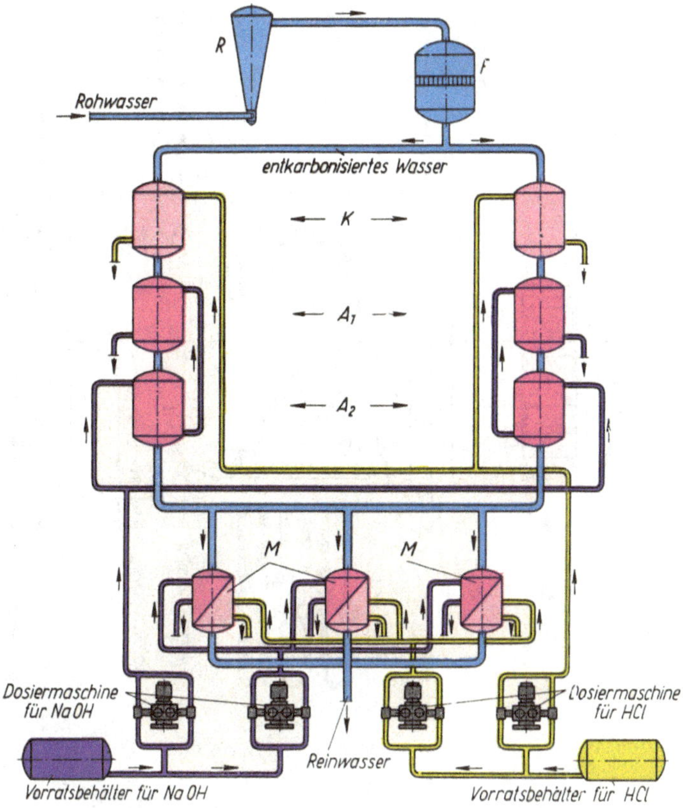

R = Schnellreaktor
F = Kiesfilter
K = Kationenaustauschfilter, stark sauer
A_1 = Anionenaustauschfilter, schwach basisch
A_2 = Anionenaustauschfilter, stark basisch
M = Mischbettfilter

Abb. 41.
Vorschaltung eines Zwischenbehälters vor die Vollentsalzung zur Wiedergewinnung aller Betriebswässer, die einen niedrigeren Salzgehalt als das Rohwasser haben

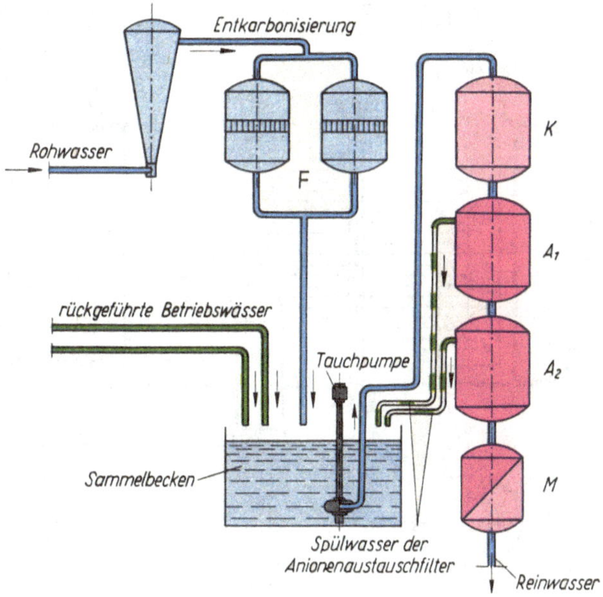

F = Kiesfilter
K = Kationenaustauschfilter, stark sauer
A_1 = Anionenaustauschfilter, schwach basisch
A_2 = Anionenaustauschfilter, stark basisch
M = Mischbettfilter

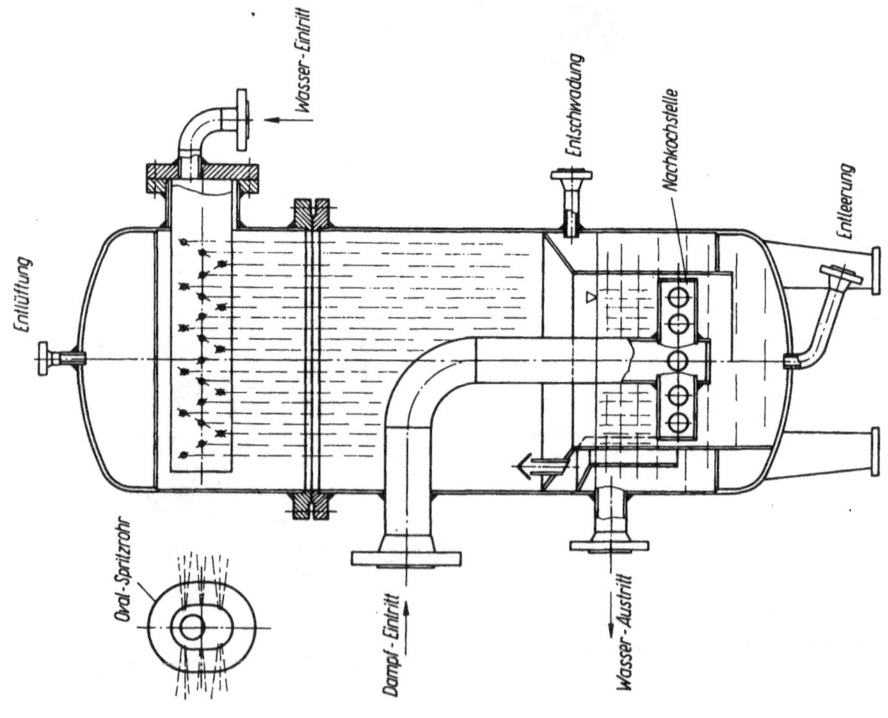

Abb. 42. Entgaser für Weichwasser bzw. vollentsalztes Wasser (Atlas)

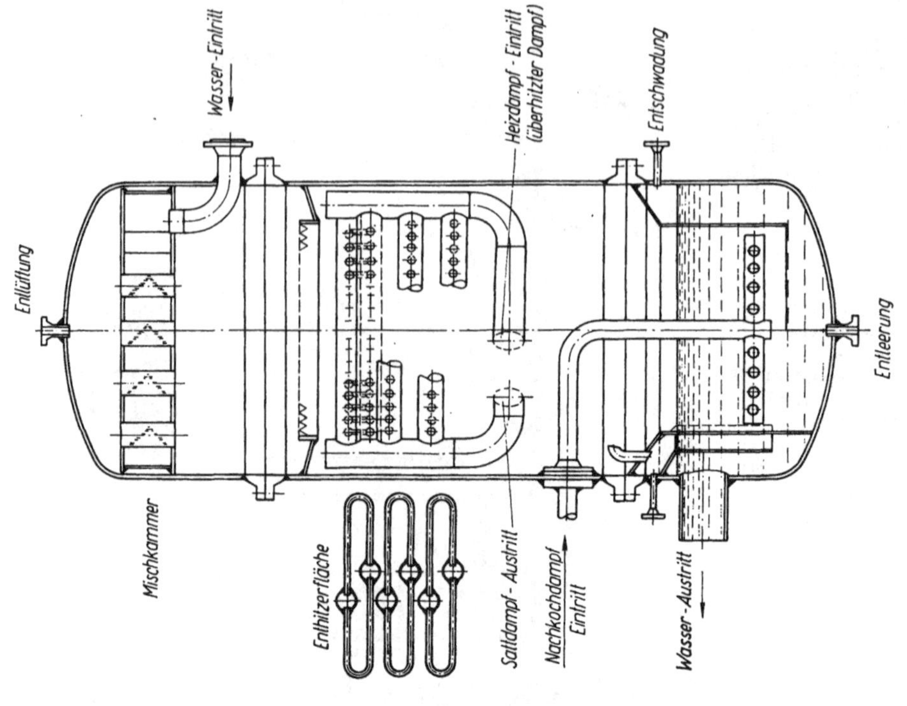

Abb. 43. Speisewasserentgaser mit eingebautem Dampfenthitzer (Atlas)

wobei der Proportionalitätsfaktor K dem Löslichkeits- oder Absorptionskoeffizienten (S. 3) entspricht.

Erhöht man also den Partialdruck eines Gases über dem Lösungsmittel, so steigt auch die Löslichkeit.

Daraus ergibt sich die Aussage, daß man bei der thermischen Entgasung erstens im Siedezustand und zweitens mit „gasfreiem" Dampf arbeiten soll. Die neuzeitlichen thermischen Druckentgaser besitzen daher eine sog. Nachkochtasse am Entgaserunterteil, wo das herabrieselnde Wasser gesammelt und mittels unterhalb der Wasseroberfläche eingeleitetem Dampf im Siedezustand gehalten wird.

Durch diese konstruktive Maßnahme trägt man zwei physikalisch-chemischen Belangen Rechnung:

1. **der Löslichkeits- bzw. Absorptionskoeffizient ist temperaturabhängig** und nähert sich mit steigender Temperatur dem Grenzwert.
2. **Konzentration im Gasraum und in der Lösung sind einander stets proportional.**

$$\frac{c_1}{p_1} = \frac{c_2}{p_2} = \text{const.} \tag{16}$$

c_1 = Konzentration I
p_1 = Druck im Gasraum über der Konzentration I
c_2 = Konzentration II
p_2 = Druck im Gasraum über der Konzentration II.

Aus Gleichung (16) folgt, daß die Entgasung um so besser wird, je geringer der Partialdruck des betreffenden Gases über der Lösung ist. Auf die Praxis angewendet, bedeutet diese Betrachtung:

1. Bei der thermischen Druckentgasung hängt die Entgaserwirkung von der Gasreinheit des Dampfes ab.
2. Bei der Vakuumentgasung ist das erreichte Endvakuum sowie die Gasreinheit des Treibmittels für die Entgaserwirkung maßgebend. Aus Abb. 41 kann man die Relation zwischen maximalem O_2-Gehalt der Lösung und Vakuum ablesen.
3. Das Optimum der thermischen Entgasung liegt in Siedezustand.

Voraussetzung für einen guten Entgaserwirkungsgrad bildet eine **genügende Berührungszeit** zwischen zu entgasender Flüssigkeit und Treibmittel (Dampf, beim Vakuumentgaser außer Dampf auch andere Gase wie z. B. Stickstoff). Diesem Bestreben versuchen die verschiedenen Entgaserkonstruktionen zu entsprechen, indem zweckentsprechende Einbauten große Berührungsflächen schaffen sollen.
Abb. 42 und 43 lassen den schematischen Aufbau zweier **Druckentgasertypen** erkennen.

Vakuumentgaser sind im Prinzip ähnlich ausgeführt. Zur Aufrechterhaltung des Vakuums dient eine **Absaugeeinrichtung** (Dampfstrahler oder Gaspumpe Abb. 44a, 44b). Bei genügend großer Absaugeleistung kann durchaus auf ein zusätzliches Treibmittel verzichtet und im Siedezustand mit eigenem Dampf gefahren werden. Wichtig ist in diesem Fall ein ausreichender **Schwadenkühler** in korrosionsfester Ausführung.

Zur besseren Entgasung von Turbinenkondensaten führt man das ablaufende Kondensat häufig über eine Nachkochstelle den Kondensathebepumpen zu. Der am Unterteil des Kondensators befindliche Sammeltopf **(Hotwell)** wird in zwei Kammern aufgeteilt und diese sind durch ein Wasserschloß (Trennwand und Überfall) abgetrennt. In der ersten Kammer tritt Heizdampf auf dem ganzen Querschnitt in das

Kondensat ein, bringt dieses zum Kochen und bewirkt in Verbindung mit dem über der Oberfläche wirksamen Vakuum eine thermische Entgasung. Die zweite Kammer dient als Sammler für entgastes Wasser, welches über das Wasserschloß eintritt.

Abb. 44a. ELMO-Gaspumpe (Siemens-Schuckert) zur Vakuumentgasung

Abb. 44b. ELMO-Gaspumpe (Siemens-Schuckert) zur Vakuumentgasung

5. Teilentsalzung (Verdampfer)

Das Speisewasser für **Verdampfer** oder **Dampfumformer** bereitet man nach anderen Gesichtspunkten auf. Der Verdampfer stellt eine Dampfkesselanlage niederen Druckes dar und dient zur Zerlegung des Wassers in salzarmen Dampf und salzhaltige Sole, die laufend abgelassen wird. Der Dampf wird dem Betrieb als solcher zugeführt oder mittels Brüdenkondensator in Kesselspeisewasser umgeformt (Abb. 44c, 44d).

Zur Aufbereitung von Verdampferspeisewasser dienen Verfahren der **Teilentsalzung.** Hierunter versteht man im allgemeinen die Entkarbonisierung mit nachfolgender oder gleichzeitiger Enthärtung. Die Entkarbonisierung erfolgt mittels Fällverfahren in Schnellreaktoren (wie bereits beschrieben) oder unter Verwendung von Natrium- bzw. Wasserstoffaustauschern. Ein weiteres Verfahren besteht in der direkten Säure-Impfung.

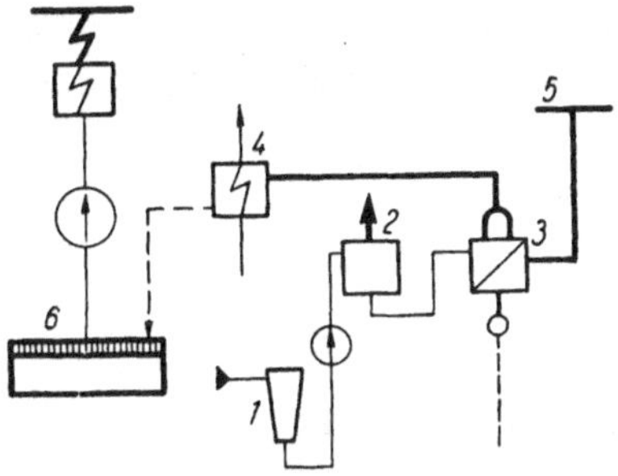

Abb. 44c. Schaltschema Verdampfer
1 = Wasseraufbereitung; 2 = Entgaser; 3 = Verdampfer; 4 = Brüdenkondensator; 5 = Heizdampfanschluß; 6 = Speisewasserbehälter

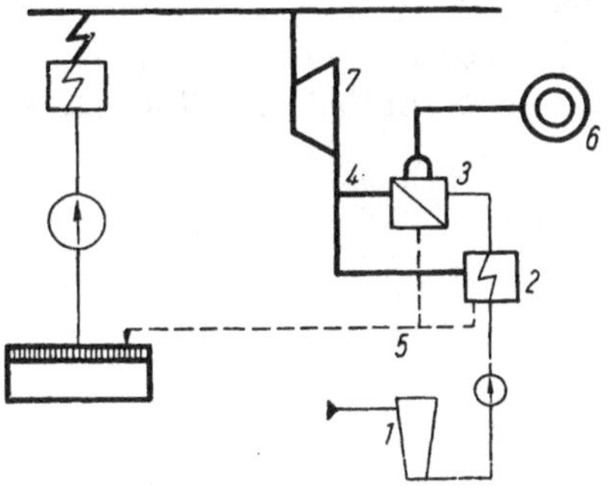

Abb. 44d. Schaltschema Dampfumformer
1 = Wasseraufbereitung einschl. Vakuumentgaser; 2 = Vorwärmer; 3 = Dampfumformer; 4 = Heizdampf; 5 = Heizdampf-Kondensat; 6 = Ferndampf für Fabrikation; 7 = Gegendruck-Turbine

Unter dem Begriff **Säure-Impfung** versteht man die Zersetzung von Hydrogenkarbonaten und Karbonaten insbesondere der Erdalkalien Calcium bzw. Magnesium durch Säuren oder saure Salze, wobei sich unter Freiwerden der Kohlensäure mineralsaure Salze bilden. Mit Salzsäure entstehen z. B. die leicht löslichen Chloride des Calciums und Magnesiums $CaCl_2$ bzw. $MgCl_2$, die keine Härteausscheidungen bewirken. Bei Anwendung von Schwefelsäure ist jedoch auf die begrenzte Löslichkeit des entstehenden Gipses hinzuweisen. Die Löslichkeit des Calciumsulfats in Wasser beträgt rund 2 g/l bei 18° C und ändert sich nur wenig mit der Temperatur. Die Löslichkeitskurve weist zwischen 30 und 40° C ein flaches Maximum auf. Durch Sulfate wird die Löslichkeit herabgesetzt, durch andere Salze bzw. durch Säuren einschließlich der Schwefelsäure nicht unerheblich gesteigert. In Gegenwart freier Schwefelsäure bildet Calciumsulfat z. B. leicht lösliche Additionsverbindungen ($CaSO_4$, H_2SO_4 und $CaSO_4$, 3 H_2SO_4).

Das geimpfte Wasser muß einen Rest-*m*-Wert $\geqq$ 0,3 behalten. Übersäuerungen dürfen niemals vorkommen (genaue Überwachung!). Bei der Verdampferspeisewasseraufbereitung setzt man z. B. Puffersalze (Di- bzw. Tri-Natriumphosphat) dem Wasser zu, wobei die Phosphate Resthärte kompensieren und einen gewissen Schutz der Rohrwandungen bedeuten.

Verwendet man Ionenaustauscher, so sind zwei Verfahren zu unterscheiden:

1. **Neutralaustausch mit Natriumaustauschern**

Sämtliche Calcium- und Magnesiumionen werden gegen Natriumionen der Austauscher ersetzt.

Die Austauschvorgänge sind z. B.

$$(Ca^{2+} + SO_4^{2-}) + Na_2X \longrightarrow (2\,Na^{1+} + SO_4^{2-}) + CaX$$

oder

$$(Mg^{2+} + 2\,Cl^{1-}) + Na_2X \longrightarrow (2\,Na^{1+} + 2\,Cl^{1-}) + MgX$$

$$(Ca^{2+} + 2\,HCO_3^{1-}) + Na_2X\ (2\,Na^{1+} + 2HCO_3^{1-}) + CaX$$

(Na_2X = arbeitsfähiger Natriumaustauscher)

Als Endprodukt entstehen die entsprechenden Natriumsalze (d. h. Neutralsalze) der Säurereste. Enthält das Rohwasser überschüssige freie Kohlensäure in größeren

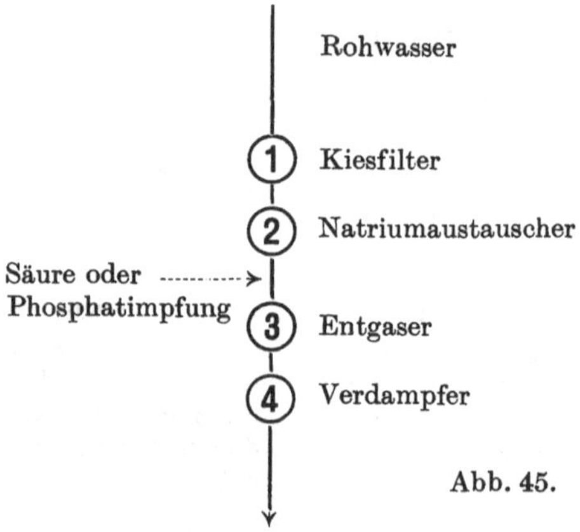

Abb. 45.

Konzentrationen, so kann der Natriumaustauscher eine Wasserstoffionenbeladung erfahren. Gegen Ende der Arbeitsperiode, d. h. wenn die Konzentration an Natriumionen im Austauscher stark abnimmt, werden die Wasserstoffionen wieder abgegeben und führen zur Bildung von CO_2. In diesem Fall entsteht aus den Hydrogenkarbonaten des durchlaufenden Wassers Kohlensäure.

Bei Neutralaustausch sieht man im allgemeinen folgende Schaltung vor (Abb. 45).

Bei dieser Art der Aufbereitung erfolgt eine vollständige Enthärtung. In die Kesselanlage gelangt als Folge der **thermischen Zersetzung der Natriumhydrogenkarbonate** (Abb. 45a) **bzw. Natriumkarbonate** freie Kohlensäure. Diese reichert sich, falls nicht überwiegende Dampfabgabe ohne Kondensatrückgewinnung vorliegt, in erheblichem Maße im Wasser-Dampf-Kreislauf an.

Diesem unerwünschten Vorgang begegnet man mit entsprechenden Maßnahmen, wie z. B.

Impfung des aus Stufe 2 (Natriumaustauscher) ablaufenden Wassers mit Säure bzw. sauren Salzen oder mittels abgeänderter Schaltung unter Verwendung von Wasserstoffaustauschern, wobei ein thermischer Entgaser nachgeschaltet ist.

An sich handelt es sich beim Nautralaustausch um keine direkte Teilentsalzung, weil der Salzgehalt insgesamt unverändert bleibt. Häufig werden Neutralaustauscher gekoppelt mit Wasserstoffaustauschern betrieben.

Die erschöpften Natriumaustauscher regeneriert man mit **Kochsalzsole** nach dem Schema:

$$(2\,Na^+ + 2\,Cl^-) + CaX \rightarrow (Ca^{2+} + 2\,Cl^-) + Na_2X,$$

wobei das Austauschmaterial mit einer 5—10%igen Kochsalzlösung behandelt wird. Der Salzverbrauch liegt bei 40—70 g NaCl/° dH und m^3 Wasser.

Behälter für Natriumaustauscher brauchen nicht unbedingt mit einer inneren Schutzauskleidung versehen zu sein. Jedoch empfiehlt sich aus korrosionstechnischen Gründen ein Innenanstrich mit abriebfesten Lacken auf Zwei-Komponenten-Basis (z. B. Säkaphen, Perfalon).

Betreibt man eine Basenaustauschanlage ohne vorherige Entkarbonisierung, so darf der **Basenaustauscher** auch bei Unempfindlichkeit gegen höhere Temperaturen **nur dann mit einem aufgewärmten (> 35° C) karbonatreichen Wasser (> 6° dKH) beschickt werden, wenn der Austauscher mit Säure regenerierbar ist**, da andernfalls im Laufe der Zeit eine Verkrustung der Basenaustauschmasse durch ausgeschiedenen kohlensauren Kalk eintritt.

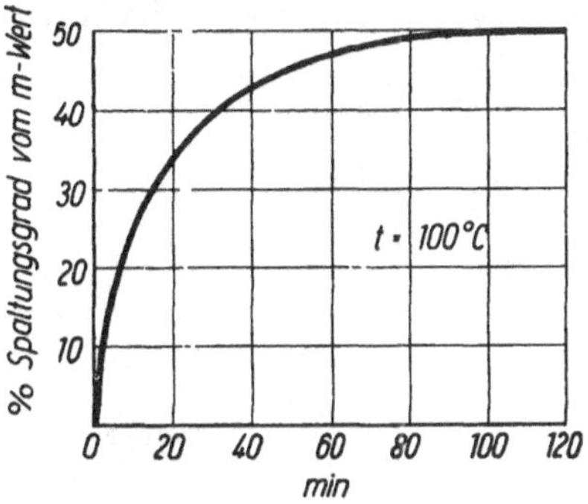

Abb. 45a. Spaltung von Natriumhydrogenkarbonat in Abhängigkeit von der Zeit (Tillmanns)

2. Wasserstoffaustausch mit Kationenaustauschern

Verwendet man Wasserstoffaustauscher zur Teilantsalzung, so erreicht man damit gleichzeitige Entkarbonisierung und Enthärtung. Die Karbonathärte wird in Kohlensäure, die Nichtkarbonathärte in Schwefelsäure, Salzsäure bzw. Salpetersäure umgewandelt. Die entstandene Kohlensäure läßt sich leicht durch Entgasen oder Rieseln entfernen. Die gebildeten Mineralsäuren müssen neutralisiert werden.

Zur Regeneration verwendet man Lösungen von 5—8%iger Salzsäure oder bis zu 1,5%iger Schwefelsäure.

Bei Schwefelsäure höherer Konzentrationen ergeben sich insbesondere bei Temperaturen > 20° C Gipsausscheidungen. Filterbehälter und Rohrleitungen sowie Ventile müssen eine säurefeste Auskleidung erhalten. Die Regenerationszeit mit Säure ist kürzer als bei Anwendung von Kochsalz und kann nach 20—30 Minuten beendet sein.

In der Praxis kommen folgende Verfahren hauptsächlich in Frage:

a) Teilentsalzung im 1-Filter-Verfahren

α) Wasserstoffaustausch und anschließende Abstumpfung mit Natronlauge (Abb. 46)

Bei einem stark sauren Kationenaustauscher werden alle Kationen des Wassers gegen Wasserstoffionen ersetzt. Das ablaufende Wasser ist härtefrei und besitzt einen niedrigen p_H-Wert (< 4). Dieser bewirkt, daß sich die Hydrogenkarbonationen (HCO_3) der Karbonathärte mit H^+-Ionen zu Kohlensäure ($H_2CO_3 \rightleftharpoons CO_2 + H_2O$) umsetzen. Das so entstandene CO_2 läßt sich durch Rieseln austreiben.

Nach Zusatz von Natronlauge oder Soda verbleibt ein härtefreies neutrales Wasser. Das Verfahren eignet sich nur für Wässer mit sehr geringer Nichtkarbonathärte (NKH $\leqq 1^0$ dH) und gelangt kaum noch zur Anwendung.

β) Misch-Folgeregenerationsverfahren (Abb. 47).

Der Kationenaustauscher wird gleichzeitig oder hintereinander mit Säure und Kochsalz in einem der Wasserzusammensetzung angepaßten Verhältnis regeneriert. In diesem Fall erfolgt beim Durchsatz des Wassers gleichzeitige Entkarbonisierung und Enthärtung, wobei die Karbonathärte in freie Kohlensäure umgesetzt und die

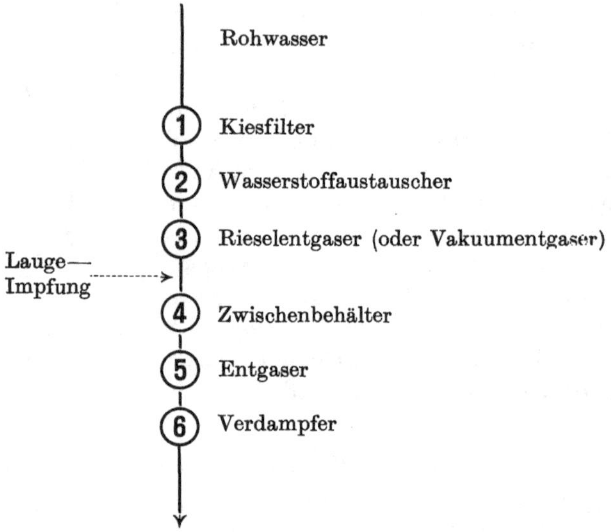

Abb. 46.

Nichtkarbonathärte in Natriumsalze umgewandelt werden. Je nach dem Verhältnis Säure : Salz stellt sich der p_H-Wert im ablaufenden Wasser ein, welches zur Entfernung der Kohlensäure über einen Rieseler abläuft.

Die Erschöpfung des Austauschers wird durch Ansteigen des m-Wertes und der Resthärte im ablaufenden Weichwasser angezeigt.

Der spezifische Kochsalzverbrauch ist bei diesem Verfahren größer als beim reinen Neutralaustausch und wird um so größer, je geringer die Nichtkarbonathärte des Wassers ist.

In diesem Fall verteilt sich die nach der alten Regel (310—330% des theoretischen Bedarfs an Kochsalz) erforderliche Kochsalzmenge nur in so kleinen Einzelanteilen auf die Basenaustauschmasse, daß der Wiederbelebungsaustausch zwischen aufgenommenem Calcium und Magnesium, die beide aus der Karbonat- und aus der Nichtkarbonathärte stammen, einerseits und der Säure bzw. dem Natriumchlorid andererseits bei zu geringen Natriumsalzmengen gegenüber sehr hohen Säuremengen nicht mehr durchführbar ist. Denn unter dieser Voraussetzung ist die ganze Oberfläche des Basenaustauschers mit den mengenmäßig überwiegenden Wasserstoffionen der Säure sozusagen blockiert, so daß die Natriumionen, deren Konzentration nach dem chemischen Massenwirkungsgesetz ein gewisses Mindestmaß erreichen muß, sich nicht durchsetzen können.

So braucht man z. B. für ein Wasser mit 19^0 dH Karbonathärte und 2^0 dH Nichtkarbonathärte zur Regeneration der durch diese 2^0 dH Nichtkarbonathärte in Anspruch genommenen Basenaustauschermasse außer der Säure nicht etwa 65—70 sondern rund 350 g Kochsalz/^{0} dH und m^3 Wasser.

Erst wenn die Karbonathärte und die Nichtkarbonathärte annähernd gleich sind, verringert sich die bei Säure- und Kochsalzwiederbelebung notwendige Kochsalzmenge auf 75—80 g/^{0} dH und m^3 Wasser und nähert sich damit dem bei einfacher Kochsalzwiederbelebung erforderlichen Kochsalzbedarf. **Das Verfahren eignet sich für Wässer mit annähernd gleicher Karbonat- und Nichtkarbonathärte.**

Abb. 47.

b) Teilentsalzung im 2-Filter-Verfahren

α) Hintereinanderschaltung von Wasserstoff- und Natriumaustauschern (Einstromverfahren) (Abb. 48).

Bei diesem Verfahren wird der Wasserstoffaustauscher so weit mit entsprechend gering bemessener Regenerationssäuremenge wiederbelebt, daß nur die den Bikarbonaten äquivalente Menge an Kationen gegen Wasserstoffionen zum Austausch gelangen. Das nachgeschaltete säurebeständige Natriumaustauschfilter stellt sich dann auf den niedrigen p_H-Wert dieses „entkarbonisierten“ Wassers ein und enthärtet es vollständig ohne Veränderung des p_H-Wertes. Freie Mineralsäuren aus dem Kationenaustauscher werden in die entsprechenden Neutralsalze umgewandelt.

An Stelle eines stark sauren Kationenaustauschers in der ersten Stufe kann zum Wasserstoffaustausch ein schwach saurer Kationenaustauscher Anwendung finden. Als Natriumaustauscher ist ein stark saurer Kationenaustauscher nachgeschaltet, welcher mit Kochsalz zu regenerieren ist. Diese Schaltung hat den Vorteil, daß infolge Bedienungsfehlern niemals saures Weichwasser abläuft.

Zur Regeneration des Wasserstoffaustauschers benötigt man 110% der Theorie der für die Aufspaltung der Karbonat- und Hydrogenkarbonationen erforderlichen Säuremengen. Der Kochsalzbedarf des nachgeschalteten Natriumaustauschers ändert sich nicht (Tab. X).

Das vorgenannte Verfahren eignet sich vornehmlich für Wässer hoher Karbonathärte.

β) Teilstromverfahren

Zwei Teilströme von mit stark sauren Kationenaustauschern aufbereitetem Wasser werden vereinigt (Abb. 49). Der eine Teilstrom von dem mit Säure regenerierten Austauscher enthält sämtliche Anionen in Form ihrer freien Säuren. Der andere Teilstrom eines mit Kochsalz regenerierten Austauschers enthält eine der Karbonathärte entsprechende Menge an Natriumbikarbonat. Durch Vereinigung der beiden Teilströme

Abb. 48

entsprechend ihrem Gehalt an freier Mineralsäure und Natriumkarbonat wird ein härtefreies Wasser mit beliebig einstellbarem, konstantem *m*-Wert erhalten.

Um die Gefahr der Übersäuerung beim Arbeiten mit Wasserstoffaustauschern auszuschalten, empfiehlt sich Nachschaltung eines mit Natriumsalzen aufgeladenen „Pufferfilters", in dem die freien Mineralsäuren, nicht aber die Kohlensäure in die entsprechenden Neutralsalze umgewandelt werden. Es bietet den weiteren Vorteil, ein Durchschlagen von Härte bei Bedienungsfehlern der Vorfilter zu vermeiden.

Das Verhältnis der Teilströme 2a:2b läßt sich nach der allgemeinen Gleichung

$$f = \frac{a}{b} = \frac{m_1 - m_2}{\Sigma c} \qquad (17)$$

ermitteln.

Hierin bedeuten:

a = Teilstrom Kationenaustauscher (säureregeneriert)
b = Teilstrom Kationenaustauscher (kochsalzregeneriert)
c = Anionenkonzentration des Rohwassers in mval/l.
m_1 = m-Wert des Rohwassers
m_2 = m-Wert des Ablaufes

Im allgemeinen genügt es, nur die Anionenäquivalente der starken Säuren zu addieren bzw. die Größe c direkt als negativen *m*-Wert zu bestimmen.

Der Regeneriermittelbedarf an Säure beträgt im vorliegenden Fall 130—250% der Theorie beim Teilstrom a, an Kochsalz (Teilstrom b) wie beim Neutralaustausch (Tab. X).

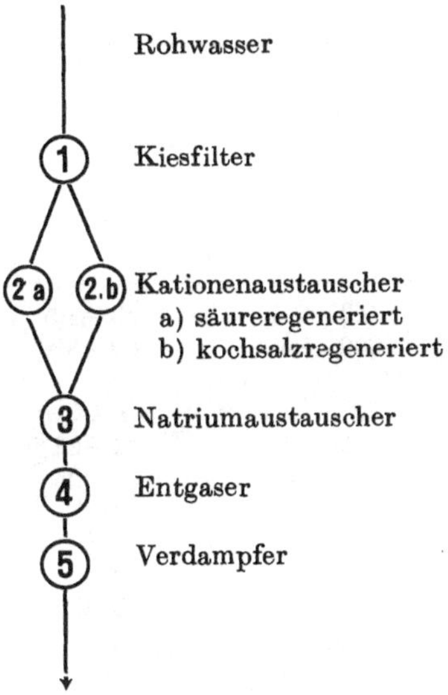

Abb. 49

Tabelle X

Kenndaten einiger in der Speisewasseraufbereitung zur Teilentsalzung verwendeter Austauschermassen deutscher Lieferfirmen

Daten der Kationenaustauscher bei Säureregeneration siehe Tabellen IX/1—4

Die Tabellen zeigen nur eine Gegenüberstellung verschiedener Austauschersorten ohne Gewähr für Vollständigkeit und Richtigkeit der von den Lieferfirmen gemachten Angaben. Die Auswahl erfolgte ohne jede Berücksichtigung qualitätstechnischer Gesichtspunkte

Tabelle X/1

Type	PERMUTIT			NALCITE
	S 53	H 53	RS	HCR*) (Dowex 50)
Charakteristik	schwach sauer	schwach sauer	stark sauer	stark sauer
Körnung in mm	0,3—1,2	0,3—1,2	0,3—1,2	0,3—1,2
Schüttgewicht g/l	750	700	800	etwa 800
Max. Betriebstemp. ° C	40	40	115	110
p_H-Bereich	0—11	0—10	0—12	1—10
NVK (g CaO/l Austauscher)	10—15	10—28	40—45	30—40
Spezifische Belastung (m^3/h · m^3 Austauscher)	25—30	25	40	10—60
Durchsatzgeschwindigkeit max. m/h	30	25	40	10—40
Regeneriermittel	NaCl	NaCl	NaCl	NaCl
Menge in % d. Theorie	262—330	262—330	143—285	160—300
Konzentration in %	5—10	5—10	> 10	8—12
Prakt. spezif. Regeneriermittelverbrauch (g/m^3, ° dH)	55—70	55—70	30—60	34—63

*) Tauscht im Neutralaustausch bis zu 20 mg/l Eisen und Mangan aus.

Tabelle X/2

Type	LEWATIT			
	PN	KSN	S 100	CNS
Charakteristik	stark sauer	stark sauer	stark sauer	gemischt stark — schwach sauer
Körnung in mm	0,3—2,0	0,3—1,5	0,3—1,0	0,3—2,0
Schüttgewicht g/l.	600—800	700—800	800—900	750—850
Max. Betriebstemp. °C . . .	30 95	30	110	40
p_H-Bereich	0—8,6 0—7,8	0—7,8	0—12	0—7,8
NVK (g CaO/l Austauscher) .	13—14	24—26*)	40**)	20
Spezifische Belastung . . . (m^3/h · m^3 Austauscher	5—25	5—25	4—40	5—15
Durchsatzgeschwindigkeit max. m/h	40—50	40—50	50	30
Regneriermittel	NaCl	NaCl	NaCl	HCl/NaCl
Menge in % d. Theorie. . . .	330	330	330	100/300-400
Konzentration in %	8—10	8—10	8—12	1—5/5—10
Prakt. spezif. Regeneriermittelverbrauch (g/m^3, dH °) . .	70	70*)	70**)	29/63—84

*) Sparregeneration möglich, mit z. B. 40 g NaCl/m^3, ° dH kann noch eine NVK von 14—16 g CaO erhalten werden

**) Dieser Wert wird vom Hersteller garantiert. Er kann unter günstigen Bedingungen auf 50 g CaO/l steigen. Bei Sparregeneration kann bei einem spez. Regenerationsmittelverbrauch von 30—40 g/m^3, ° dH noch eine Kapazität von 30 g CaO/l erreicht werden. Salzzufuhr 190% der Theorie.

Das Teilstromverfahren läßt sich bei allen Wässern anwenden, am wirtschaftlichsten, wenn $\Sigma c = 1$ mval/l ist. Tab. X enthält die Daten einiger Neutralaustauscher.

6. Allgemeine Bemerkungen

Gegenüber den früheren anorganischen Austauschern besitzen die organischen Austauschermassen den Vorteil völliger Kieselsäurefreiheit und Säurebeständigkeit (Kationenaustauscher). Durch Schwebestoffe (auch Eisenrost) getrübte oder organisch verunreinigte Wässer oder solche, die gelöste zweiwertige Eisenverbindungen oder gelöste Mangansalze enthalten, müssen vor der Zuführung zum Basenaustauscher durch Filterung oder nötigenfalls durch vorgeschaltete chemische Flockung geklärt werden. Jedoch kann auf eine Enteisenung vom gelösten zweiwertigen Eisen verzichtet werden, wenn das Wasser in Kationenaustauschern mit Säureregeneration aufbereitet wird, da sich die ausscheidenden Eisenverbindungen bei der Regeneration in diesem Fall auflösen und mit dem Regenerat abfließen.

Der Austauscheffekt ist abhängig vom Austauschvermögen (NVK), von der chemischen Beschaffenheit, der Oberflächengröße der Filterfüllung und der Regeneriermittelmenge bzw. der Regeneriermittelkonzentration. Bei sonst gleichen Arbeitsbedingungen ergibt das jeweils feinere Korn entsprechend seiner verhältnismäßig größeren wirksamen Oberfläche z. B. eine geringere Resthärte bei größerer Gesamtleistung. Man kann also aus feinerer Filterkörnung bei Anwendung niedrigerer Filterschichten den gleichen Gesamtdurchsatz herausholen wie aus gröberer Filterkörnung bei Anwendung höherer Filterschichten. Jedoch setzt die Gefahr des „Durchschlagens" von Rohwasser bzw. Ionen dieser Filterbauweise eine untere Grenze.

Für jeden Austauscher gibt es ein wirtschaftliches Optimum, das bei praktisch vollständiger Entsalzung oder Enthärtung mit einem Minimum an Regeneriermittel ein Maximum an Austausch erzielen läßt.

Gesamtdurchsatz bzw. Gesamtleistung L eines Austauschers läßt sich aus Gleichung (18) berechnen:

$$L = \frac{(\mathrm{NVK}) \cdot M}{K} \ \mathrm{m}^3, \tag{18}$$

worin bedeuten

NVK = Nutzbare Volumenkapazität (g CaO/l), siehe Tabellen IX und X
M = Menge der eingesetzten Austauschermasse in Litern (l)
K = Kationengehalt bzw. Anionengehalt oder Härte } ausgedrückt bzw. umgerechnet in g CaO/m³.

Ändert sich die Wasserzusammensetzung und damit die Größe K, so erfährt auch der Gesamtdurchsatz bzw. die Gesamtleistung L zwischen zwei Regenerationen eine Änderung.

Der neue Gesamtdurchsatz ergibt sich gemäß Gleichung (19) zu

$$L = L_0 \cdot \frac{K_0}{K}. \tag{19}$$

L = neuer Gesamtdurchsatz
L_0 = bisheriger Gesamtdurchsatz
K_0 = bisherige Wasserzusammensetzung (g CaO/m³ bzw. Val/m³)
K = neue Wasserzusammenstzung (g CaO/m³ bzw. Val/m³)

Die wichtigsten **Begriffe** für den technischen Einsatz von Ionenaustauschern sowie für die bei Vergabe von Anlagen festzulegenden Garantien werden zusammenfassend beschrieben.

1. NVK = Nutzbare Volumenkapazität (Austausch-Kapazität) ist diejenige Menge an Ionen bzw. Molekülen, die während einer Arbeitsperiode von der Volumeneinheit der Austauschermasse ausgetauscht wird. Als Einheit der NVK = spezifisches Austauschvermögen findet man in der Literatur

g CaO/l Austauschermasse bzw. Val/l Austauschermasse.

Die Volumenangabe bezieht sich auf den Anlieferungszustand des Austauschers.

2. Austauschernennleistung N = stündlicher maximaler Wasserdurchsatz durch den Austauscher (m³/h).

3. Durchsatzgeschwindigkeit w = die auf den lichten Querschnitt des Austauschers bezogene stündliche Menge des Wasserdurchsatzes. Die tatsächliche Wassergeschwindigkeit in der Austauschermasse ist jedoch nach Maßgabe des Verhältnisses zwischen Schüttvolumen und Eigenvolumen der Masse größer.

In der Praxis rechnet man mit der Formel

$$w = \frac{4\,N}{d^2} \left[\frac{\mathrm{m}^3}{\mathrm{m}^2 \cdot \mathrm{h}}\right] \mathrm{m/h}$$

N = Austauschernennleistung/h
d = Behälterdurchmesser

näherungsweise und kalkuliert bei Auslegungen einen Sicherheitsfaktor ein.

Die mit Rücksicht auf ausreichende Kontaktzeit angegebenen Daten in Tab. IX und X sollen weder unter- noch überschritten werden, um im optimalen Austauschbereich zu arbeiten. Bei zu geringer Durchsatzgeschwindigkeit kann Gegenioneneffekt auftreten.

4. Spezifische Belastung S = stündlicher Wasserdurchsatz je Volumeneinheit der Austauschermasse.

$m^3/h \cdot m^3$ Austauschermasse

5. Gesamtdurchsatz bzw. **Gesamtleistung** L = diejenige Wassermenge in m^3, welche bei gegebenem spezifischem Austauschvermögen (NVK) und gegebener Wasserzusammensetzung die gesamte Austauschermasse zwischen zwei Regenerationen durchlaufen kann.

6. Arbeitsperiode = Zeitabschnitt zwischen zwei aufeinanderfolgenden Regenerationen.

7. Regenerationsperiode = Zeitabschnitt vom Punkt der Erschöpfung bis zur Beendigung der Regeneration.

8. Arbeitsspiel = Arbeitsperiode + Regenerationsperiode.

9. Spülvorgang: Man unterscheidet Rückspülen und Nachspülen bzw. Waschen. Zu Beginn jeder Regeneration muß die Austauschermasse durch vorhergehendes Rückspülen aufgelockert und von Ablagerungen befreit werden. Das Spülwasser wird von unten durch die Masse mit vorgeschriebener Durchflußgeschwindigkeit geleitet. Nach dem Durchsatz des Regeneriermittels ist die Herausspülung der Chemikalien vor der Wiederinbetriebnahme erforderlich. Diesen Vorgang bezeichnet man mit Nachspülen bzw. Waschen. Das Wasser durchströmt hierbei den Austauscher von oben nach unten, bis das abfließende Wasser die festgelegte Beschaffenheit (z. B. gemessen in $\mu S\ cm^{-1}$, $\mu g\ SiO_2/l$ bzw. ^{0} dH) aufweist.

Die Anforderungen an das Spülwasser sind hinsichtlich der optischen Klarheit die gleichen wie an das Rohwasser. Das Wasser muß filtriert sein, darf keine Schwebestoffe oder Verunreinigungen, wie z. B. Öle, Plankton, Eisenhydroxyd usw., enthalten. Bei Vollentsalzungsanlagen kommen noch Forderungen bezüglich chemischer Bestandteile hinzu. Als allgemeiner Grundsatz gilt: Das Spülwasser wird dem jeweils vorhergeschalteten Filter entnommen.

10. Auslegung von Austauschern

Austauschernennleistung N, Gesamtdurchsatz L, chemische Zusammensetzung des Wassers K und Daten der Austauschermassen sind als gegeben anzusehen. Festzulegen sind Menge der einzusetzenden Austauschermassen M sowie die Abmessungen der Behälter, was durch die Größen d (= Durchmesser) und h (= Höhe) erfolgt.

Hierbei müssen Durchflußgeschwindigkeit w, spezifische Belastung S mit den Massenmengen in Einklang gebracht werden.

Zur Berechnung dienen folgende Formeln:

Austauschermenge

$$M = \frac{L \cdot K}{(\mathrm{NVK})} \text{ Liter} \qquad (19\,a)$$

Spezifische Austauscherbelastung

$$M \geqq 1000 \cdot \frac{N}{S} \text{ Liter} \qquad (19\,b)$$

Behälterdimensionen (siehe auch Seite 191)

$$\frac{\pi}{4} d^2 \cdot h = M' \quad m^3 \tag{19c}$$

Für das Verhältnis

$$\frac{d}{h} = x \tag{19d}$$

bewegen sich die empirisch bekannten Werte zwischen 0,6 und 1.

Aus Gleichung (19c) und (19d) ergeben sich

$$\text{Durchmesser } d = \sqrt[3]{\frac{M'}{\pi} \cdot 4 \cdot x} \quad m \tag{19e}$$

$$\text{Höhe} \quad h^{*}) = \sqrt[3]{\frac{M' \cdot 4}{\pi \cdot x^2}} \quad m \tag{19f}$$

L = Gesamtdurchsatz (m^3) einschließlich Spül- und Waschwasser nachfolgender Stufen
M = Austauschermasse (Liter)
M' = Austauschermasse (m^3)
K = Äquivalentzahl des Wassers (in g CaO/m^3 bzw. Val/m^3)
(NVK) = Austauscherkapazität (in g CaO/Liter Austauschermasse bzw. Val/Liter Austauschermasse).
N = Austauschernennleistung (m^3/h)
S = spezifische Austauscherbelastung ($m^3/h \cdot m^3$ Austauschermasse)
d = Behälterdurchmesser (m)
h = Füllhöhe (m)

11. Bestellung und Gewährleistungen. Bei Bestellung von Ionentauschanlagen zur Vollentsalzung und Entkieselung sind vom Lieferanten folgende Angaben zu gewährleisten:

1. Austauschernennleistung	m^3/h
2. Gesamtdurchsatz	m^3
3. Regeneriermittelbedarf je Arbeitsspiel	kg
4. Regeneriermittelbedarf je m^3 aufbereiteten Wassers	g/m^3
5. Konzentration und Temperatur der zur Regeneration benutzten Chemikalien	% und °C
6. Spül- und Waschwassermenge je Arbeitsspiel	m^3
7. Spül- und Waschwassergeschwindigkeit	m/h
8. Dauer der Regenerationsperiode	std.
9. Maximaler Gehalt des ablaufenden Wassers an Restionen bzw. Kieselsäure .	$\mu S\ cm^{-1}$ oder $\mu g\ SiO_2/l$
10. Zulässige Temperatur des Rohwassers vor Austauscher	°C
11. Zulässiger p_H-Wert für die eingesetzten Filtermassen	p_H
12. Jährlicher Massenverlust durch Abrieb	%
13. Die zur Bestimmung der Garantiewerte verwendeten Untersuchungsmethoden sind zweckmäßig im voraus festzulegen.	

Hinsichtlich konstruktiver Einzelheiten beim Verdampferbau sei auf die einschlägige Literatur hingewiesen. Von der chemischen Seite her ergeben sich einige sehr wichtige Hinweise für den Verdampferbetrieb:

1. Die spezifische Dampfraumbelastung soll so niedrig wie möglich gehalten werden. Aus diesem Grunde sind Verdampfer überdimensioniert auszulegen.
2. Beim Heizdampf wählt man für die Beheizung der Heizregister keine nennenswerte Überhitzung.

*) Es handelt sich um die Füllhöhe der Masse. Die Gesamtbehälterhöhe beträgt im allgemeinen etwa $^1/_3$ mehr (Steigraum für Rückspülen).

3. Werden Füllkörpereinbauten im Dampfdom angebracht, so ist unbedingt darauf zu achten, daß diese Füllkörper nicht aus Porzellan gefertigt sind. Am besten wählt man V2 A oder Remanit hierfür.
4. Das in den Verdampfer eingespeiste Wasser soll keine aggressiven Gase, wie z. B. Sauerstoff und Kohlensäure, in nennenswerten Mengen mehr enthalten. Das gilt ganz besonders für den Fall, daß der Brüdenkondensator messing- oder kupferberohrt ist.
5. Starke Alkalität und Eindickung führt zum Schäumen und Spucken an der Verdampfungszone.
6. Richtzahlen für den Eindickungsgrad werden in diesem Buch absichtlich nicht mehr genannt. Es hat sich nämlich gezeigt, daß die Erzeugung reinen Dampfes von den verschiedensten Faktoren wie z. B. Aufbau, Wasserstandsregelung, Beheizung, Salzzusammensetzung des Verdampferkesselwassers, Dampfspiegelbelastung und nicht zu vergessen Lastwechsel unmittelbar abhängt. Es ist schon an anderer Stelle dieses Buches auf die Gefährlichkeit der Magnesiumsalzspaltung (insbesondere des Magnesiumchlorides) hingewiesen worden, wobei freie Salzsäure entstehen kann, die beim Erwärmen laufend flüchtiger wird und in den Dampf übergeht (Abb. 50).

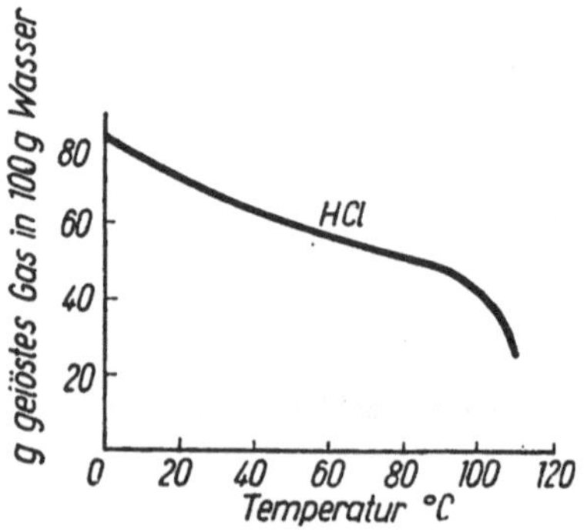

Abb. 50.
Löslichkeit von HCl in Wasser bei verschiedenen Temperaturen

Für die richtige Fahrweise eines Verdampfers ist die Kontrolle des Dampfes mittels chemischer Analyse der beste Spiegel. Wenn das Dampfkondensat den bereits genannten Richtwerten von Kesselspeisewasser entspricht, sind keine Störungen im Netz oder in Anlageteilen zu erwarten. Hierauf muß demnach der Abschlämmungsgrad abgestimmt sein.

Literatur:

1. P. Profos: Eigenschaften von Ionenaustauschern, Mitt. VGB 1952, H. 20, S. 201 bis 205.
2. W. Wesly: Theorie und Praxis der Vollentsalzung, Mitt. VGB 1953, H. 25, S. 501 bis 511.
3. K. Heinrich: Die neuere Entwicklung der Ionen-Austauscher, Jahrb. Vom Wasser, 1950/51, S. 360—379.
4. R. Griessbach: Über die Herstellung und Anwendung neuerer Austauschadsorbentien, insbesondere auf Harzbasis, Beihefte z. Zeitschr. dtsch. Chem. 1939, Nr. 31.
   R. Griesbach, A. Richter: Ionenaustauscher als hochdisperse Systeme und ihre Wirkung auf kolloide Stoffe, Kolloid-Zeitschr. 1956, H. 1/3, S. 107-120!
5. W. Wesly: Versuche im halbtechnischen Maßstab zur Entsalzung und Entkieselung mit Ionenaustauschern, Mitt. VGB 1953, H. 22, S. 334—339.
6. W. Fuchs, A. Wagner: Die neuere Entwicklung der Schnellbewertung von Ionenaustauschern, Mitt. VGB 1954, H. 29, S. 159—164.
7. W. Wesly: Leistungsrückgang von Anionenaustauschern infolge Verschmutzung mit Eisensalzen, Mitt. VGB 1954, H. 50, S. 253—255.
8. H. Corte: Der Stand der Vollentsalzung und Entkieselung mit Ionenaustauschern, Jahrb. Vom Wasser 1953, S. 317—330.
9. VGB-Richtlinien für die Aufbereitung von Kesselspeisewasser und Kühlwasser, Vulkan-Verlag Essen.
10. Literaturauszüge amerikanischer Veröffentlichungen.

I. Theorie und Praxis der Flockung

Koagulation

George E. Symons, Ph. D. (Water and Sewage Works 11 /1955, S. 470—475).

A. Grundlagen

1. Begriffsbestimmungen

a) **Klärung** bezeichnet die Reinigung des Wassers von Schwebestoffen und dispersen Substanzen durch andere Mittel als durch Filtration.

α) Der Begriff wird oft für Flockungs- und Absetzvorgänge angewendet.

β) Der Begriff wird auch auf Anlagen verwendet, bei denen Wasser durch vorher gebildete Schlammflocken aufwärts geführt wird.

b) **Flockungsmittel** sind chemische Substanzen, die sich bei Zugabe zum Wasser mit bestimmten im Wasser vorhandenen Substanzen verbinden und einen aus Flocken bestehenden Niederschlag bilden, der von mehr oder weniger gelatinöser Struktur ist und die Fähigkeit besitzt, Schwebestoffe und einige Kolloide zu destabilisieren und aus dem Wasser zu beseitigen.

c) **Koagulation** ist ein zweistufiger Prozeß, der durch Mischung und Flockung die Destabilisierung und Ausflockung einiger Kolloide und aller fein verteilten Schwebestoffe dadurch erreicht, daß man dem Wasser ein geeignetes chemisches Flockungsmittel zusetzt.

d) **Kolloide** sind disperse Substanzen, die sich auch bei unbewegtem Wasser nicht absetzen, und zwar weil sie entweder äußerst fein verteilt oder aber durch elektrische Aufladung oder Lösungsbindungen stabilisiert sind.

e) **Flocken** sind die kleinen gelatinösen Teilchen, die im Wasser durch Zusatz von Flokkungsmitteln oder aber durch Verbindung, Anhäufung und Zusammenschluß von Kolloiden entstehen.

f) **Flockung** bezeichnet die Langsammischung eines mit einem Flockungsmittel behandelten Wassers, die durch Kontakt, Anhäufung und Zusammenschluß von Kolloiden und Schwebestoffen zum Wachstum von Schlammflocken führt.

g) **Mischung** ist die erste Phase der Koagulation und umfaßt eine heftige Bewegung des Wassers zwecks schneller Verteilung des gelösten Fällmittels.

h) **Sedimentation** oder **Absetzen** ist der unter dem Einfluß der Schwerkraft erfolgende Prozeß des Absinkens und Ablagerns vom Wasser beförderter Schwebestoffe.

i) **Sol** bezeichnet eine Flüssigkeit mit kolloiddispersen Teilchen.

j) **Suspension** bezieht sich auf im Wasser vorhandene Substanzen, die durch die Bewegung des Wassers am Absetzen gehindert werden und sich bei unbewegtem Wasser ablagern.

k) **Aufwärtskoagulation,** manchmal auch als **Kontaktklärung** bezeichnet, umfaßt das Verfahren, durch das ein mit einem Fällmittel geimpftes Wasser zum Aufwärtssteigen durch eine Suspension oder eine Schicht von vorher gebildeten Schlammflocken (Schwebefilter) gebracht wird.

l) **Flockungshilfsmittel** sind Substanzen, die man dem Wasser meist in fein verteilter Form als Hilfsmittel für die Flockenbildung und das Absetzen zusetzt.

2. Theorie der Koagulation

a) Die chemische Koagulation umfaßt Komplexreaktionen und Gleichgewichtssysteme zwischen vorhandenen Veränderlichen einschließlich der Kolloide im Wasser, dem Fällmittel und dem Wasser selbst.

b) Die jetzt widerlegte ursprüngliche Koagulationstheorie ging von der Annahme aus, daß die gelatinöse Beschaffenheit der Flocken auf Grund flaumiger Struktur Kolloide festhielte.

c) Nach der neuen Theorie wird der **Vorgang der Koagulation** als **Destabilisierung des Sols durch Neutralisierung der Ladung der kolloidalen Teilchen** erklärt, wodurch die Lösungsbindung zerstört wird.

α) Bei der Koagulation sind zwei Arten Kolloide wichtig: a) Trübungen und Farbstoffkolloide im Wasser und b) durch zugesetzte Flockungsmittel gebildete Kolloide.

β) Trübstoff- und Farbstoffkolloide sind negativ aufgeladen; Flockungskolloide sind wasserhaltige Eisen- oder Aluminiumoxyde und im allgemeinen positiv aufgeladen.

γ) Negativ geladene Kolloide werden durch Neutralisierung von entgegengesetzt geladenen wasserhaltigen Oxydkolloiden destabilisiert.

3. Mechanismus der Koagulation

a) Eisen- und Aluminiumverbindungen werden im Wasser ionisiert und bilden Kationen und Anionen hoher Wertigkeit. Sie reagieren mit der Wasseralkalität und bilden unlösliche wasserhaltige Oxyde.

α) Positive Kationen destabilisieren die negativ geladenen Kolloide.

β) Negative Anionen destabilisieren die positiv geladenen wasserhaltigen Eisen- und Aluminiumoxyde.

b) Negative Kolloide (insbesondere Farbstoffe) lassen sich am besten bei niedrigem p_H-Wert destabilisieren, wasserhaltige Oxyde bei höherem p_H-Wert.

c) Die Flockungsgeschwindigkeit hängt von der Austauschkapazität der beseitigten Kolloide ab; dabei stellt die Austauschkapazität das Maß für die Tendenz zum Austausch von Kationen niedriger gegen solche höherer Wertigkeit dar.

α) Bei niedriger Austauschkapazität geht die Flockung langsam vor sich, wenn nicht ein Bindemittel, wie z. B. ein Metalloxyd, vorhanden ist. Wasserhaltige Oxyde, die ja positiv geladen sind, reagieren mit negativen Kolloiden, was zu gegenseitiger Ausflockung führt.

β) Bei höherer Austauschkapazität ist ein Bindemittel weniger wichtig, die Flockung erfolgt dann auf Grund der Destabilisierung der Trübstoffe und Farbkolloide.

γ) Die Austauschkapazität beruht auf Teilchen von weniger als $^1/_{1000}$ mm ∅; falls diese nicht vorhanden sind, muß man sie durch Verwendung von Flockungshilfsmitteln zugeben.

Teilchen von mehr als $^1/_{1000}$ mm ∅ wirken als Wachstumskerne für die Schlammflocken.

d) Die chemischen Reaktionen bei Zusatz von Fällmitteln lassen sich in einfachster Form wie folgt darstellen:

α) Aluminiumsulfat

$$Al_2(SO_4)_3 \cdot 14H_2O \rightleftharpoons 2\,Al^{+++} + 3\,SO_4^{--} + 14H_2O$$

$$2\,Al^{+++} + 6OH^- \rightleftharpoons Al_2O_3 \cdot x\,H_2O$$

Die Hydroxylionen (OH^-) müssen aus der natürlichen Wasseralkalität zur Verfügung stehen, die erforderlichenfalls durch Zusatz alkalischer Substanzen, wie z. B. Kalk, Soda usw., korrigiert werden muß.

Bei Rohwässern mit Bikarbonatalkalität erfolgt die Reaktion wie folgt:

$$Al_2(SO_4)_3 \cdot 14\,H_2O + 3\,Ca(HCO_3)_2 \rightarrow 3\,CaSO_4 + Al_2O_3 \cdot x\,H_2O + 6\,CO_2 + x\,H_2O$$

β) Eisen(III)-Salze reagieren ähnlich;

γ) Eisen(II)-Salze gemäß

$$FeSO_4 \rightleftharpoons Fe^{++} + SO_4^{--}$$

$$Fe^{++} + 2\,OH^- \rightleftharpoons FeO \cdot x\,H_2O$$

$$4\,FeO \cdot xH_2O + O_2 \rightleftharpoons 2\,Fe_2O_3 \cdot xH_2O$$

Für Wasser mit natürlicher Bikarbonatalkalität gilt folgende Reaktion:

$$4\,FeSO_4 \cdot 7\,H_2O + 4\,Ca(HCO_3)_2 + O_2 \rightarrow 4\,CaSO_4 + 2\,Fe_2O_3 \cdot xH_2O + 8\,CO_2 + x\,H_2O$$

e) Flockenbildung aus wasserhaltigen Oxyden ist bei bestimmten p_H-Werten am günstigsten. Der optimale p_H-Bereich wird als **isoelektrischer Bereich** bezeichnet.

α) Bei dem üblichen Aluminiumsulfat (Filteralaun) kann sich dieser Bereich je nachdem, ob das Wasser weich ist und Farbkolloide enthält oder aber mittelhart und mitteltrübe ist, von 5,5—7,4 erstrecken.

β) Eisen(III)-Salze fallen bei p_H-Werten > 4,0 aus.

γ) Eisen(II)-Sulfat fällt bei einem p_H-Wert über 9,5 aus; da jedoch das Eisen(II)-Hydroxyd unter $p_H = 9{,}5$ löslich ist, kann man es besser ausnutzen, wenn gelöster Sauerstoff vorhanden ist, wodurch bei p_H-Werten bis herab zu 8,5 Eisen(III)-Hydroxyd gebildet wird.

4. Notwendigkeit der Koagulation

a) Zu den störenden Substanzen im Rohwasser gehören Ton, Schlamm, organische Substanzen, Algen und Bakterien.

α) Falls irgendeiner dieser Bestandteile bestimmte Grenzen überschreitet, muß er beseitigt werden, um das Wasser für häuslichen und industriellen Gebrauch verwendbar zu machen.

β) Diese Substanzen werden durch Flockung und Sedimentation mit nachfolgender Filtration als letztem Schliff beseitigt.

b) Flockung mit nachfolgender Sedimentation vermindert die Sandfilterbelastung, verbessert die Filterwirksamkeit und verlängert die Arbeitsspiele der Filter.

c) Flockung kann auch bei Brunnenwässern zur Verminderung des Gehaltes an Farbkolloiden, Eisen und Schwefelwasserstoff verwendet werden.

5. Geschichtliches

Die moderne Wasserreinigung durch Flokkung nahm 1885 bei der Somerville-Raritan, N. J., Water Co. ihren Ausgang und wurde nach den klassischen Experimenten von Fuller und Mitarbeitern in Louisville 1895—1897 zum amerikanischen Standardverfahren.

B. Faktoren

1. Regelbare Faktoren

a) **Wahl des Fällmittels**

α) Aluminiumsulfat (Filteralaun)
β) Aluminiumsulfat (flüssig)
γ) Chlor-Kupfer-Verbindungen
δ) Eisen(III)-Chlorid
ε) Eisen(III)-Sulfat
ζ) Eisen(II)-Sulfat
η) Natriumaluminat

b) **Dosierung des Fällmittels**
Siehe D 1

c) **Misch- und Flockungszeit**

α) Wie schon bei der Besprechung der Theorie der Koagulation erwähnt, hat die Koagulation zwei Phasen: Schnellmischung und langsame Flockung.

β) Unabhängig von der Konzentration des Fällmittels muß es auf jeden Fall schnell im Wasser verteilt werden. Heftige Bewegung trägt zur schnellen Dispersion bei, und eine solche Mischung kann in 5—10 Minuten durchgeführt sein; je heftiger die Bewegung, desto kürzer ist die Mischzeit. Die kurze heftige Wasserbewegung wird auch als **„Blitzmischung“** bezeichnet.

γ) Die Flockungszeit wird genau wie die Mischzeit gewöhnlich durch die Konstruktion der Anlage bestimmt und kann während des Betriebes nicht verändert werden.

Die Ausflockung ergibt sich durch langsames Mischen und hängt von einer langsamen Bewegung des Wassers ab, wodurch Kontakt der Schlammteilchen und deren nachfolgendes Wachstum gefördert werden.

Bei den modernen Flockungsanlagen arbeitet man meist mit Schnellstmischung und nachfolgender 30—60minutiger Flockungszeit vor der Sedimentationsstufe.

Bei den Anlagen älterer Bauart liegt die Flockungszeit zwischen 10 und 90 Minuten.

δ) Im allgemeinen besteht ein bestimmtes Verhältnis zwischen der Zusatzmenge an Fällmitteln und der für optimale Flockung erforderlichen Zeit.

Der für eine einwandfreie Flockung erforderliche Minimalzusatz an Fällmitteln bedingt zur guten Flockenbildung eine maximale Zeit. Bei Zugabe der doppelten Minimalmenge wird die Flockungszeit etwa um die Hälfte vermindert. Bei dreifacher Minimalmenge wird die erforderliche Zeit weiter herabgesetzt, jedoch nicht auf ein Drittel.

Andererseits führt Überdosierung von Fällmitteln bei vielen Wässern zur Beeinträchtigung der Flockung.

2. Andere Faktoren

a) Ausmaß und Art der Schmutzstoffe (Trübung, Färbung, Bakterien) wirken sich auf die erforderliche Fällmittelzusatzmenge aus.

α) Im allgemeinen ist um so mehr Fällmittel erforderlich, je größer die Menge der Schmutzstoffe ist; es besteht jedoch kein bestimmtes Verhältnis zwischen den beiden Faktoren.

β) **Fein verteilte Substanzen lassen sich schwerer ausflocken** und erfordern eine größere Menge Fällmittel als grob suspendierte Substanzen.

b) Die **chemischen Eigenschaften des Wassers** beeinflussen die Zusatzmenge und die Reaktion des Fällmittels ebenfalls.

γ) Das Wasser muß ausreichend alkalisch sein, um mit dem zugesetzten Fällmittel vollständig zu reagieren und nach der Reaktion einen leichten Alkaliüberschuß aufrechtzuerhalten.

δ) Der p_H-Wert des Wassers ist für die Flockungsreaktion wegen des vorher erwähnten isoelektrischen Bereiches wichtig. Unter Umständen ist Korrektur durch Zusatz von Säuren oder alkalischen Substanzen erforderlich.

c) **Die Wassertemperatur hat auf die Flockungszeit einen unmittelbaren Einfluß.**

α) Je kälter das Wasser ist, desto langsamer ist die Flockungsgeschwindigkeit. Wasser um den Gefrierpunkt herum benötigt zur Flockung oft die 2—3fache Zeit gegenüber Wasser bei etwa 20° C.

β) Größere Zusatzmengen an Fällmitteln können die Wirkung niedriger Temperaturen aufheben, jedoch ist diese Beziehung experimentell zu ermitteln.

d) **Heftige Bewegung des Wassers ist zur schnellen Mischung wünschenswert, für die darauffolgende Flockung jedoch nicht.**

α) Im Flockungsbecken liegen die Strömungsgeschwindigkeiten vorzugsweise bei 30 bis 40 cm/sek.

β) Diese Geschwindigkeiten sind typisch für Behälter mit Tauch- oder Leitwänden und die Bewegung in Flockungsbecken mit Drehpaddel- oder Schwebebalkeneinrichtung.

γ) Größere Geschwindigkeiten unterbinden oder zerstören das Flockenwachstum mit Ausnahme vielleicht in geraden Kanälen und Rundbecken.

C. **Flockungshilfsmittel**

1. Künstliche Kerne

a) Schwebestoffe im Wasser fördern die erste Flockenbildung, da sie Wachstumskerne darstellen.

b) Falls keine Schwebestoffe vorhanden sind, kann man durch Zugabe fein verteilter Substanzen Wachstumskerne bereitstellen:

α) Ton
β) Fuller-Erde (Floridin)
γ) Bentonit (kolloidaler Ton)
δ) Aktivkohle

2. Kontaktverfahren (Schwebefilter)

a) Statt künstlicher **Wachstumskerne** kann man durch **Teilrückführung des gebildeten Schlamms** in das Flockungsbecken für Wachstumskerne und die weitere Flockenbildung sorgen.

b) Mechanische Drehpaddelwerke rotieren am Zulauf des Flockungsbeckens dergestalt, daß sie den zuerst abgelagerten Schlamm aufnehmen und ins Wasser zurückführen.

c) Aufwärtsstrom-Kläranlagen sind mechanische Geräte oder Behälter, die so konstruiert sind, daß ein inniger Kontakt des Fällmittels und des Rohwassers mit bereits gebildeten Schlammflocken dadurch erzielt wird, daß Rohwasser und Fällmittel durch eine Schlammdecke (Schwebefilter) aufwärts geführt werden.

α) **Aufwärtsstrom-Koagulation** ergibt eine vollständigere und schnellere chemische Reaktion und größere, schwerere und bessere Schlammflocken.

β) **Aufwärtsstrom-Klärbecken** sorgen auch für eine schnellere Abscheidung der Schlammstoffe aus dem Wasser innerhalb der Anlage, und die für die Flockung und Klärung (Trennung) erforderliche Gesamtzeit ist erheblich geringer als für Flockung und Sedimentation in den klassischen Flockungsanlagen und Absetzbecken.

3. Aktivierte Kieselsäure

a) Aktivierte Kieselsäure besteht aus negativ aufgeladenen kolloidalen Teilchen, die durch Reaktion einer verdünnten Natriumsilikatlösung mit einer sauren Substanz oder anderen Aktivatoren gebildet werden.

α) Aktivierte Kieselsäure ist kein chemischer Stoff im eigentlichen Sinne, sondern eine durch die Formel — SiO_2 — gekennzeichnete kolloidale Mizelle, die nur dann gebildet wird und vorhanden ist, wenn Lösungen von Natriumsilikat und einer Aktivierungssubstanz im richtigen Verhältnis gemischt werden.

β) Die Lebensdauer der Mizelle und ihre Wirksamkeit hängen von der Aufrechterhaltung bestimmter Konzentrationen sowohl der Ausgangslösungen wie auch der sich ergebenden Mischlösung ab.

b) Aktivierte Kieselsäure hat ausgesprochen Übergangsmerkmale, aber sie besitzt Eigenschaften, die sie zu einem vorzüglichen **Flokkungshilfsmittel** machen.

α) Die Mizellen der aktivierten Kieselsäure wirken als Kerne, um die sich Schlammflocken bilden; sie ziehen Flockenkerne an und erzeugen eine dichte, zähe, schwere Ausflockung.

β) Diese Eigenschaften sind am deutlichsten, wenn aktivierte Kieselsäure nach ihrer Herstellung innerhalb bestimmter Konzentrationen verwendet wird.

c) Aktivierte Kieselsäure kann in Chargen oder kontinuierlich hergestellt werden.

α) Als **Aktivatoren** werden folgende Chemikalien verwendet: Aluminiumsulfat, Ammoniumsulfat, Kohlensäure, Chlor, Natriumbikarbonat, Natriumaluminat und Schwefelsäure.

β) Baylis in Chacigo und Graf und Schworm in St. Louis waren die Pioniere dieser Entwicklung, der erstere mit Schwefelsäure, die letzteren mit Alumniumsulfat. In beiden Fällen wurde die aktivierte Kieselsäure chargenweise hergestellt.

γ) Zur Aktivierung von Kieselsäure wird Natriumsilikat von 41° Bé mit 8,9% Na_2O, 28,7% SiO_2 und 62,4% Wasser verwendet. Das Gewicht beträgt etwa 1,385 g/l. Es wird von der Philadelphia Quartz Co. als „N"-Silikat vertrieben. Andere Marken und Konzentrationen können ebenfalls verwendet werden.

δ) **Bei der Zugabe aktivierter Kieselsäure ist die geregelte Aktivierung des Sols** zur Verhinderung von Gelbildung und anschließender Verstopfung der Geräte **ein wichtiger Faktor.**

ε) Die kontinuierliche Herstellung von Kieselsäure-Sol wurde erstmalig 1946 versucht, war zu der Zeit jedoch ein kontinuierliches Chargenverfahren und keine echte kontinuierliche Aktivierung.

Etwa 1950 begannen die Hersteller von Dosiereinrichtungen mit der Entwicklung kontinuierlich arbeitender Aktivierungsgeräte; ein Typ kann lediglich mit Chlor aktivieren, der andere ist für alle Aktivierungsagentien geeignet und mit eingebauten Regelorganen für die Alterungszeit und die Lösungskonzentrationen ausgestattet, um Gelbildung zu verhindern, außerdem mit einer automatischen Spülvorrichtung im Falle eines Versagens des Aktivators oder der Silikatzuführung.

d) Die **aktivierte Kieselsäure hat als Flokkungshilfsmittel** u. a. nachstehende **Vorteile:**

α) Bessere Klärung und Farbbeseitigung in kürzester Zeit bei geringerem Fällmittelzusatz.

Es können also **kleinere Flockungsbecken** verwendet werden und die Kapazität bestehender Anlagen läßt sich effektiv erhöhen, zumindest kann die Nennkapazität bei Spitzenbelastungen erreicht werden. Nach Berichten wurden Kapazitätserhöhungen bis zu 25% erzielt.

Geringere Chemikalienzusatzmengen mit Einsparungen von 30—50% sind bekannt geworden.

β) Bei **kalten Wässern und bei geringerem Gehalt an Trübstoffen** wird die Ausflockung vermittels aktivierter Kieselsäure verbessert.

γ) Es sind **längere Arbeitsspiele der Filter** möglich (Verlängerung um bis zu 35%), und die erforderliche Menge **Filterspülwasser** kann um bis zu 25% **vermindert** werden.

δ) **In der Wasserenthärtung** sowie in der Enteisenung und Entmanganung werden **bessere Ergebnisse** erzielt.

ε) Bei Verwendung von aktivierter Kieselsäure wird ein **dichterer Schlamm** erzeugt, so daß in den Absatzbecken kleinere Schlammraumvolumina erforderlich sind.

ζ) Bei Aufwärtsstrom-Klärbecken ergibt Zusatz von aktivierter Kieselsäure eine bessere Wirksamkeit und läßt höhere Belastungen zu.

η) Bei einigen Wässern ist aktivierte Kieselsäure ohne Zusatz von Aluminiumsulfat oder Eisensalzen erfolgreich als Fällmittel eingesetzt worden.

D. Praktische Durchführung der Flockung

1. Regelung

a) Die erforderliche Zusatzmenge an Fällmitteln schwankt beträchtlich (von 1—100 mg/l oder mehr) und hängt von den jeweiligen Wassereigenschaften ab.

b) Der Bedarf an aktivierter Kieselsäure als Flockungshilfsmittel liegt zwischen 4 und 20 mg/l (bei unter 10 mg/l Fällmittel).

c) Die erforderliche Menge Fällmittel wird am günstigsten durch Versuche mit Flaschenproben festgelegt.

α) Dafür sind ein Labor-Mehrfachrührwerk, rechteckige 2-Liter-Laborflaschen, Meßzylinder, Pipetten, Kolben, Trichter und andere einfache Laborgeräte erforderlich.

β) Aus den Chemikalien des betreffenden Wasserwerkes stellt man Normlösungen her, um durch Zugabe bestimmter Volumina zu dem zu untersuchenden Wasser die Berechnung der Zusatzmengen einfacher zu machen.

γ) Den einzelnen Probengefäßen werden nacheinander steigende Mengen Fällmittel zugesetzt, die Zugabe ist einzeln und im gesamten schnellstmöglich vorzunehmen.

δ) Die geimpften Proben werden dann schnell gemischt und 15 Minuten langsam gerührt, danach läßt man sie 30 Minuten ruhig stehen.

ε) Das Gefäß mit der besten Flockung und der klarsten Lösung bezeichnet die optimale Zusatzmenge. Die Ergebnisse der Flaschenproben müssen zu der Praxis in Beziehung gesetzt werden, da sie sich oft nicht direkt auf technische Verhältnisse übertragen lassen.

d) Die Dosierung läßt sich auf eine der bekannten Arten regeln.

2. Impfstelle

a) Die Lage der Impfstelle für das Fällmittel und/oder das Flockungsmittel in bezug auf andere Chemikalien kann von Anlage zu Anlage verschieden sein.

α) Bei Wässern mit geringer Alkalität wird Kalk vor dem Aluminiumsulfat zugesetzt. Dieses gilt auch für Anlagen, die mit Kalk und Eisen(II)-sulfat arbeiten.

β) In einigen Fällen wird durch Vorchlorung die erforderliche Fällmittelgabe vermindert, in anderen ist es gerade umgekehrt.

γ) Aktiviertes Kieselsäure-Sol ist im allgemeinen, aber nicht immer, vor anderen Chemikalien zuzusetzen.

δ) Vor den anderen Chemikalien zugesetzte Aktivkohle kann die Ausflockung dadurch verbessern, daß sie die bereits erwähnten Wachstumskerne bereitstellt.

ε) **Für die Reihenfolge der Zugabe der einzelnen Chemikalien gibt es keine feste Regel.** Bei jedem Wasser ist experimentelle Bestimmung zweckmäßig. In einigen Fällen muß die Reihenfolge unter Umständen etwa veränderten Wassereigenschaften angepaßt werden.

b) Unter neuzeitlichen Verhältnissen bedarf es der bestmöglichen Ausnutzung der Flokkung und Sedimentation, um die Filterbelastung zu verringern, die Arbeitsspiele der Filter zu verlängern und den Filterrückspülvorgang und die Betriebskosten zu reduzieren. Ganz kurz zusammengefaßt: Die Vorbehandlung des Wassers vor der Filtration ist eine überaus wichtige Aufbereitungsstufe. Die Flokkung ist in dieser Vorbehandlung von ausschlaggebender Bedeutung und verdient daher unbedingt sorgfältige Berücksichtigung, tüchtige Bedienung und überlegte analytische Kontrollen.

II. Aktivierte Kieselsäure

Herstellung und Verwendung von aktivierter Kieselsäure

(Referat am 3. 9. 1953 vor West Virginia Section Meeting, Morgantown, W. Va. durch A. E. Griffin)

Aktivierte Kieselsäure ist insofern einmalig, als sie zu einer kleinen Gruppe in der Wasseraufbereitung verwendeter Chemikalien gehört, die **an der Anwendungsstelle selbst hergestellt** werden müssen. Im gewissen Grade ist diese Tatsache von Vorteil, weil dadurch eine billige Chemikalie in allen Teilen des Landes verfügbar gemacht wird. Andererseits wird dem Betriebspersonal eine erhöhte Verantwortung auferlegt, die jedoch mit übernommen wurde und nach einigen Versuchen und Fehlern zu wirklichen Fachleuten in der Herstellung dieser neuen Substanz geführt hat.

Sobald man das Wesentliche der richtigen Aktivierung gelernt hat, ist der Rest bloße Routine, weil wenig mehr dazu gehört als die Zugabe der hergestellten Agens, und zwar in der richtigen Menge, an der richtigen Stelle, im richtigen Verhältnis zu dem verwendeten Flockungsmittel und bei richtigem p_H-Wert. Falls man diese Einzelheiten jedoch nicht sorgfältig berücksichtigt, kann die Verwendung von aktivierter Kieselsäure in manchen Fällen die Flockenbildung beeinträchtigen; diese eventuelle Wirkung sollte man stets im voraus bestimmen. Die Durchführung von Flaschenversuchen vor Anwendung im großen vermeidet spätere Unsicherheit und spart Zeit.

Aktivierungsverfahren

Zur einwandfreien Herstellung von aktivierter Kieselsäure muß man sich über die Merkmale und Eigenheiten des Produktes im klaren sein. Aktivierte Kieselsäure ist eine sehr nützliche Substanz, die einem jedoch, wenn man nicht vorbereitet ist, Streiche spielen kann, weil die aktiven Bestandteile kleine Partikel, sog. Mizellen sind, die man nicht sehen kann und die in der genau richtigen Größe hergestellt werden und die richtige Reife haben müssen.

Die Aktivierung geht in zwei Stufen vor sich. In der ersten wird eine unbeständige Verbindung gebildet, die in der zweiten Phase stabilisiert wird. Das manchmal auch als Wasserglas bezeichnete **Natriumsilikat** (Na_2SiO_3), das selbst die Flockung nicht im geringsten fördert, wird in seiner Zusammensetzung so geändert, daß **Kieselsäurepartikel aus der Alkalibindung freigegeben** werden. Dabei werden die Partikel **negativ** geladen, **wandern zu den positiv geladenen Flocken** und vereinigen sich mit ihnen. Dadurch wird eine starke, schwere Flockung erzeugt, die sich schnell absetzt. Falls die Kieselsäurepartikel zu klein sind, ist die negative Ladung gering, und die Ergebnisse können unbefriedigend sein. Werden sie hingegen zu groß, bildet sich eine als Kieselgel bekannte Gallertmasse, die zu genau so enttäuschenden Resultaten führt. Die **Wichtigkeit der Überwachung** bei der Herstellung dieser so sehr empfindlichen Substanz ist damit offensichtlich.

Das als Hauptausgangsmaterial benutzte Natriumsilikat ist ein Stoff verschiedener chemischer Zusammensetzung mit bestimmten chemischen Formeln für bestimmte Zwecke. Das bei der Wasseraufbereitung am häufigsten verwendete Material enthält 28,7% SiO_2 und 8,9% Alkali als Na_2O = 400 bzw. 130 g/l. Der Gewichtsunterschied zwischen diesen kombinierten Bestandteilen und dem Gewicht von 1 Liter Natriumsilikat (1385 g) ist die Menge des enthaltenen Wassers.

Zur Bildung aktivierter Kieselsäure wird das Alkali des Natriumsilikats ganz oder teilweise neutralisiert. Bei Zugabe der Säure zu in voller Konzentration befindlichem Natriumsilikat wird die ganze Masse sofort fest und bildet für die Wasserbehandlung ungeeignetes Kieselgel. Das Problem besteht also darin, die Partikel freizumachen und ihr **Wachstum zu beschränken oder zu regeln,** bevor Erstarrung eintritt. Der Zeitraum von der Zugabe des Reagens bis zur Bildung festen Gels wird als **Gelzeit** bezeichnet.

Das Natriumsilikat wird auf 1,0—2,5% SiO_2 verdünnt. Bei Zugabe einer Säure oder eines Säureradikals in genügender Menge, um das Alkali ganz oder teilweise zu neutralisieren, werden Mizellen gebildet, die mit regelbarer Geschwindigkeit je nach dem Grad der Verdünnung und der Neutralisation wachsen. Falls der SiO_2-Gehalt des verdünnten Natriumsilikats mehr als 3% beträgt, schließen die Mizellen sich in wenigen Sekunden zu unverwendbarem Gel zusammen. Falls die SiO_2-Konzentration andererseits niedriger als 1% liegt, wachsen die Mizellen so langsam, daß das sich ergebende Gemisch als Flockungshilfsmittel unwirksam ist.

Aktivierte Kieselsäure kann in Chargen oder kontinuierlich hergestellt werden. Bei chargenweiser Aufbereitung wird die Natriumsilikat-Säure-Mischung während der Zugabe der Säure und eventuell noch einige Minuten länger kräftig gerührt. Dann läßt man die Lösung über einen Zeitraum stehen, der 2—4% der Gelzeit beträgt. In dieser Zeit wachsen die Mizellen zu der Flockungshilfsmittelgröße, die am günstigsten ist. Das Wachstum der Mizellen wird dadurch geregelt, daß man nach der Reifungsphase das behandelte Silikat noch weiter auf 0,1—0,5% SiO_2-Gehalt verdünnt. Diese letzte Verdünnung unterbindet entweder jegliches weitere Mizellenwachstum oder vermindert es so sehr, daß keine Gelbildung eintritt. In einer Charge stellt man meist ausreichend aktivierte Kieselsäure für 24 Stunden Wasserbehandlung her. Die zahlreichen Nachteile eines solchen Verfahrens umfassen u. a. die beträchtliche Größe und Anzahl der Behälter, die Vielzahl der Pumpen, die Gefahr der Gelbildung im Mischbehälter und mögliche Fehler bzw. Irrtümer.

Aktivierung mit Chlor

Bei der Aktivierung mit Chlor wird das Natriumsilikat mit Wasser verdünnt, das die entsprechende Menge Chlor enthält, und das Alkali wird ganz oder teilweise neutralisiert. Die Lösung läßt man dann ganz kurz reifen, wodurch die Tendenz zur Gelbildung in sicheren Grenzen gehalten wird, verdünnt sie weiter und fördert sie zum Impfpunkt. Da die Kieselsäure nicht mit dem Chlor reagiert, sondern einfach vom Silikat in Form von Mizellen freigegeben wird, ist die gesamte Chlormenge (als NaOCl oder als Mischung von NaOCl + HOCl) für den normalen Zweck verfügbar. Am Impfpunkt beträgt der p_H-Wert des so erzeugten Sols etwa 7,0—8,5.

Weil das Sol in wenigen Minuten hergestellt und eingeführt wird, sind keine Vorratsbehälter erforderlich. Kontinuierlich arbeitende Chlorgeräte zur Aktivierung von Kieselsäure ergeben eine Endkonzentration von 0,1 bis 0,5% SiO_2, verhindern so weiteres Mizellenwachstum und vermindern das Risiko von Gelbildung. Ein früherer Bericht war der Beschreibung derartiger Anlagen gewidmet, die einfach zu bedienen sind und ihre Nützlichkeit und Zuverlässigkeit in vielen Anlagen bewiesen haben.

Anwendung

Die Anwendung von aktivierter Kieselsäure ist durchaus nicht kompliziert, wenn man immer daran denkt, daß es sich um ein Flockungshilfsmittel und nicht um ein Flockungsmittel handelt. Sie fördert die Flockenbildung, erzeugt sie aber allein nicht. So wird sie **immer zusammen mit einem Flockungsmittel** wie z. B. Aluminiumsulfat oder Eisensalzen verwendet. In einigen Fällen kann unter Umständen von Natur aus hinreichend reduziertes Eisen vorhanden sein, das bei Zugabe von aktivierter Kieselsäure als Flockungsmittel wirkt. Das Chlor oxydiert das Eisen von der Ferro- zu der Ferriform, und die aktivierte Kieselsäure führt zur Bildung einer dichten, sich schnell absetzenden Eisenoxydflockung.

Aktivierte Kieselsäure ist in der Wasseraufbereitung seit vielen Jahren mit ausgezeichneten Ergebnissen verwendet worden. In mehreren Fällen scheint der Zusatz jedoch nur von geringem Wert gewesen zu sein und wirkte sich in ein oder zwei bekannten Fällen sogar schädlich aus. Zweifellos gibt es **einige Wässer**, die auf aktivierte Kieselsäure **nicht** ansprechen; auch gibt es Anlagen mit so ausgezeichneter Flockung, daß eine Verbesserung einfach nicht mehr möglich ist. Der bloße Zusatz von aktivierter Kieselsäure ist kein Allheilmittel für alle Flockungsprobleme, auch wird die Flockung nicht immer so verbessert, daß die Aluminiumsulfatgabe herabgesetzt werden kann. Manchmal wird sie sogar erhöht werden müssen. Aber trotzdem sind die mit aktivierter Kieselsäure erzielten Ergebnisse, wenn man alle Bedingungen und Voraussetzungen berücksichtigt, einfach erstaunlich, und in den meisten Fällen können Einsparungen erzielt werden.

Die **Dosierung** wird nach der Menge SiO_2 berechnet. Da Natriumsilikat je Liter etwa 400 g SiO_2 enthält, muß man etwa 2,5 Liter je 1,0 mg/l SiO_2 zugeben. Die übliche Rezeptur liegt bei 3,0—5,0 mg/l, kann jedoch in seltenen Fällen bis zu 20,0 mg/l betragen. Manchmal legt man die Zusatzmenge willkürlich nach der Aluminiumsulfatzugabe fest, aber es erscheint doch besser, die erforderliche Dosierung mit Flaschenuntersuchungen zu bestimmen.

Bei der Durchführung solcher Untersuchungen erscheint es ratsam, zunächst unabhängig von der üblichen Dosierung die zwei oder drei Aluminiumsulfat-Zusatzmengen mit den besten Ergebnissen festzustellen und dann unterschiedliche Mengen Kieselsäure zuzusetzen. Der p_H-Wert jeder Probe ist zu registrieren, da er bei der Flockung eine sehr wichtige Rolle spielt. Wenn man Flockung außerhalb des üblichen p_H-Bereiches (4,0—7,0) versucht, kann der Kieselsäurezusatz unwirksam bleiben. Zwar wird dieser Bereich durch Zugabe von Kieselsäure erweitert, es bestehen jedoch gewisse Grenzen. Bei Wässern mit einem sehr engen optimalen p_H-Bereich für die Flockung darf man jedoch annehmen, daß aktivierte Kieselsäure den Prozeß weniger kritisch macht.

Die Frage des Impfpunktes für aktivierte Kieselsäure muß ebenfalls untersucht werden. Bei einigen Wässern muß sie vor der Aluminiumsulfatimpfung zugegeben werden, bei anderen danach. Für jedes Wasser muß der günstigste Impfpunkt bestimmt werden. Gegenwärtig wird Kieselsäure meist nach dem Aluminiumsulfat zugesetzt. Natürlich können unter Umständen auch bestehende Rohrführungen eine Wahl gar nicht zulassen. In sorgfältigen Laboratoriumsversuchen ist festzustellen, wieweit man Konzessionen an bestehende Bedingungen machen kann.

Die Verwendung von aktivierter Kieselsäure ergibt, wie schon erwähnt, häufig Einsparungen, aber nicht immer. Selbst wenn die Kosten höher werden sollten, können sie doch durch die größere Güte des aufbereiteten Wassers oder erhöhte Anlagenkapazität mehr als aufgewogen werden. Bei Anlagen mit bisher sehr schlechter Flockung ist die Anwendung von aktivierter Kieselsäure fraglos gegeben. Bei einer Anlage in Indiana überstieg der Spitzenwasserbedarf während der kurzen Saison der Konservenindustrie die Kapazität der Anlage. Erweiterungen waren lediglich für diesen begrenzten Zeitraum nötig, wenn man nicht vorübergehend mehr Wasser aufbereiten konnte. Die Zugabe von aktivierter Kieselsäure verbesserte die Flockung so sehr, daß der Spitzenbedarf jetzt ohne Schwierigkeiten mit der bestehenden Anlage befriedigt werden kann. In einem anderen Fall war für eine Papierfabrik im Staat N. Y. ein farbloses, vollständig trübefreies Wasser erforderlich. Die vorhandene Wasseraufbereitungsanlage konnte diese Forderung nur bei halber Kapazität erfüllen. Bei Zusatz von aktivierter Kieselsäure war die Flockung so verbessert, daß die Anlage über kurze Zeiträume bis zu 120% der Kapazität belastet werden konnte. Die Chemikalienkosten stiegen zwar um 0,1 Dpf. je cbm, jedoch war es nicht mehr nötig, die Anlage zu erweitern. Als unerwartete Dividende ergab die laufende Erzeugung eines einwandfreien Wassers in der Papierfabrikation genügend große Einsparungen, um die Anlagekosten in weniger als zwei Jahren voll zu amortisieren.

Aktivierte Kieselsäure ist in der Wasseraufbereitung von großem Wert. Für die Aktivierung stehen mehrere Methoden zur Verfügung, darunter ein kontinuierliches Verfahren unter Verwendung von Chlor. Das Chlorverfahren hat den Vorteil, daß dabei Natriumsilikat und Chlor aus ihren ursprünglichen Behältern direkt ohne Zwischenumschlag entnommen werden. Das verwendete Chlor bleibt für den normalen Chlorungsprozeß verfügbar. Der Zusatz von aktivierter Kieselsäure kann den optimalen p_H-Bereich für die Flockung erweitern, zur Erzeugung eines besseren Wassers führen und die Anlagenkapazität erhöhen.

(aus Jour. AWWA 6/54 S. 571—74)

III. Enteisenung und Entmanganung

Iron and Manganese Removal

Eskel Nordell, Water and Sewage Works, 1955, S. 217—221

Eisen und Mangan können als zwei der lästigsten Elemente bezeichnet werden, die man in Rohwässern findet. Die von diesen Elementen verursachten Schwierigkeiten sind weit verbreitet. U. a. neigen Eisen und Mangan dazu, das Wachstum von Eisen- und Manganbakterien zu fördern, die man in der Umgangssprache unter der Bezeichnung **„Crenothrix“** zusammenfaßt. Diese Crenothrix-Wucherungen verstopfen Rohrleitungen, Meßgeräte, Geräte, Düsen, Umwälzleitungen und andere Teile der Wasserversorgungsanlagen, vermindern die Durchflußmengen und lösen sich oft in großen, zusammengewachsenen Massen ab, die bei ihrer Zersetzung dem Wasser unangenehme Geschmacks- und Geruchsmerkmale mitteilen.

Gewöhnlich liegen Eisen und Mangan im Wasser in reduzierter Form vor, als Eisen- oder Manganbikarbonate. Diese zweiwertigen Bikarbonate sind farblose Verbindungen, die nur in gelöster Form vorkommen; man findet sie meistens in Tiefbrunnen- oder Quellwässern. Auch können sie infolge Eisen- und Manganaufnahme auftreten, wenn ein unbelüftetes Wasser durch ein Leitungsnetz gepumpt wird, das unlösliche höhere Oxyde oder Oxydhydrate enthält. Unter solchen Bedingungen kann ein Teil dieser Ablagerungen auf die zweiwertige Form reduziert werden und in Lösung gehen.

Am zweithäufigsten kommen Mangan und Eisen in organischer oder kolloidaler Form vor, meist in Oberflächenwässern und solchen aus tieferen Schichten und Talsperren, manchmal bei seichten Brunnen und gelegentlich bei Tiefbrunnenwässern. Diese Wässer sind infolge des Gehalts an Organstoffen fast immer verhältnismäßig stark gefärbt.

Drittens kommen Eisen und Mangan noch als zweiwertige Sulfate — Eisen- und Mangansulfate — vor. Man findet sie jedoch nur in sauren Wässern, wie z. B. sauren Grubenwässern, sauren Brunnen- oder Quellwässern in der Nähe von Gruben, in durch Industriewässer verunreinigten Wässern oder sauren Oberflächenwässern.

Eine vierte Art, sekundären Ursprungs und fast nur bei Eisen vorkommend, ist als unlösliches höheres Oxyd in Schwebestofform, das durch Korrosionen im Rohrnetz oder aber durch Belüftung von Eisenbikarbonate enthaltendem Wasser, die beide das sog. **„Rotwasser“** hervorrufen, gebildet wird. Bei Abwesenheit von Sauerstoff kommt in Gegenwart von Sulfiden aus Hydranten und Ablaßventilen an Endsträngen ein übelriechendes **„Schwarzwasser“**.

Eisen(II)-bikarbonat — Manganbikarbonat

Eisen und Mangan in Form der zweiwertigen Karbonate können vermittels eines der vier nachstehenden Verfahren entfernt werden:

1. Belüftung mit nachfolgendem Absetzen und Filtration
2. Oxydation mit Chlor mit nachfolgendem Absetzen und Filtration
3. Kationenaustausch
4. Manganzeolithverfahren.

Belüftung, Absetzen und Filtration

Sowohl Eisen als auch Mangan können durch Belüftung, Absetzen und Filtration entfernt werden; da jedoch Mangan zur Oxydation andere Bedingungen voraussetzt, soll zunächst die Entfernung von Eisen(II)-bikarbonat besprochen werden. Eisen(II)-bikarbonat hat eine sehr hohe Löslichkeit, die entsprechend der Menge des vorhandenen freien CO_2 etwas variiert, während Eisen(III)-hydroxyd eine so geringe Löslichkeit besitzt, daß man es als unlöslich bezeichnen kann. Deshalb wird bei der Oxydation von Eisenbikarbonat zu Eisen(III)-hydroxyd der Eisengehalt des Wassers in praktisch unlöslicher Form ausgefällt. Bei p_H-Werten von 7,0 und höher erfolgt die Oxydation schnell und vollständig. Bei niedrigen p_H-Werten geht die Oxydation sehr viel langsamer vor sich, so daß es bei p_H-Werten unter 7,0 ratsam ist, den p_H-Wert des Wassers zu erhöhen, um vollständige Oxydation und Enteisenung zu gewährleisten. Dieser Einfluß des p_H-Wertes auf die Schnelligkeit des Reaktionsablaufes geht klar aus der nachfolgenden Tabelle für Absetzzeiten nach der Belüftung bis zu 60 Minuten hervor.

Tabelle 1

Einfluß des p_H-Wertes auf die Oxydation von zweiwertigem Eisen durch Belüftung

Rohwasser		Eisengehalt des belüfteten und gefilterten Wassers (ppm)		
p_H	Eisen (ppm)	15 Min.	30 Min.	60 Min.
5,0	10,0	9,0	—	7,5
5,5	10,0	5,5	4,6	4,0
5,95	10,0	5,0	4,0	3,5
6,15	10,0	4,4	3,5	2,5
6,5	10,0	2,8	1,8	0,3
6,65	10,0	0,7	0,2	0,1
6,8	10,0	0,2	0,1	< 0,1
7,0	10,0	0,1	< 0,1	< 0,1
7,45	10,0	0,1	< 0,1	< 0,1
8,05	10,0	< 0,1	< 0,1	< 0,1

1 ppm = 1 part per million = 1 mg/1000000 mg Wasser

Zur **Belüftung des Wassers** bedient man sich meist der Rieselung über Koks, auch werden Holzrostenbelüfter und Zwangszugbelüfter verwendet. Normalerweise wird ein Auffang- oder Absetzbecken neben oder unter dem Rieseler für nominell 30 Minuten oder größere Verweilzeit vorgesehen. Manchmal kann diese Absetzzeit bei Wässern mit günstigem p_H-Wert auf bis zu 15 Minuten herabgesetzt werden. Falls andererseits der Eisengehalt hoch ist, ist es ratsam, das Eisen vorwiegend durch Absetzen zu entfernen; in solchen Fällen muß das Becken eine Absetzdauer von mindestens einer Stunde haben.

Vom Auffang- oder Absetzbecken wird das Wasser dann durch Sand- oder Anthrazitfilter geführt, die entweder als Druck- oder Schwerkraftfilter ausgebildet sind. Dieses Verfahren ergibt eine sehr gute Enteisenung, und das gefilterte Wasser hat einen Eisengehalt von nicht mehr als 0,1 ppm.

Bei einem Eisengehalt des Rohwassers von unter 1,0 ppm verzichtet man oft auf die Filterstufe, und bei p_H-Werten von 7,0 oder darüber kann man statt der offenen Belüftung auch Druckbelüftung anwenden. Um in solchen Fällen zu verhindern, daß das Wasser mit Sauerstoff angereichert wird, so daß es beim Zapfen sprudelt, wird nur ein Teilstrom des Wassers durch den Druckbelüfter geführt und dann mit dem Wasserhauptstrom gemischt. Bei einem Wasserdruck von 2,4 atü brauchen höchstens 20% den Druckbelüfter zu passieren.

Ungleich dem Eisenbikarbonat, das nur einen p_H-Wert von 7,0 oder etwas höher zu seiner Oxydation voraussetzt, erfordert Manganbikarbonat einen p_H-Wert von über 10,0, es sei denn, man verwendet gealterte Filterfüllungen. Im letzteren Falle ist ein p_H-Wert von 8,5—9,0 ausreichend.

Die Bezeichnung „gealterte bzw. gereifte Filter" geht noch auf die Anfänge der Entmanganung zurück, als man bemerkte, daß bei und entfernt, bevor sie zu dick werden, und dann vor Wiederinbetriebnahme der Filter die gesäuberte Filtermasse zunächst wieder altern läßt.

Die Tabelle 2 zeigt den Einfluß des p_H-Wertes bei der Oxydation von Manganbikarbonat ohne Katalysator (gealterte Filterfüllung).

Während Tabelle 2 zeigt, daß ohne Katalysator ein p_H-Wert von 10,3 zur vollständigen Oxydation des Mangans erforderlich war, be-

Tabelle 2

Einfluß des p_H-Wertes auf die Oxydation von zweiwertigem Mangan durch Belüftung ohne Rühren

Rohwasser		Mangangehalt des belüfteten und gefilterten Wassers (ppm)		
p_H	Mangan (ppm)	15 Min.	30 Min.	60 Min.
8,5	10,0	—	—	10,0
9,0	10,0	—	—	9,0
9,3	10,0	8,5	8,0	7,5
9,5	10,0	7,5	5,0	3,2
9,7	10,0	3,0	1,3	0,9
9,95	10,0	0,9	0,7	0,6
10,3	10,0	< 0,02	< 0,02	< 0,02

Tabelle 3

Katalytischer Einfluß des Zusatzes (unter Rühren) von 1 g/l vorher belüftetem und gefälltem Manganhydroxyd auf die Oxydation von zweiwertigem Mangan bei verschiedenen p_H-Werten

Rohwasser und Katalysator		Mangangehalt des belüfteten und gefilterten Wassers (ppm)		
p_H	Mangan (ppm)	15 Min.	30 Min.	60 Min.
7,5	10,0	—	—	3,0
8,0	10,0	—	—	0,3
8,5	10,0	< 0,1	< 0,1	< 0,1
9,0	10,0	< 0,1	< 0,1	< 0,1

der ersten Inbetriebnahme einer mit Belüftung, Absetzen und Filtration arbeitenden Entmanganungsanlage anscheinend während der ersten Tage keine oder nur eine geringe Entmanganung erzielt wurde und daß dann die Anlage ziemlich bald gut funktionierte und das Mangan entfernte. Dieser Effekt war auf eine dünne Schichtbildung der höheren Manganoxyde auf dem Filterkorn zurückzuführen, die bei der Oxydation und Entfernung des Mangans gegenüber dem belüfteten Wasser als Katalysator zu wirken scheint. Eine schlechte Eigenschaft besteht allerdings darin, daß die Überzüge auf der Filtermasse im Laufe der Zeit dazu neigen, abzuplatzen und das Reinwasser zu verunreinigen. Zu einem großen Teil läßt sich das dadurch vermeiden, daß man die alten Ablagerungen gelegentlich zur Auflösung bringt weist Tabelle 3, daß mit Katalysator ein p_H-Wert von 8,5 genügte. Im letzteren Falle wurde der Katalysator dem Wasser unter Rühren zugegeben, wodurch ein inniger Kontakt ähnlich wie bei der Filtration über gealterte Filter erzielt wurde.

Oxydation mit Chlor, Absetzen und Filterung

Eisenbikarbonat kann selbst bei niedrigen p_H-Werten bis herab zu 5,0 mit Chlor vollständig oxydiert werden. Dieses Verfahren ist zwar kostspieliger als die übliche Belüftung, kann aber zur Enteisenung von Wässern mit niedrigem p_H-Wert (etwa 5,0) verwendet werden.

Chlor ist jedoch für die Oxydation von Mangan mit Ausnahme bei Filtration über gealterte Filter nur von geringem Wert, da sonst ein praktisch genau so hoher p_H-Wert wie bei der Oxydation durch Belüftung erforderlich ist. Bei einigen in dieser Hinsicht durchgeführten Versuchen war ein p_H-Wert von 10,0 die Voraussetzung für die vollständige Oxydation und ein befriedigendes Absetzen.

Beide Metalle können vermittels Kaliumpermanganat oxydiert werden; da dieses aber ziemlich teuer ist (in den USA über DM 2,30/kg), ist sein Anwendungsbereich begrenzt, und es kommt auch nur für ziemlich geringe Konzentrationen beider Metalle in Frage. Wie bei dem Belüftungsverfahren werden die höheren Oxyde endgültig durch Absetzen und Filterung oder nur durch Filterung entfernt, falls der Eisen- oder Mangangehalt des Rohwassers gering ist.

Kationenaustausch

Eisen oder Mangan in Form der löslichen zweiwertigen Bikarbonate können auch gleichzeitig mit der Enthärtung vermittels des bekannten Na-Kationenaustausch- oder Zeolithverfahrens beseitigt werden. Bei diesem Verfahren wird das Eisen von dem Zeolith aufgenommen, das dafür eine entsprechende Menge Natrium im Austausch abgibt. Die für diesen Zweck verwendeten Zeolithe sind auf Grünsand-, Kohlenstoff- oder Kunstharzbasis aufgebaut. Im allgemeinen beschränkt man die Anwendung des Kationenaustauschverfahrens auf Wässer, die nicht mehr als 1 ppm Eisen oder Mangan je 34,2 ppm Härte aufweisen, und zwar bis zu einem Maximum von nicht mehr als 10 ppm. Anders ausgedrückt wäre für ein Wasser von 171 ppm Härte ein Gehalt an Eisen oder Mangan von 5 ppm das entsprechende Maximum, während dieses für Wässer mit 342 ppm Härte 10 ppm Eisen oder Mangan sein würde.

Was die Vollständigkeit der Enteisenung und/oder Entmanganung bei diesem Verfahren betrifft, so enthält das Reinwasser im Normalfall nicht mehr als 0,1 ppm Eisen oder Mangan. Die Fähigkeit des Zeoliths zur Entfernung dieser Metalle geht über den Zeitpunkt, bis zu dem 100%ig enthärtetes Wasser erzeugt wird, hinaus, d. h., das Enthärtungsfilter kann bis zu einem gewissen Grade über die Erschöpfung seiner Austauschfähigkeit hinaus ein eisen- und manganfreies Wasser erzeugen. Dieses Verfahren **(Hungerregeneration)** wurde in mehreren Fällen bei der Enthärtung kommunaler Wasserversorgungen verwendet, bei denen eine Enthärtung auf 85,5 ppm erforderlich war. Es wurden normalerweise vier Enthärtungsfilter verwendet, deren Arbeitsspiele zeitlich verschieden abgestuft waren, so daß bei Betrieb des einen Filters über seine Austauschkapazität hinaus die anderen drei noch härtefreies Wasser liefern.

Bei dieser Betriebsweise erhält man jedoch kein Mischwasser gleichbleibender Härte, und sie wurde im wesentlichen durch ein anderes Verfahren verdrängt, bei dem ein Teil des Wassers 100%ig enthärtet wird bei gleichzeitiger Enteisenung bzw. Entmanganung vermittels Kationenaustausch, während ein anderer Teil des Wassers nur in dieser letzteren Hinsicht behandelt, also nicht enthärtet wird. So geht z. B. bei einer Stadt mit Tiefbrunnenwasser von 1 ppm Eisen und 342 ppm Härte $^3/_4$ des Wassers durch fünf Zeolithenthärtungsfilter mit gleichzeitiger Enteisenung. Das restliche Viertel wird durch zwei Manganzeolithfilter geführt, die zwar das Eisen entfernen, aber nicht enthärten. Danach werden beide Teilströme in einer Mischbatterie vereinigt und ergeben ein eisenfreies Wasser (0,1 ppm oder geringer) von 85,5 ppm Härte.

Bei Anwendung dieses Zeolithverfahrens zur Enteisenung ist es wichtig, das zufließende Rohwasser von Luftberührung fernzuhalten, weil sonst vor Filterdurchgang etwas Eisen ausgefällt und dann vom Zeolith abgefiltert werden würde, und der Zeolithenthärter ist ja nicht als Filter konstruiert. Ein Filter wurde mit 80—120 l/Min./m² beschickt und mit etwa 400 l/Min./m² rückgespült, während die entsprechenden Werte für Zeolithenthärtungsfilter 200—340 l/Min./m² bzw. 200—250 l/Min./m² betragen.

Eisen und/oder Mangan können durch Belüftung und Filtration offensichtlich auch dem gesamten Wasser entzogen werden, bevor es im gewünschten Ausmaß enthärtet wird.

Die mit Säure regenerierten H-Austauscher können Eisen oder Mangan im Austausch gegen Wasserstoff ebenfalls entfernen.

Manganzeolith

Das Manganzeolithverfahren hat nur ein ziemlich begrenztes Anwendungsgebiet, ist jedoch in den Fällen von Wichtigkeit, wo der Eisen- oder Mangangehalt niedrig ist und es wünschenswert ist, das Wasser unter Druck aufzubereiten. Bei industriellen und kommunalen Wasserversorgungen kommt dieses Verfahren nur dann zur Anwendung, wenn der Eisen- oder Mangangehalt 1 ppm oder weniger beträgt.

Manganzeolith ist ein aus Grünsandzeolith durch abwechselnde Behandlung mit Mangansulfat und Kaliumpermanganat hergestelltes körniges Material. In der Enteisenung bzw. Entmanganung beträgt seine Kapazität etwa 1,5 g/l und die zur Regenerierung erforderliche Menge Permanganat etwa 3 g/l.

Zur Enteisenung oder Entmanganung ist es bei diesem Verfahren lediglich erforderlich, das Wasser mit etwa 125 l/Min./m² durch die Manganzeolithfilter zu führen. Sobald das zweiwertige Eisen oder Mangan mit dem Manganzeolith in Berührung kommt, wird es zu unlöslichem Oxydhydrat oxydiert, das dann durch die Filterwirkung des körnigen Materials entfernt wird. In gewissen Zeitabständen ist es erforderlich, das Filter zur Entfernung dieser Ablagerungen rückzuspülen, und zwar mit 340 l/Min./m². Zur Wiederherstellung der Oxydationsfähigkeit des Filters ist Regenerierung erforderlich. Je nach der Konzentration des Eisens oder Mangans, der Größe des Durchsatzes und den täglichen Betriebsstunden können die einzelnen Regenerationen 5 bis 20 Tage auseinander liegen. Wie schon vorher erwähnt, wird Kaliumpermanganat als Regenerationsmittel verwendet, und der Grund dafür, daß dieses Verfahren auf industrieller und kommunaler Basis gewöhnlich auf Wässer mit nicht mehr als 1 ppm Eisen beschränkt ist, liegt darin, daß Kaliumpermanganat bei der Verwendung als Regenerationsmittel ziemlich teuer ist. Bei geringem Eisengehalt sind die Kosten natürlich nicht hoch, bei höherer Konzentration jedoch dürften die Kosten im Vergleich mit anderen Verfahren zu hoch sein.

Organisches oder kolloidales Eisen und Mangan

In stark gefärbten Oberflächenwässern ist Eisen oder Mangan oft in organischer oder kolloidaler Form vorhanden und läßt sich vermittels eines der vorerwähnten Verfahren nicht vollständig entfernen. Einige stark gefärbte Wässer aus seichten Brunnen und in selteneren Fällen auch stark gefärbte Tiefbrunnenwässer enthalten ebenfalls Eisen oder Mangan in dieser Form.

Solche Wässer sprechen jedoch meist auf Flockung, Absetzen und Filtration an, wodurch das Eisen bzw. Mangan wie auch der größte Teil der Farbstoffe (Trübstoffe) entfernt werden. Es ist ratsam, mit frisch entnommenen Proben Laboratoriumsversuche zu machen, um festzustellen, welche Mengen Flockungschemikalien erforderlich sind, welches der optimale p_H-Wert für die Flockung ist und ob die Verwendung von Flockungshilfsmitteln wie z. B. Ton oder aktivierter Kieselsäure ebenfalls erforderlich ist oder nicht.

Im allgemeinen nimmt man zur Flockung Aluminiumsulfat, da dieses für p_H-Werte etwas unter 7,0, also bei 5,5—6,8, einwandfreie Flockung ergibt.

An Hand dieser Versuche sieht man, welche Dosierung und sonstigen Bedingungen erforderlich sind. Unter günstigen Bedingungen muß der Eisen- oder Mangangehalt auf 0,1 ppm oder darunter reduziert werden.

Als Geräte werden Dosiermaschinen, Reaktionskammern und Absetzvorrichtungen oder Flockungsbecken bzw. Schwebefilterflockungsbecken sowie Filter verwendet.

Eisensulfate — Mangansulfate

In bestimmten Gegenden, insbesondere in Grubenbezirken, trifft man saure Wässer an, und zwar sowohl Oberflächen- als auch Grundwässer. Solche Wässer können Eisen- und Mangansulfate wie auch freie Schwefelsäure enthalten. Einige dieser Grundwässer weisen Säure und Sulfate in derartiger Konzentration auf, daß eine Aufbereitung sich nicht lohnt, andere hingegen eignen sich für eine Behandlung. Bei den Oberflächenwässern ist der Gehalt an Säure so sehr verdünnt, daß die Neutralisierung im allgemeinen keine ernsthaften Schwierigkeiten macht.

Das übliche Verfahren zur Behandlung dieser sauren Wässer ist ihre Neutralisierung mit kalzinierter Soda oder Kalk mit anschließender Belüftung, Chlorung (soweit erforderlich), Absetzen und Filtration. Oxydation und Fällung des Eisengehaltes sind meist nicht schwierig; die Entmanganung kann jedoch ein großes Problem darstellen. Die Erhöhung des p_H-Wertes und die Verwendung gealterter Filter sind wertvoll, und in einigen wenigen Fällen bei Oberflächenwässern mit geringem Mangangehalt wurde zur Oxydation des Mangans mit Permanganat oder Natriumchlorit (Chlordioxyd) geraten.

IVa Störung der Flockung durch Netzmittel

Einfluß synthetischer Waschmittel auf die Flockung von Wasser

Entnommen: „Literaturberichte über Wasser, Abwasser, Luft und Boden“, 5 (1956), S. 16.

Effects of synthetic detergents on water coagulation. R. S. Smith, J. M. Cohen und G. Walton, Journ. Amer. Water Works Assoc. 48 (1956) H. 1, 55—69.

Die handelsüblichen synthetischen Waschmittel für den Haushaltsgebrauch enthalten als wirksamen oberflächenaktiven Bestandteil zur Zeit noch fast durchweg Alkyl-Aryl-Sulfonate in Verbindung mit Natriumsulfat, Polyphosphaten und anderen Beimengungen. Sie wirken sich bei der Aufbereitung von Oberflächenwässern, die durch **häusliche Abwässer verunreinigt** sind, nachteilig aus, doch ist noch nicht völlig geklärt, wieweit die beobachteten betrieblichen Schwierigkeiten auf das Detergens bzw. auf die Beimengungen zurückzuführen sind. In den hier beschriebenen Versuchen wurde ihr Einfluß auf die Flockung mittels Aluminiumsulfat untersucht, wobei vier Detergentien verschiedener Herkunft mit Dodecylbenzolsulfonat als Hauptbestandteil verwendet wurden. Die Versuche ergaben, daß die Aluminiumhydroxydfällung durch das reine Detergens zwar beeinträchtigt wird, doch waren hierzu in zwei Fällen Konzentrationen von 8—20 mg/l, in einem Fall eine Konzentration von über 25 mg/l erforderlich. **Wesentlich stärker war demgegenüber der störende Einfluß der Polyphosphate;** er trat bereits bei Konzentrationen von 1 mg/l in Erscheinung. Da in den käuflichen Waschmitteln Polyphosphate bis zu 50% enthalten sein können, kommt ihnen bei der Aufbereitung von verunreinigtem Oberflächenwasser unter Umständen eine noch größere Bedeutung zu als den Detergentien selbst. Dies gilt um so mehr, als die Hydrolyse der Polyphosphate zu beständigen Orthophosphaten (die bei der Wasseraufbereitung nicht stören) bei den in Betracht kommenden Konzentrationen und Temperaturen nur sehr langsam verläuft. Verff. stellten z. B. fest, daß in Ohiowasser von 20° C das Tripolyphosphat nach zwei Monaten erst zur Hälfte, das Pyrophosphat sogar nur zu 35% in Orthophosphat übergegangen ist. Die vollständige Hydrolyse nimmt ein Jahr in Anspruch; sie verläuft in der Kälte noch langsamer. Durch wesentliche Steigerung der Aluminiumsulfatdosis bei der Flockung des Wassers kann, sofern die Härte niedrig ist, der störende Einfluß der Polyphosphate aufgehoben werden; bei harten Wässern bleibt aber die Flockung schlecht. Dies kann sich nachteilig auf den Filterbetrieb auswirken. Wasserwerke, die ein verunreinigtes Oberflächenwasser aufzubereiten haben, sollten daher bei der Wasseranalyse neben der Bestimmung der Detergentien auch die der Polyphosphate in das Untersuchungsschema einbeziehen.

VIb

Entnommen: „Literaturberichte über Wasser, Abwasser, Luft und Boden", 5 (1956) S. 15.

Effects of synthetic detergents on water treatment (J. C., Vaughn, R. F. Falkenthal und R. W. Schmidt, Journ. Amer. Water Works Assoc. 48 (1956), H. 1, 30—44).

Einfluß synthetischer Waschmittel auf die Wasserreinigung

Es wird über Versuche berichtet, die im Wasserwerk Süd von Chicago durchgeführt wurden und die Beseitigung von Detergentien aus verunreinigtem Oberflächenwasser zum Ziele hatten. Die Versuche wurden mit einem im Handel erhältlichen, ausschließlich anionaktivem Detergens durchgeführt, das in Konzentrationen von jeweils 20 mg/l angewandt wurde. Die Beobachtungen erstreckten sich auf die Neigung zur Schaumbildung in Absetzbecken, die Einflüsse auf Geruch und Geschmack des Wassers, die Störung der Flokkungs- und Absetzvorgänge sowie der Enteisenung, das Schäumen des aufbereiteten Wassers und etwa im Verteilungsnetz auftretende Qualitätsbeeinträchtigungen. Die Versuche ergaben, daß Chlordioxyd den durch das Detergens verursachten Geschmack und Geruch des Wassers bis zu einem gewissen Grade beseitigte, aber in verhältnismäßig beträchtlicher Menge (36 mg/l) angewandt werden mußte. Ein kationisches Aminoharz erwies sich zwar als wirksames Mittel zur Beseitigung des synthetischen Waschmittels, scheidet aber für die Trinkwasseraufbereitung aus, weil es hautreizend ist. Mit Aktivkohle konnte das Detergens zwar weitgehend adsorbiert werden, doch waren hierzu ziemlich hohe Zusatzmengen (75 mg/l) erforderlich. Flockungsmittel, wie Aluminiumsulfat in Verbindung mit aktivierter Kieselsäure bzw. Eisensulfatchlorid, zeigten eine nur beschränkte Wirkung; das gleiche gilt auch für gefälltes Calciumkarbonat und für Bentonitton. **Die beste Wirkung wurde mit Rücklaufschlamm aus der Vorklärung erzielt;** der Schlamm kann als Adsorbens nochmals verwendet werden, hat aber nach viermaliger Rücknahme seine Fähigkeit, Detergentien zu binden, eingebüßt. Verff. weisen darauf hin, daß die im Wasserwerksbetrieb beobachteten Schwierigkeiten nicht den Detergentien allein, sondern auch den anderen Bestandteilen der synthetischen Waschmittel zuzuschreiben sind. Tripolyphosphat beeinträchtigt die Flockung mit Aluminiumsulfat bereits in Konzentrationen von 1 mg/l.

10a. W. Wiederhold und F. Hiebenthal: „Die Verwendung von Flockungshilfsmitteln zur Verbesserung der Eckerwasser-Aufbereitung", Zeitschrift gwf, 98, 1957, H. 10, S. 227.

R. BUYDENS hat auf dem 2. Internationalen Wasserversorgungskongreß in Paris 1952 über die Verwendung sog. **„Flockungshilfsmittel"** bei der Aufbereitung schwierig zu reinigender Wässer berichtet. Dabei fanden sowohl die von BAYLIS mit Erfolg verwandte „aktivierte Kieselsäure" als auch andere flockungsfördernde Stoffe, wie Agar-Agar, Gelatine, Alginat, gepulvertes isländisches Moos, Bentonit, pulverisiertes ungesäuertes Brot sowie Stärke in Verbindung mit Eisensulfat, besondere Erwähnung. Auch A. P. BLACK bezeichnet die aktivierte Kieselsäure als Flockungsmittel „im wahren Sinne des Wortes". In diesem Zusammenhang sei auch auf Versuche von W. PETERSEN und F. GREGOR hingewiesen, die Klärgeschwindigkeiten des Schlammwassers aus Kohlenwäschen durch Zusätze von Flockungsmitteln zu erhöhen. Eine wesentliche Beschleunigung der Klärgeschwindigkeit bzw. Sedimentation gelang den Autoren durch Zusatz von Schutzkolloiden und Ölemulsionen, die dabei als Flockungssensibilisatoren in Erscheinung traten. Als einziges Schutzkolloid, das bei allen untersuchten Schlammproben eine starke Flokkung bewirkte, erwies sich gequollene Kartoffelstärke. Zu ähnlichen Ergebnissen kamen auch H. SCHRANZ und O. GREWEN. Bei 90° C gelöste Kartoffelstärke erwies sich hier als wirksamstes und billigstes Mittel, den Feststoffgehalt der Abwässer auf 0,4 cm³/l zu senken.

Als Ergebnis zahlreicher im Ecker-Laboratorium durchgeführter Versuche konnte festgestellt werden, daß die meisten der in der Literatur erwähnten Flockungsmittel, wie Agar-Agar, Gelatine, Bentonit, Lehm, Kartoffelstärke und aktivierte Kieselsäure, als flockungsfördernde Zusätze bei der Eckwasseraufbereitung entweder keine oder nur geringe Wirkungen zeigten. Zusätze von Bentonit, Lehm oder aktivierter Kieselsäure führten sogar zu einer erheblichen Behinderung der Flokkung. **Aktivierte Kieselsäure** kann, wie auf einer 1953 in Indianapolis stattgefundenen Tagung berichtet wurde, **nicht nur flockungsfördernd, sondern** (sofern es sich um negativelektrisch aufgeladene Wässer handelt) ausgesprochen **flockungshemmend** wirken. Die gleiche Beobachtung wurde bei der Alaunflockung eines „moorigen Rohwassers" im Wasserwerk der Newcastle and Gateshand Co. gemacht.

Die eigenen Laborversuche mit geringen Zusätzen (1 ··· 2 g /m³) von Eisenchlorid und Weizenstärke ergaben einen etwas besseren Flockungseffekt. Als besonders wirksames Flockungshilfsmittel erwies sich jedoch eine 1%ige Lösung von **gelbem Dextrin,** das beim Flockungsvorgang restlos abgeschieden wurde und zu einer etwa 100%igen Verlängerung der Filterlaufzeiten führte.

Nach weiteren Versuchen mit noch höheren Dextrinszuätzen erwies sich ein Zusatz von 2 mg/l als Optimum, das eine mindestens 100% höhere Filterlaufzeit erreichen ließ, wobei das Filtrat bis zum Überlauf des Filters völlig blank und farblos blieb.

Dieses Flockungshilfsmittel bewährte sich auch im Großversuch und wurde einige Monate mit gutem Erfolg in Anwendung gebracht. Wesentlich günstigere Ergebnisse wurden dann mit einigen auf unsere Veranlassung bedeutend schonender „abgebauten" Dextrin-Spezialprodukten erzielt. Diese Präparate sind zwar wie gelbes Dextrin in der Kälte löslich; während letzteres jedoch völlig klare Lösungen ergibt, zeigen die Lösungen dieser Spezialprodukte eine je nach Temperatur des Dispersionsmittels mehr oder weniger starke Opaleszenz. Es handelt sich hierbei um Kolloide von beachtlicher Teilchengröße und entsprechend hohem Wirkungsgrad. Der günstigste Flockungseffekt wurde mit dem **„Spezialprodukt D 100"** (Lieferfirma Th. Kertess, Hannover) erzielt, das schon seit etwa zwei Jahren im Eckerwerk als Flockungshilfsmittel verwandt wird. Aufbereitungsschwierigkeiten sind seitdem nicht mehr aufgetreten, obwohl die Filtergeschwindigkeit zeitweilig auf etwa 4 m/h erhöht werden mußte.*)

11. R. FREIER, G. RESCH: Untersuchungen über Störungen des Anionenaustausches in einem Mischbettfilter, Jahrb. Vom Wasser 1955, S. 413—419.
12. H. KÖHLE: Schwierigkeiten der Speisewasseraufbereitung, verursacht durch die Verschmutzung der Wasserläufe, Jahrb. Vom Wasser 1955, S. 355—367.
13. J. HOLLUTA, H. ARMBRUSTER: Über die Entsäuerung aggressiver Wässer durch halbgebrannte Dolomite, insbesondere durch Magnomasse, Jahrb. Vom Wasser 1955, S. 368—412.
14. H. KÖHLE: Speisewasser-Aufbereitung und ihre automatische Überwachung, Techn. Mitteilungen, 49, H. 2, 1956, S. 74—86.

*) Der Zusatz von 0,5 g D 100/m³ erbrachte eine außerordentliche Verbesserung bei der Flokkung mit Eisenchlorid (Fe ~ 5 g/m³). Die Flockungszeit verringerte sich um 30—50%. Der Verf.

TEIL C

Dosiereinrichtungen; Spezielle Meßgeräte zur Betriebsüberwachung

Wie bereits mehrfach erwähnt, benötigen neuzeitliche Wasseraufbereitungsanlagen gut funktionierende Dosiereinrichtungen. Je nach der Art des Dosierproblems unterscheidet man zwischen Grob- und Feindosierung. Grundsätzlich besteht kein prinzipieller Unterschied zwischen Impfung und Dosierung. In beiden Fällen findet eine Zumischung einer flüssigen oder festen Komponente statt.

Für die **Zugabe fester Chemikalien,** wie z. B. Kalk, dienen **Dosierschnecken** mit stufenlos regelbarem Antrieb, **Preßluftförderer** oder **Vibratoren** (Abb. 24, 25, 51).

Abb. 51. AEG-Vibrator zur Förderung von Schüttgut

Am häufigsten finden Pumpen für Dosierzwecke Anwendung, die gleichzeitig zumessen und gegen Druck fördern können.

Membranpumpen (Abb. 52) haben den Vorteil stopfbüchsloser Arbeitsweise, bedingen aber ziemlich konstante und nicht zu hohe Gegendruckverhältnisse. Es werden Genauigkeiten $\pm$ 5% erreicht.

Tauchkolbenpumpen (Abb. 53) arbeiten mit zehnfach höherer Dosiergenauigkeit und besitzen eine bessere Regelbarkeit, wobei verschiedene Regelmöglichkeiten, wie z. B. Antriebsdrehzahl, Kolbenhublänge, Kurbelphasenverschiebung von zwei in einem Zylinder arbeitenden Kolben zur Verfügung stehen. Diese Regelmöglichkeiten gestatten insbesondere die vollautomatische Dosierung mittels mechanischer, pneumatischer oder elektrischer Steuerimpulse.

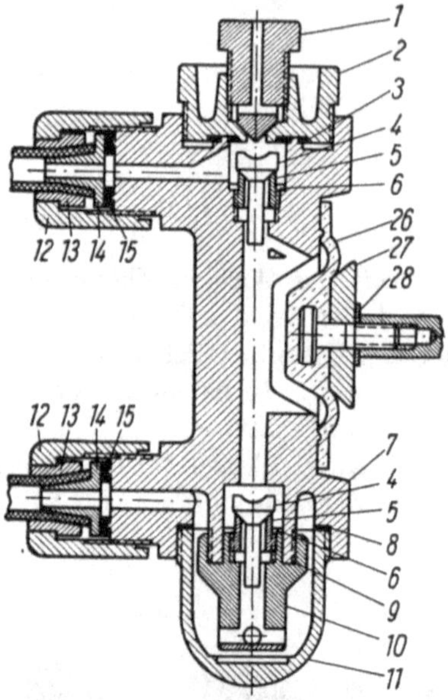

Abb. 52.
Membrandosierpumpe, Bauart Proportioneers, USA

1. Entlüftungsschraube
2. Druckventilverschraubung
3., 6., 8., 9. und 15. Weichdichtungen
4. und 5. Saug- und Druckventile
7. Pumpengehäuse
10. Saugventilverschraubung
11. Verschlußkappe
12., 13. und 14. Saug- und Druckschlauchleitungs-Anschlüsse
26., 27. und 28. Rollmembran mit Befestigungszapfen

Abb. 53. Dosiermaschine mit 2 Tauchkolbenpumpen

In einfachster Weise ergibt sich eine mengenverhältnisgleiche Dosierung, wenn eine Wasserförderpumpe durch Schwimmerschaltung von einem Hochbehälter betätigt wird und dabei gleichzeitig die Dosierpumpe mit ein- und ausschaltet. Die Dosiersteuerung setzt jedoch einen ständig gleichbleibenden Wasserfluß voraus.

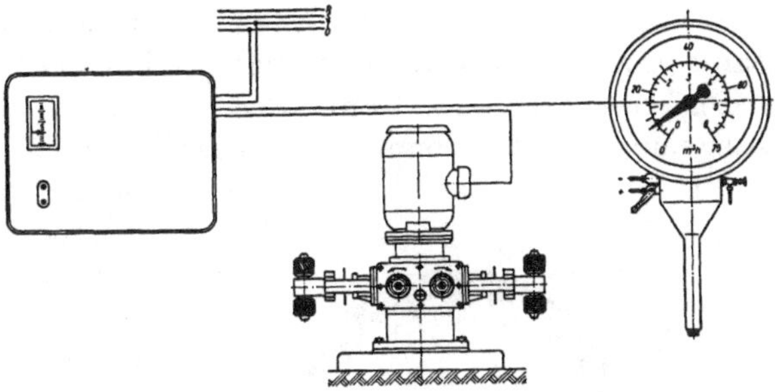

Abb. 54.
Feindosiermaschine Selektrona mit automatischer Fernsteuerung. Die Drehzahl des Antriebmotors wird von einem Regler gesteuert, der seinen Impuls von dem Fernsender eines Flüssigkeitsmengenmessers erhält

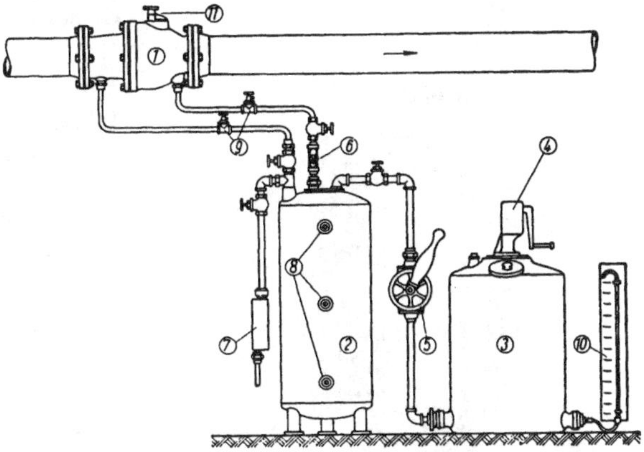

Abb. 55.
Schematische Darstellung eines B & L-Feindosiergerätes Type „*Dublendos*“
1. Regel- und Mischventil Type „*Dublendos*“ — 2. Druckbehälter mit Kunststoffblase — 3. Chemikalienauflösegefäß — 4. Handrührwerk*) — 5. Handflügelpumpe*) — 6. Kontroller — 7. Syphon — 8. Schaugläser — 9. Entlüftungsventile — 10. Flüssigkeitsstandanzeiger — 11. Feineinstellvorrichtung

*) Für die Positionen 4. und 5. kann auch bei Vorhandensein von elektrischem Strom eine elektrisch angetriebene Kreiselpumpe zum Umwälzen und Überpumpen Verwendung finden.

Leistungen, Maße und Gewichte des Regel- und Mischventils Pos. 1.

Nennweite	max. Durchflußmenge	Dosiert ab	Baulänge	Gewicht
NW 40	12 m^3/h	30 l/h	150 mm	5 kg
NW 50	25 m^3/h	50 l/h	200 mm	12 kg
NW 80	50 m^3/h	100 l/h	310 mm	24 kg
NW 100	100 m^3/h	150 l/h	350 mm	50 kg
NW 150	200 m^3/h	200 l/h	480 mm	70 kg
NW 250	500 m^3/h	500 l/h	575 mm	120 kg
	Weitere Maße nach DIN ND 10			

Inhalt, Maße und Gewichte der Druckbehälter Pos. 2.

Inhalt	Höhe	Durchmesser	Gewicht
25 l	500 mm	280 mm	15 kg
100 l	900 mm	400 mm	50 kg
300 l	1450 mm	550 mm	100 kg
1000 l	2100 mm	800 mm	190 kg 4 atü
1000 l	2100 mm	800 mm	230 kg 6 atü
1000 l	2100 mm	800 mm	250 kg 10 atü

In den meisten Fällen hat man es mit wechselndem Wasserdurchfluß zu tun. Man entnimmt daher die Steuerimpulse Flüssigkeitsmengenmessern, die mit Widerstandsfernsendern oder Kontaktaggregaten ausgerüstet über Regler die Drehzahlanpassung von Dosierpumpenantrieben bewirken. Als Antrieb dienen neben mechanischen und ölhydraulischen Einrichtungen regelbare Gleichstrommotore (Abb. 54).

Bekannt sind ferner von Volumenwassermessern (z. B. Woltmann-Zähler) gesteuerte Dosierpumpen.

Mit Tauchkolbenpumpen wird heute sogar Kalkmilch genau und betriebssicher dosiert. Die Tauchkolbenpumpen gibt es für alle Arten von Dosiergut (Salzsäure, Natronlauge, Hydrazin, Ammoniak, Schwefelsäure u. v. m.) in entsprechender Werkstoffauswahl. Man verwendet sie häufig für die Beimessung von Regenerierchemikalien (Salzsäure, Natronlauge) in Vollentsalzungsanlagen.

Abb. 56.
Flüssigkeitszähler mit aufgebautem Gemischregler (Siemens-Halske)

Während die von früher her bekannte **Stauscheibendosierung** wegen ihrer beschränkten Dosiergenauigkeit nur geringe Anwendung findet, ist die **Blendendosiereinrichtung** Dublendos (Abb. 55) als Neuentwicklung erwähnenswert. Der Meßteil ist ähnlich wie ein großes federbelastetes Rückschlagventil ausgebildet, und das durchfließende Wasser erzeugt einen annähernd konstanten Differenzdruck. Je nach dem Wasserfluß wird der Ventilkegel mehr oder weniger weit aufgedrückt und öffnet dabei verhältnisgleich eine Dosierblende. Der Differenzdruck überträgt sich durch Rohrleitungen auf einen geschlossenen Druckbehälter, in welchen die Dosierflüssigkeit durch eine Gummi- oder Kunststoffblase vom Verdrängungswasser getrennt ist. Die Dosierblende läßt sich in ihrer Spaltbreite von außen verstellen und damit das Verhältnis zwischen Wassermenge und Dosierflüssigkeit in einem Bereich 1000 : 1 bis 10000 : 1 verändern.

Nach einem anderen Prinzip arbeitet der **Gemischregler** (Siemens & Halske) (Abb. 56). Die Umläufe von Ringkolbenzählern, die den jeweiligen Durchflüssen entsprechen, werden mechanisch auf ein Differenzmeßwerk (Abb. 57) übertragen, das auf einem der beiden Zähler aufgesetzt ist. Bei Abweichung vom eingestellten Verhältnis verändert ein mit dem Differenzmeßwerk verbundener Düsenstift 5 den Druck in einer Düse, der als Steuerdruck unmittelbar auf ein pneumatisches Regelventil (Abb. 58) wirkt. Das Regelventil wird so lange verstellt, bis der Sollwert des Verhältnisses wieder erreicht ist.

Für die Betriebsüberwachung von Wasseraufbereitungsanlagen sowie des Wasser-Dampf-Kreislaufes benötigt man Anzeige- und zum Teil selbstschreibende Meßgeräte. Soweit sie handelsübliche Geräte für allgemeine Verwendungszwecke darstellen, wie

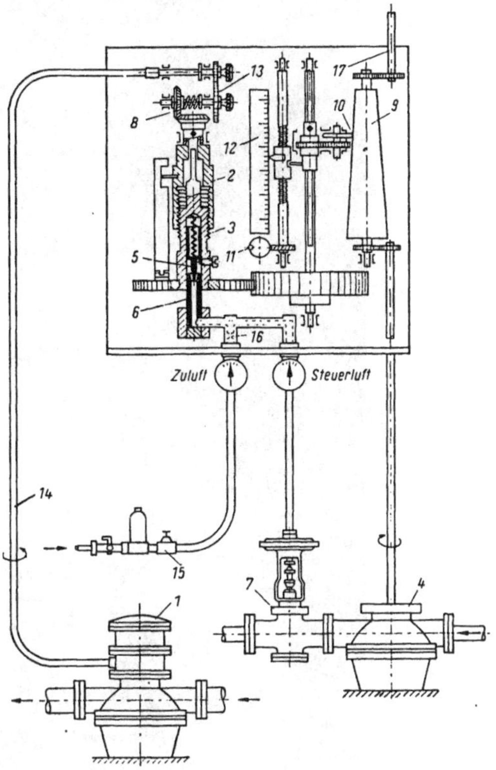

Abb. 57.
Schema einer Gemischregelanlage mit integrierendem Meßwerk (Siemens-Halske)

1. Zähler des Führungsdurchflusses
2. Differentialschraubenmutter
3. Differentialschraube
4. Zähler des Folgedurchflusses
5. Düsenstift
6. Düse
7. Pneumatisches Regelventil
8. Rutschkupplung
9. Konische Walze
10. Reibrad zur Feineinstellung
11. Kurbel zur Reibradverstellung
12. Mischverhältnisskala
13. Wechselradgetriebe zur Grobeinstellung
14. Antriebswelle
15. Druckluftminderer
16. Luftdrossel
17. Zählwerkantrieb

z. B. Druckmesser, Durchflußmesser, Temperaturmesser, Vakuumanzeiger, Spannungs- bzw. Strommeßgeräte, werden diese als bekannt vorausgesetzt, es ist auf die einschlägige Literatur zu verweisen.

Die Industrie hat jedoch spezielle Meßgeräte für die Kesselspeisewasseraufbereitung entwickelt:

1. Leitfähigkeit

Unter der elektrolytischen Leitfähigkeit versteht man die Fähigkeit einer Flüssigkeit zur Leitung des elektrischen Stromes. (Die theoretischen Grundlagen sind im Teil D behandelt.) Eine Flüssigkeit leitet den elektrischen Strom nur im Rahmen der in ihr enthaltenen Ionen. Das sind die positiv und negativ geladenen Teilchen von Salzen, Säuren und Laugen in wäßriger Lösung. Die elektrolytische Leitfähigkeit dieser Stoffe ist eine Funktion der Konzentration sowie der Temperatur (Abb. 59a, 59b). Stoffe, die in wäßriger Lösung keine Ionen bilden und molekular gelöst bleiben, wie z. B. Zucker, Glycerin, erteilen einer wäßrigen Lösung keine elektrolytische

Leitfähigkeit. Ihre Konzentration läßt sich damit in der Lösung nicht auf elektrischem Wege erfassen, wie es bei den Salzen, Säuren und Laugen der Fall ist.

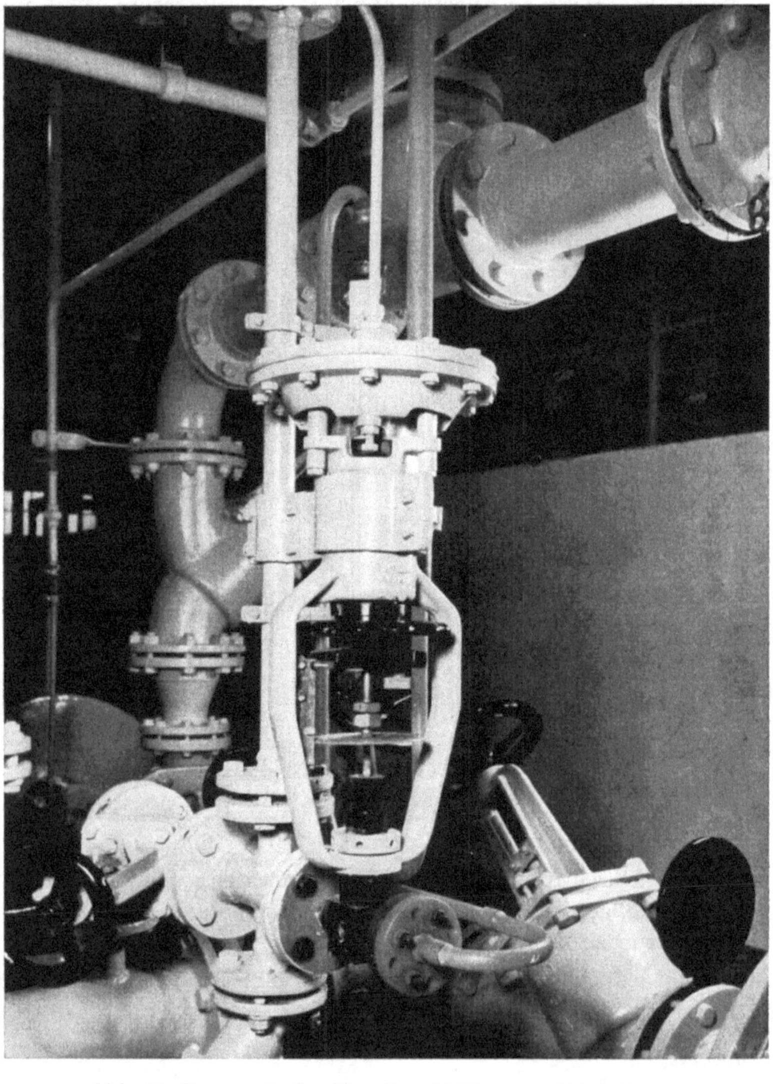

Abb. 58. Pneumatisches Regelventil (Siemens-Halske)

Früher war es üblich, die Meßgeräte in mg NaCl/l zu eichen, wobei die Skala einmal mit Kochsalzlösungen bekannter Konzentration geeicht und der Salzgehalt einer Lösung hierauf bezogen wurde. Nachdem die Erfassung von Salzspuren starke Bedeutung gewonnen hat, hat sich die elektrische Definition der Leitfähigkeit auch als Meßgröße eingebürgert. Als Faustformel kann man sich merken, daß 1 mg NaCl/l $\approx$ 2 Mikro-Siemens/cm (μS cm^{-1}) entspricht.

Der elektrische Widerstand eines Leiters von der Länge l, der überall den gleichen Querschnitt q besitzt, ist gegeben durch

$$R = \varrho \frac{l}{q} \qquad (20)$$

Der spezifische Widerstand ϱ ist der Widerstand eines Würfels von der Kantenlänge 1 cm.

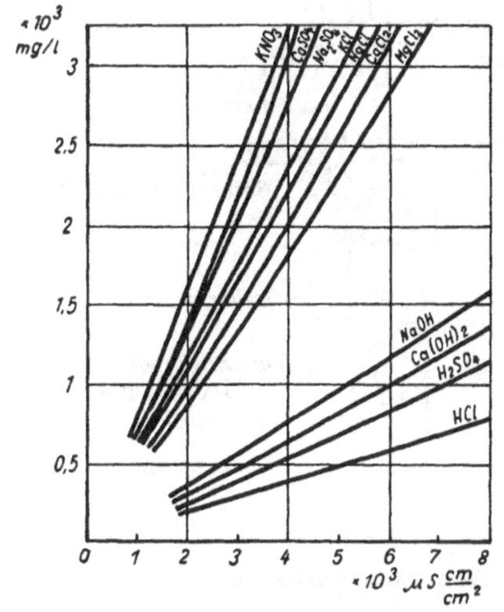

Abb. 59a.
Abhängigkeit der Leitfähigkeit vom Salzgehalt bei verschiedenen Lösungen

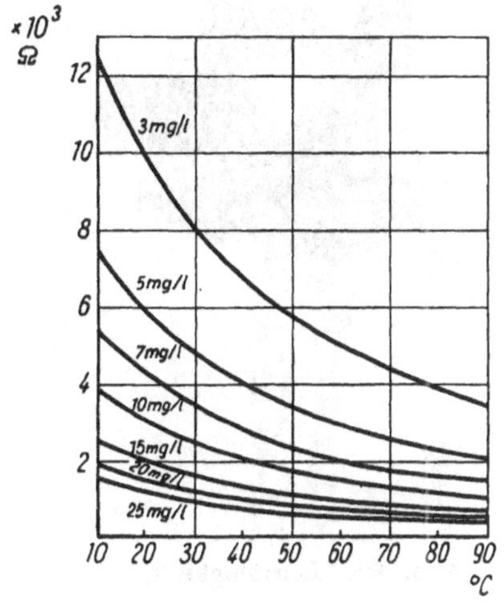

Abb. 59b.
Abhängigkeit des Widerstandes von der Temperatur bei verschiedenem Salzgehalt

Den Kehrwert $\frac{1}{\varrho} = \varkappa$ **bezeichnet man als spezifische Leitfähigkeit** oder als spezifischen Leitwert. Die Dimension von $\varkappa$ ergibt sich aus Gleichung (20) zu

$$\frac{1}{R} = \varkappa \cdot \frac{q}{l} \qquad (20a)$$

und daraus

$$\varkappa = \frac{1}{R} \cdot \frac{l}{q} \qquad \Omega^{-1} \cdot \mathrm{cm}^{-1} \qquad (20b)$$

für eine Flüssigkeit zwischen zwei Elektroden.

(l, q beziehen sich bei Elektrolyten auf eine Flüssigkeitssäule der Länge l cm und der Querschnittsfläche q cm² = Elektrodenoberfläche.)

$$10^{-6}\,\Omega^{-1} = 1 \text{ Mikro-Siemens } (\mu S)$$

Die **Dimension** von $10^{-6}\varkappa$ ist μS cm^{-1}.

Den Quotienten $\frac{l}{q} = C$ cm^{-1} nennt man die Widerstandskapazität, diese wird infolge fester Abmessungen der Elektroden eine Konstante und damit $\varkappa = \frac{1}{R}$ für eine bestimmte Elektrodenanordnung. C (auch Elektrodenkennziffer genannt) beträgt bei Gebern zur Messung geringster Salzkonzentrationen meist 0,0058 cm^{-1} (0 bis 5 μS cm^{-1}), für die Messung höherer Salzkonzentrationen 0,058 cm^{-1} (0–1000 μS cm^{-1}).

Abb. 60a, 60b zeigen den **Aufbau eines Gebers** mit konzentrisch angeordneten Elektroden. Die äußere Käfigelektrode (V4A-Stahl) ist über die Geberamatur geerdet, wodurch die Innenelektrode (CE) abgeschirmt, der Meßquerschnitt eindeutig begrenzt und damit eine Beeinträchtigung des *C*-Wertes durch äußere Einflüsse vermieden wird.

Abb. 60a. Leitfähigkeitsgeber

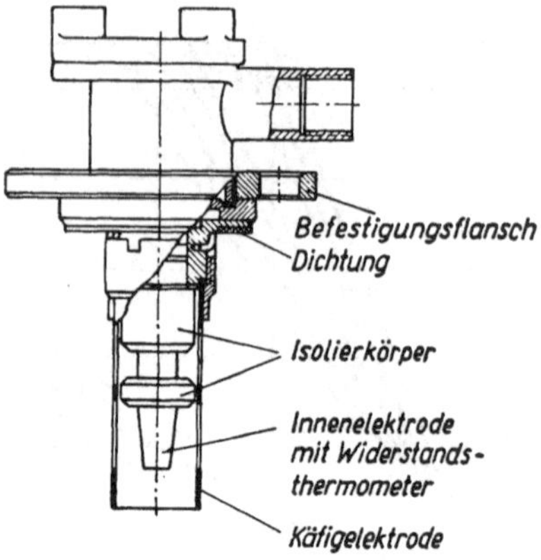

Abb. 60b. Aufbau des Gebers

Außerdem ist eine weitere Elektrode (Ce), Hilfselektrode genannt, in den Temperaturausgleichskreis mit Temperaturausgleichswidertand geschaltet. Die äußere und die inneren Elektroden sind durch Steatitkörper gegeneinander isoliert. Der Isolationswiderstand zwischen den einzelnen Elektroden soll in trockenem Zustand der Elektroden etwa 100000 Ohm betragen. Der eigentliche Temperaturausgleichswiderstand ist ein Drahtwiderstand, welcher im Inneren der Elektroden angebracht ist. Die elektrische Schaltung des Wösthoff-Gebers zeigt Abb. 61. Die verschiedenen Einbaumöglichkeiten sind aus Abb. 62 ersichtlich.

Die hauptsächlichsten Stellen mit laufender Leitfähigkeitsüberwachung sind

a) in der Speisewasser-Aufbereitung:
   Vollentsalzungsanlage
   Verdampferkesselwasser
   Verdampferbrüden

b) im Dampfkesselbetrieb:
   Kesselspeisewasser,
   Kesselwasser (bei Naturumlaufkesseln)
   Dampf
   Kondensat (z. B. Turbinenkondensat, Heizungskondensat)

Nähere Einzelheiten siehe unter Literaturhinweise.

In den meisten Fällen muß zur **Kühlung des Meßgutes** auf eine Temperatur von 20—30° C ein Kühler vorgeschaltet sein.

Für die **Leitfähigkeitsüberwachung von Kesselspeisewasser und Dampf** empfiehlt es sich, gemäß Abb. 62a die Leitfähigkeit mit **zwei Gebern unter Dazwischenschaltung eines Kationenaustauschers** zu messen. **Wenn das Speisewasser Ammoniak enthält,** zeigt der letzte Geber diejenige Leitfähigkeit an, welche nicht von Ammoniak bzw. Eisenionen, sondern von freien Säuren (Kohlensäure, Mineralsäure) herrührt. Diese Überwachung ist sehr wichtig, denn die Anwesenheit von Ammoniak ist kein Neutralisationsschutz im umfassenden Sinne. Die meisten **Ammoniumsalze spalten sich in der Wärme** in einen gasförmigen und einen sauren Anteil. Der saure Anteil seinerseits dissoziiert Wasserstoffionen ab, die eine saure Reaktion im Wasser oder Dampf erzeugen können. Den Zerfall von Ammoniumsalzen geben z. B. folgende Gleichungen wieder:

$$NH_4Cl \xrightarrow{350^\circ C} NH_3 + HCl \quad \text{(bei 350° C vollkommen)} \tag{21}$$

$$(NH_4)_2SO_4 \xrightarrow{350^\circ C} NH_3 + NH_4HSO_4 \tag{21a}$$

$$(NH_4)_2CO_3 \longrightarrow NH_3 + NH_4HCO_3 \xrightarrow{60^\circ C} NH_3 + CO_2 + H_2O \tag{21b}$$

Es entstehen z. B. Salzsäure (Chlorwasserstoff), saures Ammoniumbisulfat und Kohlensäure.

Je nach dem Dissoziationsgrad des sauren Spaltproduktes wird dem Wasser oder Dampf in Gegenwart von Ammoniak eine saure, neutrale oder alkalische Reaktion erteilt. Im Falle der Gleichung (21) überwiegt infolge Bildung von Salzsäure eine saure Reaktion, da Salzsäure in stärkerem Maß dissoziiert ist als Ammoniak, wie ein Vergleich der Dissoziationskonstanten (25° C)

$$K_{C,\,NH_4OH} = 1{,}79 \cdot 10^{-5},\ K_{c,\,HCl} \approx 0{,}8^{*}) \text{ zeigt.}$$

Ferner ist bekannt, daß Metalle wie z. B. Kupfer und Eisen von ammoniumchloridhaltigem Dampf im Temperaturbereich 250° bis etwa 320° C weitaus stärker angegriffen werden als durch die äquivalente Menge Chlorwasserstoff. Diese Erscheinung wird damit erklärt, daß die zur Reaktion mit dem Metall erforderliche Aufnahme von Chlorwasserstoff an der Oberfläche katalytisch stark gefördert wird. Es sollen bei Gegenwart von Ammoniak und Aminen Adsorbate wie z. B. Fe-NH_3-HCl entstehen, die reaktionsbeschleunigend wirken (K. A. Hofmann).

Die Gefährlichkeit dieser Reaktion wird noch deutlicher, wenn man bedenkt, daß Ammoniak wesentlich flüchtiger als Chlorwasserstoff ist. Ammoniak stellt ein spezifisch leichteres Gas (0,5967) dar als Chlorwasserstoff (1,2679). Da sich die Diffusionsgeschwindigkeiten von Gasen umgekehrt proportional gegenüber der Quadratwurzel aus den Dichten verhalten, verflüchtigt sich bei Wärmeeinwirkung zunächst Ammoniak. Während der Verdampfung bildet sich an der Verdampfungszone eine laufend zunehmende saure Reaktion aus.

Bei dem durch Gleichung (21a) gekennzeichneten Vorgang entsteht bei Verdampfung ein gasförmiges Produkt (Ammoniak) neben einem im Kesselwasser löslichen Anteil (Ammoniumbisulfat, Siedepkt. 490° C). Während der Dampf alkalische Reaktion zeigt, erhält das Kesselwasser saure Reaktion.

Gleichung (21b) läßt demgegenüber zwei gasförmige Reaktionsprodukte entstehen (Ammoniak und Kohlensäure), wobei im Dampf eine alkalische Reaktion überwiegt. Ammoniak ist wesentlich stärker dissoziiert als Kohlensäure, wie aus den Dissoziationskonstanten hervorgeht

$$K_{C,\,NH_4OH} = 1{,}79 \cdot 10^{-5*}),\ K_{1,\,H_2CO_3} = 4{,}31 \cdot 10^{-7}.$$

Es ist darauf zu achten, daß der Kationenaustauscher erst nach neutraler Reaktion des Waschwassers zum Einsatz kommt.

Wegen Elektrodenreinigung siehe unter 3. Sauerstoff.

2. p_H-Zahl

Die p_H-Zahl ist ein **Maß für die Reaktion einer Flüssigkeit** bezogen auf die Wasserstoffionenkonzentration $[H^+]$.

Gemäß der Gleichung

$$H_2O \rightleftharpoons H^+ + OH^- \tag{21c}$$

liegt ein sehr geringer Teil der Wassermoleküle in Ionenform vor. Man spricht von

*) Für Konzentrationen zwischen 0,1—0,01 n.

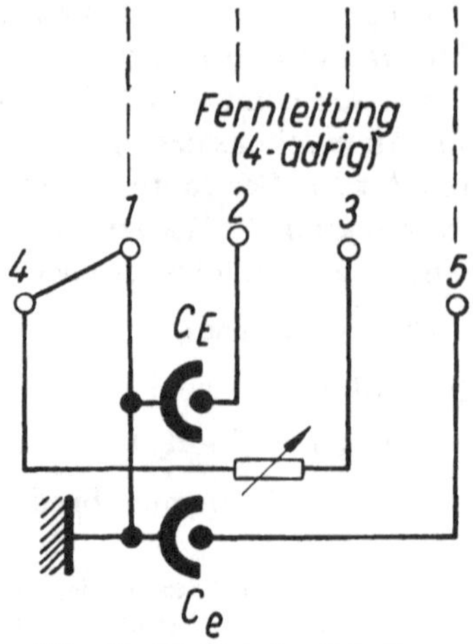

Abb. 61. Elektrische Schaltung des *Wösthoff*-Leitfähigkeitsgebers

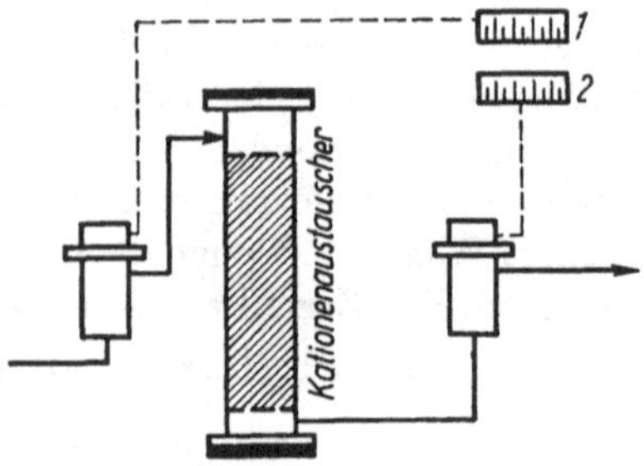

Abb. 62a. Leitfähigkeitsmessung im Speisewasser. Durch den zwischengeschalteten Kationenaustauscher werden die Kationen (z. B. NH_4^+) herausgenommen. Der Geber 2 zeigt den Gehalt an freier Mineralsäure oder Kohlensäure an

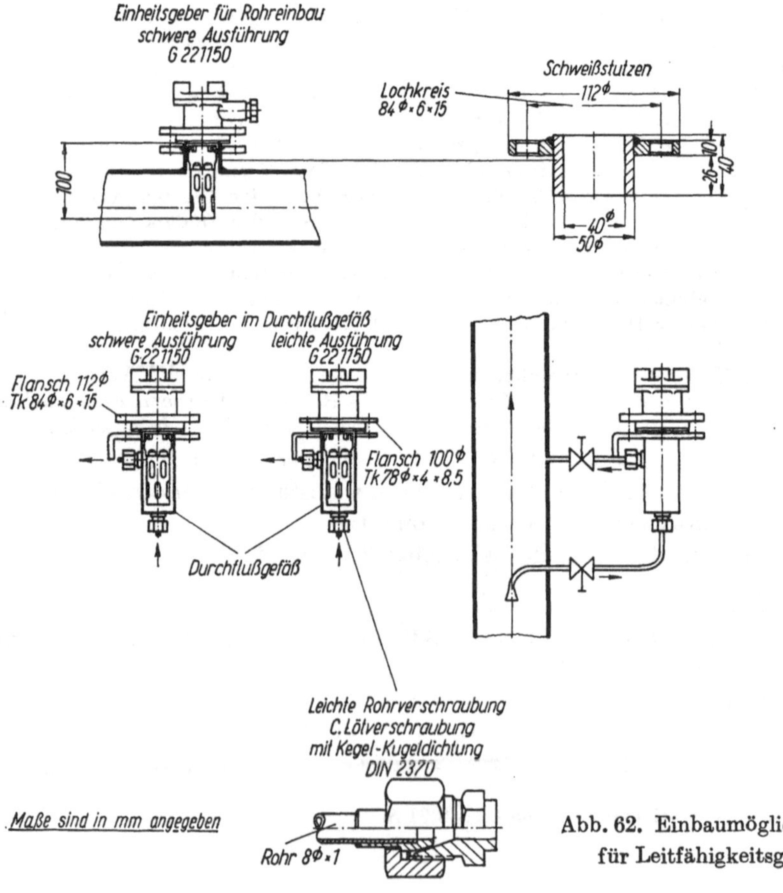

Abb. 62. Einbaumöglichkeiten für Leitfähigkeitsgeber

einem **neutralen Wasser,** wenn $[H^+] = [OH^-]$, d. h. wenn die Wasserstoff- und Hydroxylionenkonzentration gleich groß ist. Bei $T = 25^0$ C besitzt ein solches Wasser, wie sich aus den Beziehungen Gleichung (21 d, 21 e) zeigen läßt, die p_H-Zahl 7.

$$[H^+] \cdot [OH^-] = 10^{-14} \text{ g-Mol/l.} \tag{21d}$$

$$[H^+] = \frac{10^{-14}}{10^{-7}} = 10^{-7} \text{ g-Mol/l.} \tag{21e}$$

$$p_H = -\lg 10^{-7} = 7$$

Ist $[H^+] > 10^{-7} = p_H < 7$, so spricht man von einer **sauren Reaktion.**

Im Falle $[H^+] < 10^{-7} = p_H > 7$ liegt eine **alkalische Reaktion** vor.

Die genauesten Meßergebnisse erhält man mit dem elektrometrischen Verfahren. Hierbei benutzt man eine Elektrodenkette bestehend aus Meßelektrode und Bezugselektrode. Die **Meßelektrode** taucht in die Lösung, deren p_H-Zahl bestimmt werden soll, die **Bezugselektrode** in eine Lösung konstanter p_H-Zahl. Meßlösung und Bezugslösung (p_H = const.) sind durch eine wasserundurchlässige Trennwand **(Diaphragma)**, die jedoch den elektrischen Ladungsaustausch gestattet, verbunden. Da sich das Potential der Meßelektrode mit der p_H-Zahl der zu untersuchenden Lösung ändert, das der Bezugselektrode aber konstant bleibt, ist die Potentialdifferenz zwischen den beiden Elektroden ein Maß für die p_H-Zahl der Meßlösung. Die Potentialdifferenz pro p_H-Einheit beträgt 58 mV und ist schwach temperaturabhängig. **Bei technischen p_H-Messungen** ist eine Temperaturausgleichswiderstand im allgemeinen nur dann erforderlich, wenn die Temperatur der Meßlösung großen Schwankungen ($\pm$ 10^0 C) unterliegt. Der Temperaturfehler besitzt bei kleineren Schwankungen der Meßguttemperatur eine vernachlässigbare Größenordnung (siehe Teil D, S. 138).

Für die p_H-Messung in Speisewässern und Kondensaten findet die Glaselektrode mit Kalomel-Bezugselektrode bewährte Anwendung. Wegen der elektrischen Eigenschaften der Glaselektrode (besonders hoher elektrischer Widerstand) muß die Elektrodenspannung mittels eines Meßverstärkers hoher Eingangsspannung dem Anzeigeinstrument zugeführt werden. **Zwischen Elektrodenkette und Meßverstärker sind nur abgeschirmte, hochohmig isolierte Anschlußkabel zulässig,** da geringste Isolationsfehler das Meßergebnis beeinträchtigen bzw. eine p_H-Messung unter diesen Umständen unmöglich wird. Abb. 63 zeigt einen **p_H-Durchflußgeber** mit SCHOTT-Glaselektrode und SCHOTT-Kalomelelektrode. Die Glaselektroden sind einbaufertig mit Planflanschverschluß (handelsübliche Feuchtraumkabelverschraubung 16 mm Abb. 64) zu beziehen. Jede Glaselektrode besitzt einen **Eichpunkt,** bei dem ihr Potential gegen die gesättigte Kalomelelektrode (= Bezugselektrode) Null ist. Zu Eichzwecken taucht man die Elektrodenkette in eine Lösung definierter p_H-Zahl („Pufferlösung") und justiert den Eichpunkt des Gerätes. Handelsübliche Nullpotentiale z. B. der SCHOTT-Elektroden aus Jenaer Glas liegen bei p_H 4,6 oder p_H 7,6. Der Innenwiderstand dieser hochohmigen Glaselektroden beträgt 100—300 Megohm bei 20^0 C. Je nach den Betriebsanforderungen gibt es Hochtemperatur- (max. 100^0 C) und Hochalkali-Glaselektroden (p_H-Meßbereich > 11).

Beim Anschließen des freien Endes des gut flexiblen Elektrodenkabels darf nicht mit Lötfett und Säure gearbeitet werden, da sie den Isolationswiderstand zwischen Leiter und Abschirmung (10^{13} Ohm m^{-1}) herabsetzen.

Vor Inbetriebnahme von SCHOTT-Glaselektroden müssen diese von der anhaftenden Paraffinschicht mit Tetrachlorkohlenstoff befreit werden, sofern es sich nicht um Glaselektroden der HT-, HA- und HTA-Reihe handelt!

Bei der **Reinigung** in Betrieb gewesener Glaselektroden entfernt man Fettfilme mit Tetrachlorkohlenstoff und Äthylalkohol, Eisenschlamm mit verdünnter Salzsäure. Die Elektroden sollen nach erstmaliger Inbetriebnahme unter Wasser aufbewahrt bleiben.

Glaselektroden der HT-, HA-, HTA-Reihe (SCHOTT u. Gen., Mainz) verändern im Laufe der Zeit bei hoher p_H-Zahl und bei Temperaturen $> 50^0$ C unter Umständen

Abb. 63. p_H-Durchflußgeber

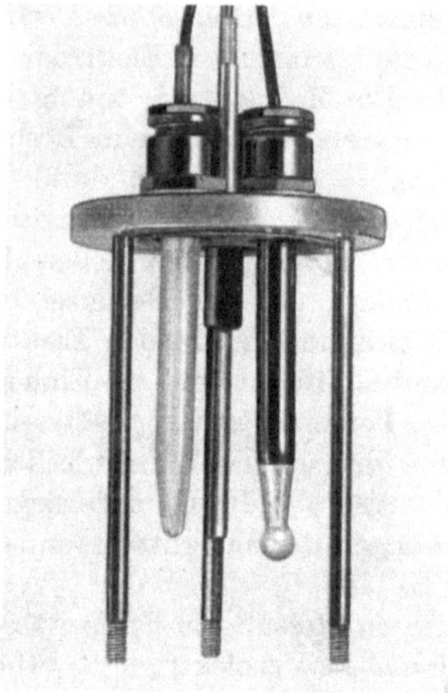

Abb. 64. Einbau von Glaselektroden mit Planflanschverschluß

ihren Eichpunkt und zeigen träge Einstellung. Die Ursache liegt in **Zersetzungsschichten auf der Glasmembran.** Nach Angabe der Lieferfirma werden folgende Abhilfemaßnahmen vorgeschlagen:

1. Wechselbehandlung bei 50^0 C mit 0,1 n-HCl und Borat-NaOH-Puffer von p_H 10 oder 0,1 n-NaOH; Spülen und mehrstündige Aufbewahrung in salzfreiem Wasser oder

2. Ätzen in 20%iger $NaHF_2$-Lösung 3 Minuten oder in 10%iger HF 15 Sekunden lang; Spülen mit Wasser, Lösen ungelöster Fluoride in 5 n-HCl; Spülen und mehrstündige Aufbewahrung in salzfreiem Wasser.

Verfahren nach 2. ist nur bei hartnäckigen Fällen träger Einstellung anzuraten, weil die Glasmembran geschwächt wird. Weitere Angaben enthalten die Merkblätter der einschlägigen Firmen (siehe auch Literaturhinweise).

3. Sauerstoff (O_2)

Der im Wasser gelöste Sauerstoff kann elektrisch laufend angezeigt werden. Hierfür gibt es in Deutschland seit längerer Zeit serienmäßige Meßgeräte, z. B. das

„*Oxyflux*“-Gerät der Firma Hartmann & Braun, System Tödt-Freier. Das Meßprinzip ist in Abb. 65 dargestellt und beruht auf elektrochemischen Prozessen an Metallelektroden in Gegenwart von gelöstem Sauerstoff. Meßelektrode und Gegenelektrode bilden einen geschlossenen elektrischen Stromkreis. Durch geeignete Wahl des Elektrodenmaterials ist die Stromstärke nur von der an die Meßelektrode diffundierenden Sauerstoffmenge abhängig. Die Meßelektrode erfährt an ihrer Oberfläche die Ausbildung einer konzentrationsabhängigen Oxydschicht und besitzt gegenüber der Gegenelektrode ein edleres Potential. An der Gegenelektrode müssen Metallionen in Lösung gehen können, damit ein Stromfluß zustande kommt. Die Wirkungsweise der Elektrodenanordnung läßt sich mit den Vorgängen einer Elektronenröhre vergleichen. Die Gitterspannung steuert hierbei bekanntlich den Stromfluß zwischen Anode und Kathode.

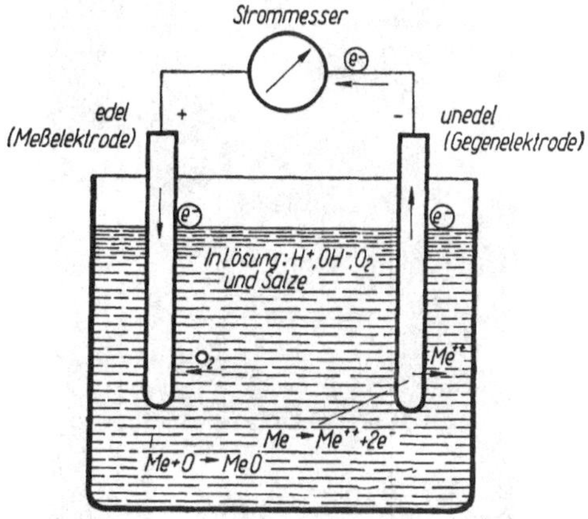

Abb. 65.
Vorgänge bei der Sauerstoffdepolarisation an Metallelektroden

1. Möglichkeit:

$$2\,H^+ + 2e^- \rightarrow 2\,H \qquad (22)$$

$$2\,H + MeO \rightarrow H_2O + Me \qquad (23)$$

2. Möglichkeit:

$$MeO + 2e^- + H_2O \rightarrow Me + 2OH^- \qquad (24)$$

Bei der elektrochemischen Sauerstoffmessung steuert der an die Kathode gelangende Sauerstoff den Stromfluß, in dem der Sauerstoff die Kathode fortwährend depolarisiert. Befindet sich in der Lösung kein gelöster Sauerstoff, so beobachtet man in neutralem oder alkalischem Medium ($p_H > 6$) keinen Stromfluß. Es besteht kein Potentialunterschied mehr zwischen Meßelektrode und Gegenelektrode, weil die Meßelektrode polarisiert ist. Die Polarisation kommt dadurch zustande, daß zunächst Wasserstoffionen an die Kathode wandern und dort unter Elektronenaufnahme atomaren bzw. darauf molekularen Wasserstoff bilden, bis die Elektrodenoberfläche mit einer etwa monomolekularen Wasserstoffschicht bedeckt ist. Von der Gegenelektrode werden so lange Elektronen durch Inlösungschicken von Metallionen geliefert. Nach Ausbildung der Wasserstoffschicht ist die Meßelektrode nicht mehr in der Lage, Wasserstoffionen zu entladen, die direkte Verbindung Elektrode/Elektrolyt ist unterbrochen und die Elektrode somit polarisiert. Kommt jedoch nun Sauerstoff an die Meßelektrode (Kathode), so reagieren Wasserstoff und Sauerstoff an der Elektrodenoberfläche unter Wasserbildung, die Meßelektrode erfährt hierbei Sauerstoffaufnahme unter Depolarisation.

Die vorliegende Schilderung versucht nur eine bildliche Darstellung der an sich sehr komplizierteren Reaktionen zu geben, die wissenschaftlich noch nicht restlos geklärt werden konnten. Die Gleichungen (22), (23), (24) vermitteln eine summarische Übersicht, wobei die Vorgänge gemäß Gleichungen (23) und (24) einander äquivalent sind. Es ist stöchiometrisch kein Unterschied, ob H^+-Ionen verbraucht oder OH^--Ionen gebildet werden, in beiden Fällen findet eine Zunahme der alkalischen Reaktion statt.

Abb. 66, 67 geben die aus Gebertafel und Anzeigestation bestehende bisherige Ausführung der Sauerstoffmeßanlage *„Oxyflux"* wieder. Mittels einer Kunstschaltung kann die Instrumentanzeige in einem gewissen Anzeigebereich auf einen

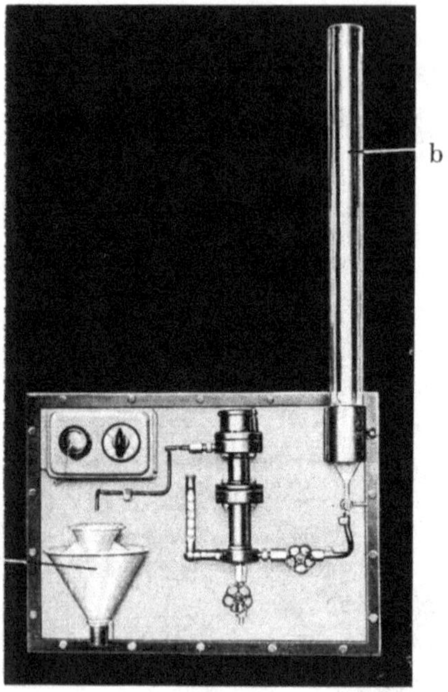

Abb. 66 O_2-Messer (Gebertafel) „Oxyflux" Hartmann & Braun AG a = Überlaufmengenmesser, b = Glasrohr mit sauerstoffgesättigtem Wasser

Abb. 67. O_2-Messer (Anzeigetafel) „Oxyflux" Hartmann & Braun AG

Endwert geeicht werden (s. Abb. 68, 69). 20 μA entsprechen z. B. bei 250 mV Zusatzspannung am Justierglied 100 μg O_2/l, auch wenn eine größere Konzentration an reduzierenden Stoffen im Wasser anwesend ist. Zur Eichung dient die chemische Analyse (s. Teil D, S. 147—151) oder ein Eichgerät der Firma Hartmann & Braun (Abb. 70), wobei sauerstoffhaltiges, luftgesättigtes Wasser dem sauerstoffarmen Meßgut zugesetzt wird.

Die elektrochemische Sauerstoffmessung ist abhängig von

1. **Temperatureinflüssen;** daher möglichste Ausschaltung durch eine Temperaturregelung auf der Kühlwasserseite,

2. **Durchflußschwankungen,** wenn der stündliche Wasserdurchsatz weniger als 30 l/h beträgt. Mittels Durchflußanzeiger (Überlaufmengenmesser bei der alten Ausführung, Rotamesser bei der neuen Ausführung) soll der mittlere stündliche Wasserdurchsatz auf 50 l/h eingestellt sein. Geringe Durchflußschwankungen sind in diesem Gebiet ohne Einfluß

Abb. 68.
O_2-Messer (Signaltafel) „Oxyflux"
Hartmann & Braun AG

Abb 70.
Eichgerät zum Oxyflux-Sauerstoffmesser

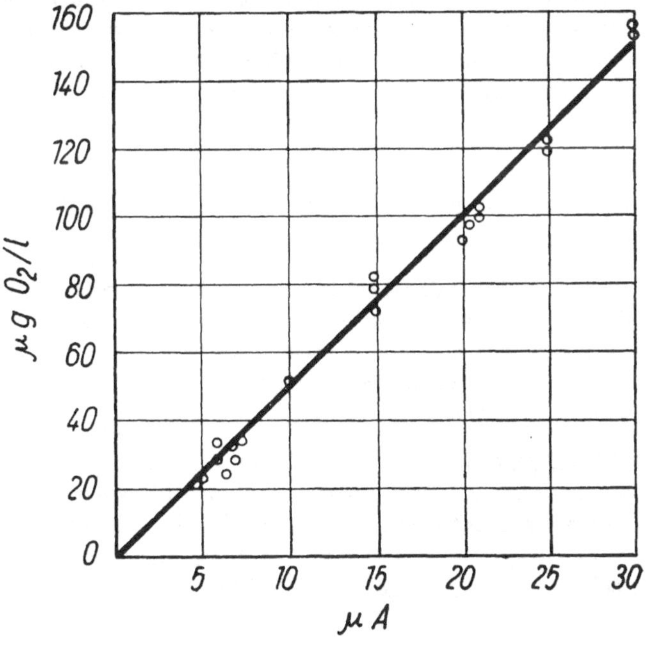

Abb. 69.
Eichkurve für Oxyflux-Sauerstoffmesser (250 mV Zusatzspannung, Hydrazingehalt des Prüfwassers 250—2000 μg Minus O_2/l)

3. **der Leitfähigkeit des Meßguts.** Hier gibt es einen **kritischen Punkt bei etwa 2 μS cm^{-1}.** Unterhalb dieser Leitfähigkeit verliert die in Abb. 69 wiedergegebene Eichkurve ihre Geradlinigkeit und flacht in den oberen Bereichen ab. Da namentlich im Hochdruckdampfkesselbetrieb heutigentags Leitfähigkeiten von 0,1 μS cm^{-1} gefahren werden, ist dem Meßgut ein die Leitfähigkeit erhöhender Stoff zuzusetzen. Dieser darf für den Fall, daß das Meßgut (etwa 1000 l/Tag) in den Wasserkreislauf zurückgeführt wird, keine Salzeigenschaften aufweisen. Der Verfasser hat Ammoniak in gasförmigem oder flüssigem Aggregatzustand zugesetzt. Die anzuwendende Konzentration ist zudem sehr gering. Die Zudosierung erfolgt vor dem Mischgefäß der Elektrodenzelle bei A, Abb. 71. Überdosierungen sind nicht von Einfluß auf die elektrische Anzeige, sofern das Gas oder die Lösung nicht Sauerstoff enthalten! Man verwende daher stets reines Ammoniakgas, welches in Stahlflaschen erhältlich ist.

Abb. 72, 73 zeigen die neue Ausführung des „*Oxyflux*"-Gerätes der Firma Hartmann & Braun.

In gewissen Abständen (z. B. alle 14 Tage) hat eine **Reinigung der Elektroden** zu erfolgen. Als **Reinigungsmittel** hat der Verfasser bisher eine wäßrige Lösung von 1 Eßlöffel Kochsalz und 1 Teelöffel REI (oder ein ähnliches Netzmittel) auf 500 ml Wasser verwendet. Die Lösung läßt man bei A (Abb. 71) mittels Schlauch und Trichter ohne jeglichen Ausbau der Elektrodenanordnung bei abgestelltem Zuflußventil (Probeentnahmeleitung) einfließen. Anschließend wird mit Meßgut und bei höherer Durchströmungsgeschwindigkeit gut nachgespült. Sollten Eisenoxydablagerungen an der Meßelektrode oder Hydroxyniederschläge auf der Gegenelektrode eine träge Einstellung der Sauerstoffanzeige verursachen, so verwende man außerdem verdünnte Salzsäure bzw. einen Zusatz von Titriplex III. Die Salzsäure hat eine kurzzeitige starke Aktivierung der Gegenelektrode zur Folge, es fließt dann ein nicht sauerstoffabhängiger Strom, der erst allmählich wieder abklingt. Zweckmäßig beschränkt man die Salzsäureeinwirkung auf wenige Sekunden und auf Sonderfälle. Führt das Meßgut Eisenoxydpartikel mit sich, so sollte ein kleiner Magnetabscheider (Firma Philips) vor den Sauerstoffgeber geschaltet sein.

4. Chemische Meßgeräte zur Anzeige und Registrierung von Härte, Kieselsäure, Phosphat, Alkalität

In den letzten Jahren sind verschiedene Meßgeräte zur Anzeige und Registrierung gelöster chemischer Bestandteile entwickelt worden. Die Wirkungsweise dieser Geräte beruht auf der photoelektrischen Auswertung der Verfärbung von Lösungen durch Chemikalienzusätze. Es handelt sich demnach um eine **automatisierte kolorimetrische Analyse.**

Bei der Härtebestimmung z. B. entnimmt eine automatische Vorrichtung in Abständen von 3 Minuten Proben des zu untersuchenden Wassers, mischt dieselben mit einem Indikator und einer Pufferlösung, die auf Ca- bzw. Mg-Ionen ansprechen, und überträgt die Intensitätsänderung eines photoelektrischen Stromes auf das Anzeige- oder Schreibgerät (Abb. 74).

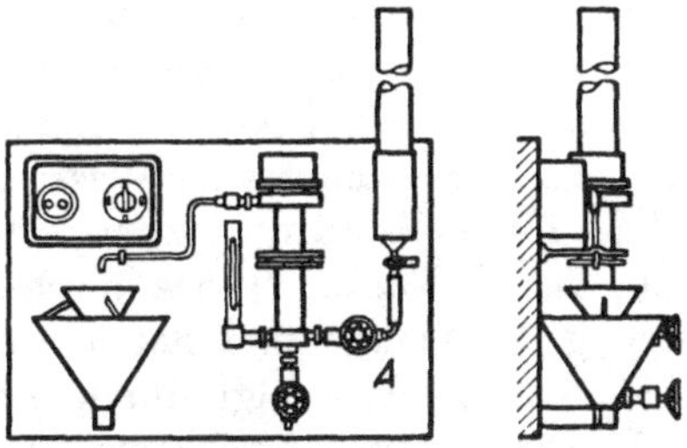

Abb. 71.
Oxyflux-Gebertafel, ältere Ausführung

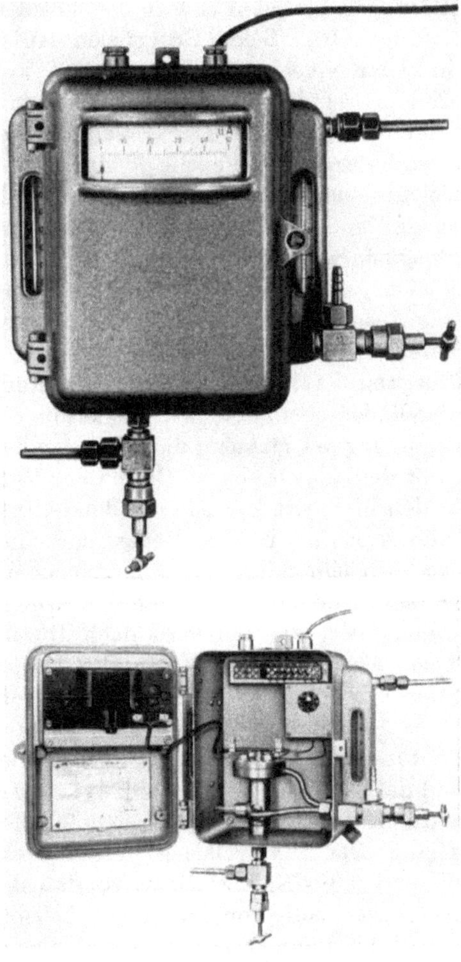

Abb. 72/73.
O_2-Messer „Oxyflux“
Hartmann & Braun AG, neue Bauart

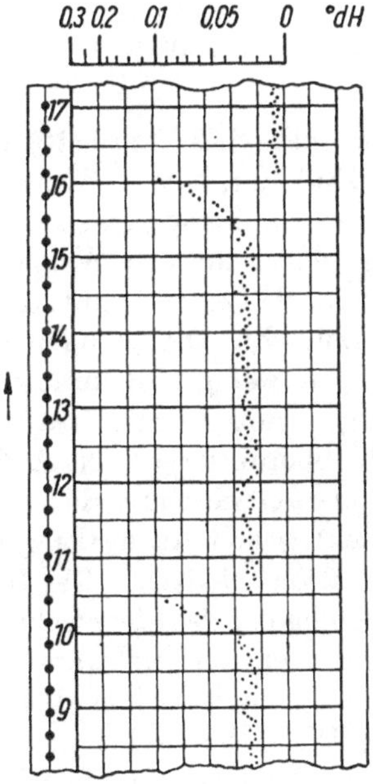

Abb. 74.
Registrierstreifen des Durometers für die Kontrolle der Resthärte

Abb. 75 zeigt schematisch die Dosierungs- und Mischvorrichtung. Das Kondensat oder Weichwasser läuft durch ein Druckausgleichgefäß (1) mit einem geringen Überdruck von etwa 100 mm WS in ein Überlaufgefäß (2). Dieses kleine Glasgefäß hat ein Überlaufrohr, das immer eine konstante Wasserhöhr einstellt und dadurch einen gleichbleibenden Zulauf von Kondensat zum Meßgerät sicherstellt. Im unteren Teil befindet sich ein kleines Ventil (3), das durch einen Elektromagneten (4) betätigt wird. Die Steuerung der Ventile und damit auch die Dosierung des Meßgutes erfolgt durch eine Kontaktwalze, die von einem Synchronmotor angetrieben wird. Die Durchflußmenge ist von der Schaltzeit und dem Querschnitt des Zulaufrohres (5) bei konstanter Höhe der Wassersäule abhängig. Die Indikator- und Pufferlösungen befinden sich in den Vorratsbehältern (7 und 10). Beide Reagenzien laufen zunächst in kleine Niveauausgleichgefäße (9), welche den Zulauf regulieren und eine konstante Flüssigkeitshöhe einstellen. Der Zulauf beider Lösungen wird durch die Ventile (6 und 8) gesteuert, die in einer gemeinsamen Magnetspule angeordnet sind und gleichzeitig betätigt werden. Die Zuflußmengen werden durch die Querschnitte der Zuflußleitungen eingestellt. Die drei Kapillaren für die Reagenzien und das Wasser münden in einen Meßzylinder (11), in welchem der eigentliche Meßvorgang stattfindet. Am unteren Ende dieses Meßzylinders befindet sich wiederum ein elektromagnetisches Ventil (12), das nach Beendigung der Messung die Lösung in den Ablauf (13) leitet. Der Meßvorgang beginnt mit dem gleichzeitigen Öffnen der Ventile (6 und 8). Beide Reagenzien tropfen in den Meßzylinder. Anschließend öffnet sich das Ventil für das Weichwasser (3). Dieses strömt in den Meßzylinder und wirbelt die Reagenzien mit dem Wasser so durcheinander, daß eine homogene Lösung entsteht. Die je nach der Härte entstandene blaue bis rote Verfärbung nimmt nach wenigen Sekunden einen Sättigungswert an und wird nach Durchleuchtung mittels Lampe (14) und Durchsetzen eines Farbfilters von der Photozelle (15) photometriert. Nach Beendigung der Messung wird die Lösung aus dem Meßzylinder entleert und dieser mit Weichwasser durchgespült.

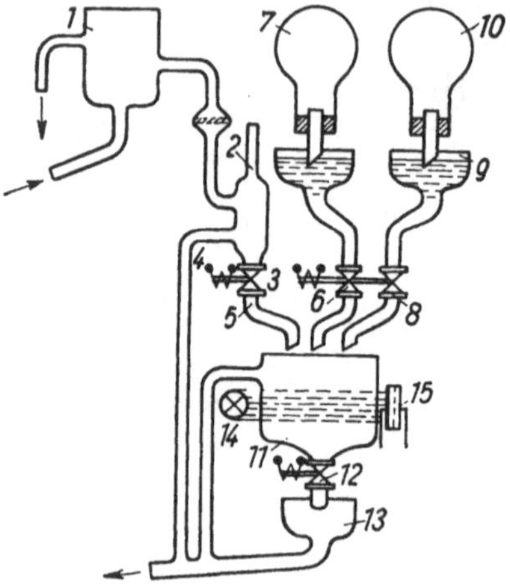

Abb. 75. Schema des Durometers nach Dr. FUHRMANN

Zur elektrischen Auswertung dient die Photozelle. Das Gerät arbeitet mit einer Kompensationsschaltung. Das Instrument und das stoßfeste Mikrorelais werden erst nach Beendigung des chemischen Vorganges durch eine Kontaktwalze eingeschaltet und übertragen den Meßwert 30 Sekunden lang. Das Mikrorelais ist durch Drehknopfverstellung zwischen den Werten 0,01 und 0,3° dH einstellbar, so daß der kritische Wert, bei welchem das Relais ansprechen soll, von Hand aus beliebig gewählt werden kann. Der Schaltkontakt dieses Relais kann also außer Signalanlagen auch Regeleinrichtungen betätigen.

Um Spannungsschwankungen des Netzes zwischen 180 und 240 Volt auszuschalten, wird ein magnetischer Spannungskonstanthalter verwendet. Die Netzspannung wird auf 10 Volt heruntertransformiert und speist eine 12-V/15-Watt gasgefüllte Niedervoltlampe, die mit etwa 20% Unterspannung brennt und somit eine hohe Lebensdauer erreicht. Das Licht dieser 12-V-Lampe (14) fällt über Blenden durch das Meßgefäß (11) mit der zu untersuchenden Flüssigkeit, durchsetzt das Farbfilter und gelangt auf die Photozelle (15).

In ähnlicher Weise sind die Geräte zur Anzeige der Kieselsäure (Silikometer Abb. 76), Phosphat, Alkali, Zucker im Kondensat (Dextrometer) ausgeführt, welche von der Firma BRAN & LÜBBE, Hamburg, gebaut werden.

Abb. 76.
Schema des Silikometers
nach Dr. FUHRMANN

1. Druckausgleichgefäß
2. Dosierzylinder
3., 4., 8. und 16. Magnetventile
5., 6. und 12. Zuleitungen zum Meßzylinder
7. Niveauausgleichgefäße
9. und 10. Vorratsbehälter
6. und 11. Dosiergefäße
13. Meßzylinder
14. Lichtquelle
15. Photozelle
17. Auslaufgefäß

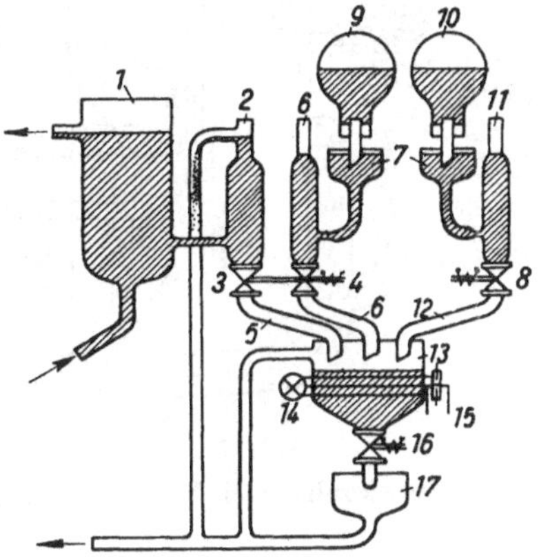

Es darf bei der Nennung solcher automatischer Analysegeräte nicht unterlassen werden darauf hinzuweisen, daß diese Geräte einer Wartung bedürfen, als Hilfsmittel der Betriebsüberwachung gedacht sind und nicht zu einem vollständigen Ersatz von Laboranten geeignet sind.

Zudem sind photoelektrische Geräte gegen wasserseitige Verschmutzungen der Glaswandungen sehr empfindlich und müssen zweckentsprechend behandelt werden. Die vorgenannten Geräte haben einen großen Anwendungsbereich gefunden, da man erstmals die Möglichkeit besitzt, durch laufende elektrische Anzeige die Überschreitung schädlicher Konzentrationen an Härte, Kieselsäure oder Zucker im aufbereiteten Wasser zu kontrollieren.

In Fällen höherer Temperatur des Meßgutes ist auch hier eine Probeentnahmestelle mit Kühler vorzusehen.

5. Meßstelleneinrichtungen

Für die Entnahme von Meßgut zur chemischen Analyse sowie zum Befahren einer kontinuierlichen Meßeinrichtung ist in den Fällen höherer Meßguttemperatur eine ausreichende Kühlvorrichtung mit Entnahmeventilen vorzusehen.

Seitens der VGB wird ein **Kühler** gemäß Abb. 77 mit seitlich ausschwenkbarem Flaschentisch vorgeschlagen. Es empfiehlt sich, als Kühlschlangenmaterial V2A- oder Nickelrohr (insbesondere für Dampfentnahme) anzuwenden.

Abb. 78 zeigt einen Probenahmeeinheitskühler, der sich bewährt hat und für die meisten Entnahmestellen einschließlich Dampf in der Lage ist, 50 l/h an gekühltem Meßgut (25° C) zu liefern.

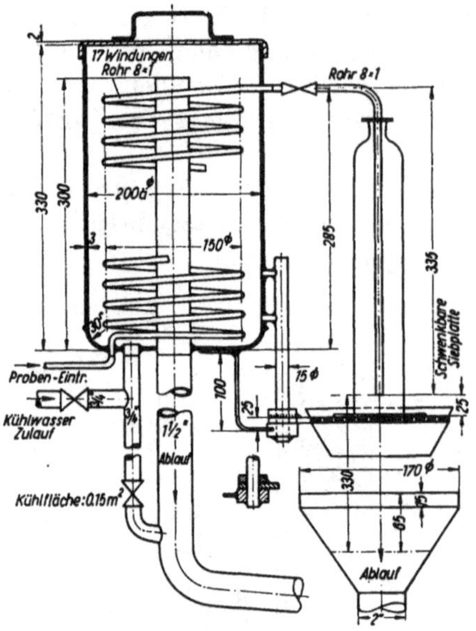

Abb. 77.
Probenahmekühler nach VGB-Empfehlung

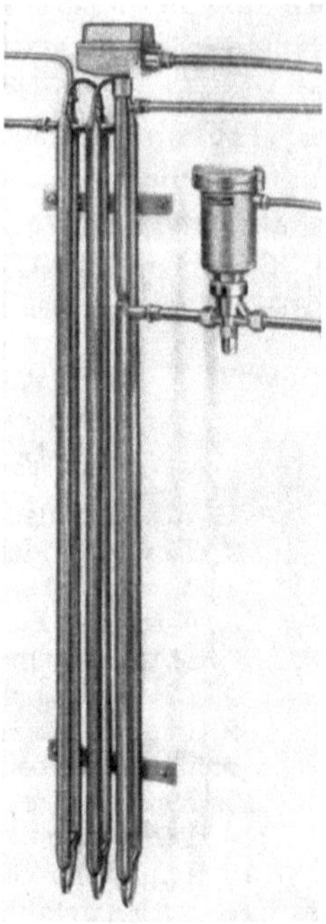

Abb. 79.
Meßstellenkühler
Hartmann & Braun AG

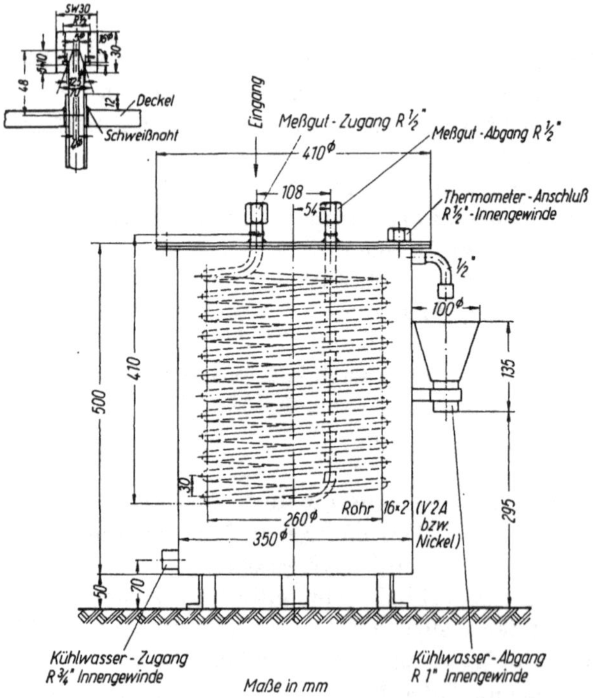

Abb. 78.
Probenahmekühler Vorschlag Dr. Freier

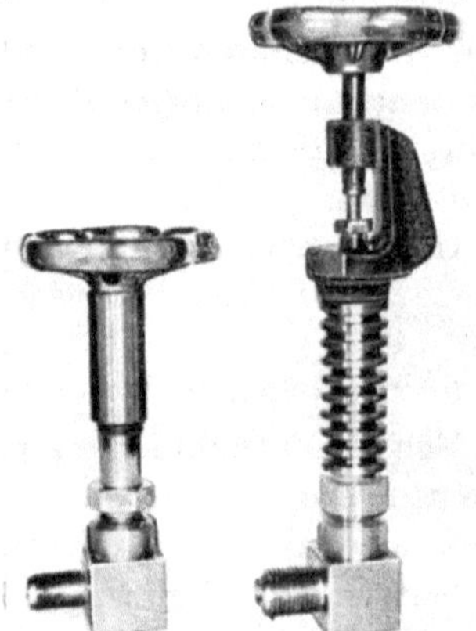

Abb. 79a.
Hochdrucknadelventile

Seitens der Firma Hartmann & Braun wird ein Röhrenkühler für die Sauerstoffmeßanlage „Oxyflux“ mit eingebauter Thermostatregelung und Magnetventil mit V2A-Rohr angeboten, welcher sich durch seinen geringen Platzbedarf auszeichnet (Abb. 79).

Die Probenahmekühler sollten einen Einfüllstutzen und einen Abflußstutzen oder ein Ablaßventil aufweisen, damit sie von Zeit zu Zeit mittels verdünnter Salzsäure gesäubert werden können, wenn sich Kesselstein angesetzt hat.

Von größter Bedeutung sind die **Probeentnahmeventile** selbst. Ausgezeichnet bewährt haben sich für diese Zwecke Hochdrucknadelventile der Firma Dr. Thiedig, Berlin SO 36, Lausitzer Str. 10 (Abb. 79a). Diese gibt es für alle vorkommenden Drücke und Temperaturen in V4A-Ausführung. Die Anschlüsse erfolgen mittels Konussen in Metalldichtung.

Literatur:

1. F. Lieneweg: Überwachung der Wasserwirtschaft von Dampfkraftwerken mittels elektrochemischer Analyseverfahren. Siemens-Zeitschrift H. 1, 1954, Siemens & Halske.

Auszugsweiser Abdruck:

Die für die Wasserprüfung eingesetzten selbsttätigen Meßverfahren beruhen vor allem auf physikalisch-chemischen Eigenschaften der im Wasser zu bestimmenden Bestandteile. Von diesen zeichnen sich durch besonders große Einfachheit und Wartungsfreiheit die rein elektroanalytischen Bestimmungsverfahren aus, bei denen elektrochemische Eigenschaften bestimmter Stoffe oder Stoffgruppen zur quantitativen fortlaufenden Analyse herangezogen werden, ohne daß besondere chemische Zusatzanordnungen erforderlich wären, wie z. B. bei photometrischen Meßverfahren (Härtebestimmung mit Farbstoffen). Von den unmittelbar anzeigenden elektrochemischen Meßverfahren eignen sich vor allem die Leitfähigkeitsmessung, die p_H-Messung und die Depolarisationsmessung für die Wasserprüfung in Wärmekraftwerken.

In den folgenden Ausführungen sollen die Anwendungsmöglichkeiten dieser elektrochemischen Meßverfahren in der Speisewasseraufbereitung und im Wasserdampfkreislauf behandelt werden. Dabei soll insbesondere auf die analytische Bedeutung der Meßergebnisse bei den verschiedenen Meßverfahren sowie auf die Bewertung der Messungen an den verschiedenen Stellen im Wasserkreislauf bei Nieder-, Mittel- und Hochdruckkesselanlagen eingegangen werden. Auf die Darstellung der Wirkweise dieser Meßverfahren, ihre technische Ausgestaltung und ihre besondere Anordnung im Kraftwerksbetrieb kann verzichtet werden, da hierüber im Schrifttum bereits hinreichend berichtet worden ist und ihre Behandlung den Rahmen dieser Arbeit überschreiten würde. Aus dem gleichen Grunde soll auch die richtige Art der Probeentnahme, die für das einwandfreie Meßergebnis sehr wichtig und bedeutungsvoll ist, nicht näher erörtert werden.

Elektrochemische Messungen in der Speisewasseraufbereitung

Für das aufzubereitende Rohwasser ist eine p_H-Wert-Messung nur dann erforderlich, wenn das Wasser einen p_H-Wert unter 7 aufweist und eine Enteisenung oder Entmanganung durch Belüften vorgesehen ist. Es muß dann das Rohwasser mit Kalkwasser, Natronlauge oder Soda so versetzt werden, daß der p_H-Wert zum Ausfällen der Metalle als Hydroxyde nach der Belüftung über 7 liegt. Unter Umständen muß man, um klares Wasser zu erhalten, den p_H-Wert sogar bis zu 9 und höher steigern, damit eine Korrosion der Filter und Behälter aus Eisen und damit eine Verunreinigung des gereinigten Wassers durch Eisenoxyd mit Sicherheit vermieden wird. Für solche Überwachungen haben sich einfache Antimon-Elektroden bewährt, die ohne weitere Zusatzeinrichtungen die p_H-Wert-Anzeige an einem Meßinstrument hervorrufen.

Für die Enthärtung des Wassers werden verschiedenartige Fällungsverfahren, Austauschverfahren mit Na- oder H-Austauschern oder auch kombinierte Verfahren angewendet. Bei der Kalkenthärtung läßt sich die Sättigung des Kalkwassers mit Hilfe von Leitfähigkeitsmeßgeräten überwachen. Infolge von Kalkverkrustung der Elektroden erfordern derartige Anlagen allerdings eine gewisse Wartung.

Bei Enthärtungsanlagen mit Kalk nach dem Schnellentkarbonisierungsverfahren (Wigran-Verfahren) wird auf Grund der *p*- und *m*-Alkalitäten dosiert, die durch Titration von 100 ccm Wasser mit n/10 HCl und Phenolphthalein bzw. Methylorange festgestellt wer-

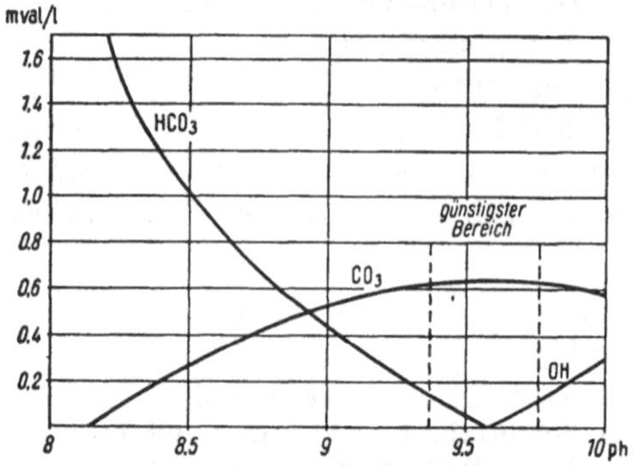

Abb. a

p_H im entkarbonisierten Wasser

den. Aus diesen Werten kann bei Kalkwasser der CaO-Gehalt, bei aufbereitetem Wasser der Bikarbonat-(HCO_3) und Karbonat-(CO_3-)-Gehalt berechnet werden. Nach Abb. a kann aber auch bei diesem Verfahren der p_H-Wert des entkarbonisierten Wassers zur Überwachung der richtigen Entkarbonisierung herangezogen werden, da keine überschüssige freie Kohlensäure vorhanden sein kann, durch die der eindeutige Zusammenhang zwischen *m*-Alkalität und p_H-Wert verlorengeht. Zweckmäßigerweise muß aber der Soll-p_H-Wert auf Grund von *m*- und *p*-Wert-Bestimmungen von Zeit zu Zeit neu eingestellt werden. Da sich der Zusammenhang zwischen *m*-Alkalität und p_H-Wert auch mit der Art der Alkalien ändert, kann die p_H-Messung bei Enthärtungsanlagen, die mit Gemischen von Kalk, Soda, Phosphaten und Natronlauge arbeiten, kein eindeutiges Maß für die *m*-Alkalität und damit für die Restkarbonathärte sein. Ebenso ist für in H-Na-Austauschern in Mischfolgeregeneration enthärtetes Wasser der p_H-Wert kein Maß für die Restalkalität, weil bei der Reaktion freie Kohlensäure entsteht. Man kann jedoch das Auftreten von freier Säure durch p_H-Messung gut erkennen.

In Na-Austauscheranlagen, bei denen zur Enthärtung die Ca- und Mg-Bikarbonate in Na-Bikarbonate umgesetzt werden, sinkt bei Erschöpfung des Austauschstoffes durch die Härtebildner der p_H-Wert infolge CO_2-Bildung ab, wenn vor dem Enthärten keine Entkarbonisierung z. B. mit Kalk durchgeführt wird. In diesem Falle kann das Ende des Filterlaufes durch p_H-Meßgeräte angezeigt werden, ohne daß man daraus jedoch einen Schluß auf die Resthärte ziehen könnte. Umgekehrt kann man durch Leitfähigkeitsmessung das Ende der Ausspülung des Kochsalzes durch Rohwasser oder Weichwasser feststellen. Da auf die für diese Verfahren wesentliche Härteprüfung jedoch nicht verzichtet werden kann, wird man diese Meßverfahren nur zur rohen Überwachung oder bei einer gelegentlichen Überprüfung der Garantiewerte einsetzen.

Dagegen sollte man bei Anlagen mit H-Austauschern sowie bei Vollentsalzungsanlagen durch H- und OH-Austauscher den p_H-Wert oder die Leitfähigkeit laufend überwachen. Sowohl bei H-Austauschern, die die Kationen der Lösung gegen H-Ionen austauschen, als auch bei OH-Austauschern, die die Anionen der Lösung gegen OH-Ionen austauschen, kann man die Erschöpfung der Filter daran erkennen, daß bei H-Austauschern infolge mangelnder Umsetzung zu Säure der p_H-Wert ansteigt (Abb. b/1), während er umgekehrt bei OH-Austauschern infolge Durchschlagens der Säure kleiner würde (Abb. b/2). Die p_H-Wert-Änderung kann deshalb an Stelle der Änderung des negativen *m*-Wertes, durch den der Säuregehalt des Weichwassers (durch Titration mit n/10 NaOH) bestimmt wird, als Maß für die Erschöpfung des H- und OH-Austauschers verwendet werden. Auch Leitfähig-

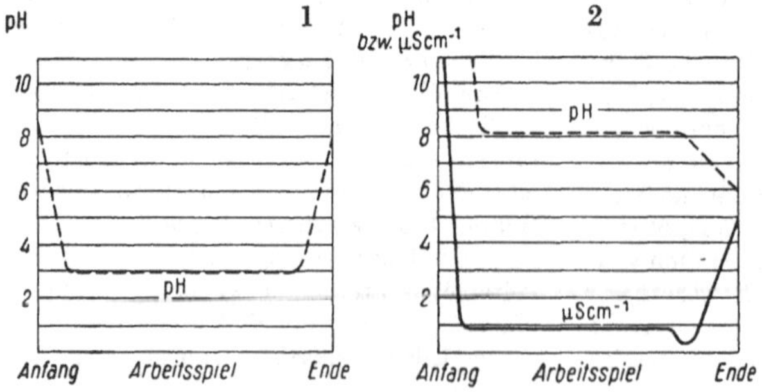

Abb. b

p_H-Wert bzw. Leitfähigkeit während des Arbeitsspieles

1 eines H-Austauschers

2 eines OH-Austauschers

keitsmeßgeräte zeigen die Erschöpfung des Filters an. Die Leitfähigkeit wird beim H-Austauscher kleiner, weil die Konzentration an freien Säuren abnimmt. Beim OH-Austauscher steigt sie an, da vom H-Austauscher aus Salz- oder Säureeinbrüche erfolgen, wenn das Filter erschöpft ist (Abb. b/2). Ist dem H- und OH-Austauscher noch ein Pufferfilter nachgeschaltet, so wird der p_H-Wert ansteigen oder sinken, je nachdem, welcher von den vorhergehenden Filtern erschöpft ist. Die Leitfähigkeit wird dann jedoch immer größer werden.

Der H-Austauscher wird bei der Entkarbonisierung und Enthärtung nach dem Teilstromverfahren (Abb. c) mit einem Na-Austauscher gekoppelt. Die Teilströme werden so eingestellt, daß die aus dem H-Austauscher kommende Säure durch das aus dem Na-Austauscher austretende $NaHCO_3$ neutralisiert wird. Der p_H-Wert des Weichwassers soll nach dem Austreiben der frei gewordenen Kohlensäure bei 7 liegen, damit die Bikarbonate weitgehend zersetzt werden. Auch bei der Entkarbonisierung nach Abb. d mittels Rohwasser, bei der die Säure mit dem Kalziumbikarbonat des Rohwassers neutralisiert wird, muß das richtige Mischungsverhältnis durch p_H-Messung eingestellt werden. Bei der Folgeregenerierung nach Abb. e in einem H-Na-Austauscher muß bei zu geringem p_H-Wert eine Regenerierung nur mit Kochsalz durchgeführt werden, um den erforderlichen höheren p_H-Wert zu erhalten.

Für Vollentsalzungsanlagen nach dem Kationen-Anionen-Austauschverfahren sollte hinter den beiden Austauschern je eine p_H- oder Leitfähigkeitsmessung vorgesehen werden, um die Erschöpfung der Filter rechtzeitig zu erkennen. Bei diesen Anlagen ist aber vor allem die selbsttätige, fortlaufende Überwachung des entsalzten Wassers durch Leitfähigkeitsmessung wichtig, um auf diese Weise die Güte des Wassers ständig überprüfen und Durchschläge von Salz- oder Schwefelsäure durch den OH-Austauscher oder bei Erschöpfen des H-Austauschers Salzeinbrüche rechtzeitig erkennen zu können. Die Entnahme für die Leitfähigkeitsmessung geschieht am besten hinter dem mit H- und OH-Gemischen ausgestatteten Pufferfilter (Abb. f).

Bei Säuredosierungsanlagen zum Entkarbonisieren von Rohwasser ist die Säurezugabe unbedingt durch p_H-Meßgeräte zu über-

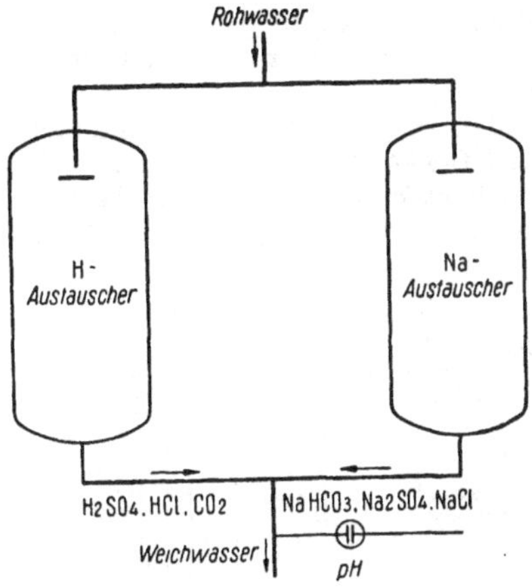

Abb. c
Entkarbonisierung nach dem Teilstrom-Austauschverfahren
pH = p_H-Meßeinrichtung

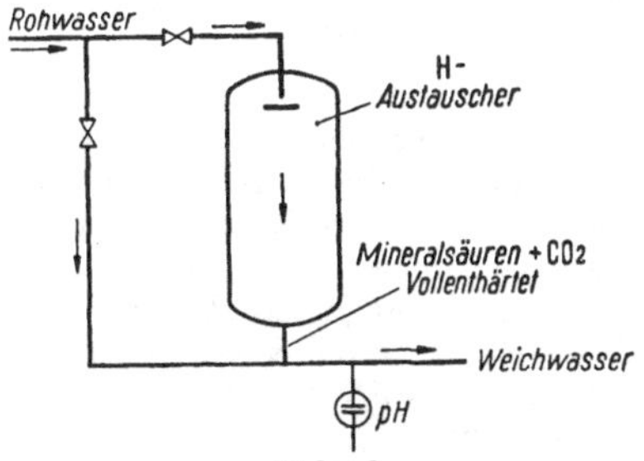

Abb. d
Entkarbonisierung nach dem Rohwasser-Austauschverfahren
pH = p_H-Meßeinrichtung

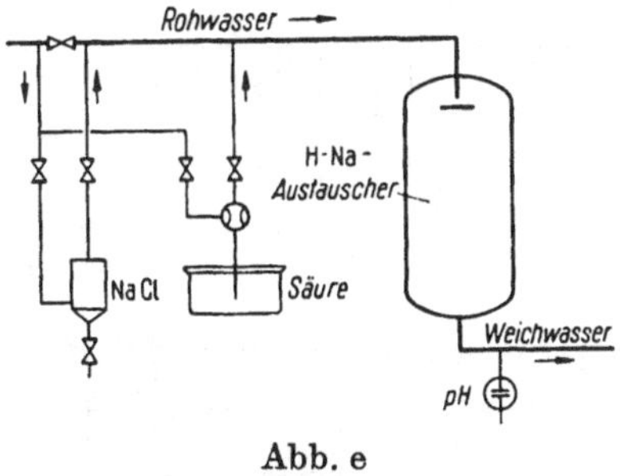

Abb. e
Entkarbonisierung nach dem Folgeregenerierung-Austauschverfahren
pH = p_H-Meßeinrichtung

wachen, damit wegen der bestehenden Korrosionsgefahren auf keinen Fall überdosiert wird.

Sind bei p_H-Meßanlagen hohe Anforderungen an die Genauigkeit zu stellen, z. B. bei der Entkarbonisierung, oder ist der Salzgehalt zu gering, z. B. bei Vollentsalzung, so sind Glas-

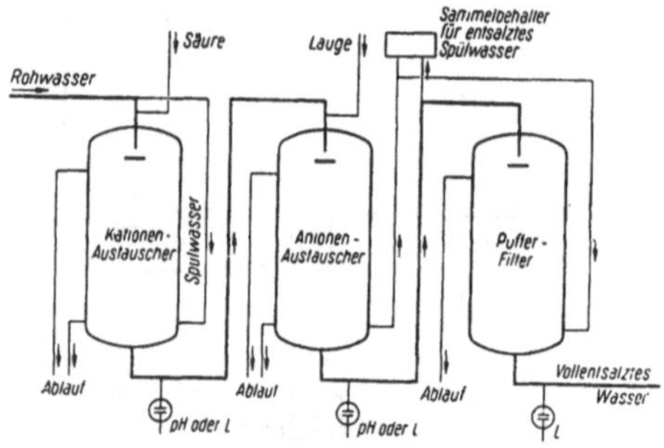

Abb. f
Vollentsalzung nach dem Kationen-Anionen-Austauschverfahren
p_H-Meßeinrichtung — *L* Leitfähigkeitsmeßeinrichtung

elektroden zu verwenden. Im allgemeinen wird man aber mit einfacheren Antimonelektroden hinreichende Meßgenauigkeiten erzielen. Für die Leitfähigkeitsmessung wird zur Überwachung der Vollentsalzungsanlagen ein Meßbereich von etwa 0 bis 3 bzw. 0 bis 10 mg/l NaCl entsprechend 0 bis 5,7 bzw. 0 bis 19 μS cm^{-1} bei 20° C gewählt.

In Entgaseranlagen wird der Gehalt des entgasten Wassers an gelöstem Sauerstoff mit Hilfe von Sauerstoff-Meßgeräten bestimmt. Hierfür hat sich die Messung des Sauerstoffes nach dem Depolarisationsverfahren als geeignet erwiesen. Es wird der Reststrom gemessen, der sich in einem galvanischen Element ausbildet, dessen Kathode durch H-Bildung polarisiert wird. Der Reststrom, der sich infolge von Depolarisation des Wasserstoffes durch den Sauerstoff der Lösung an der Kathode ausbilden kann, ist ein Maß für den Sauerstoffgehalt im Wasser. Mit solchen Meßgeräten lassen sich noch Spuren von etwa $^1/_{1000}$ mg O_2/l erfassen.

Elektrochemische Messungen an Verdampferanlagen

In den Verdampferanlagen wird salzhaltiges, entkarbonisiertes und enthärtetes Wasser verdampft, um das Destillat als Zusatz dem Wasserkreislauf des Kessels zuführen zu können. In der abfließenden Verdampferlauge sollte der Salzgehalt als Maß für den Eindickungsgrad mit Hilfe von Leitfäigkeitsmeßgeräten fortlaufend überwacht werden, damit danach die Abwassermenge eingestellt werden kann. Für den Betrieb des Verdampfers ist aber außerdem eine richtige Alkalität des Verdampferwassers erforderlich, um Schaumbildung und damit Mitreißen von Salzen in den Dampf zu vermeiden. Nur auf diese Weise erhält man ein möglichst reines und kieselsäurefreies Destillat.

Die Bestimmung der Alkalität des Speise-, Verdampfer- und Kesselwassers hat ihren Ursprung in der Erkenntnis, daß Eisen durch reines Wasser angegriffen wird und daß die Eisenkorrosion bei etwa 12 p_H, entsprechend einer Ätznatronlösung von 400 mg/l, am geringsten ist (Abb. g).

Aus Abb. h geht hervor, daß die Alkalitätszahl mit der wahren Natronzahl bei p_H-Werten in der Nähe des Neutralpunktes praktisch

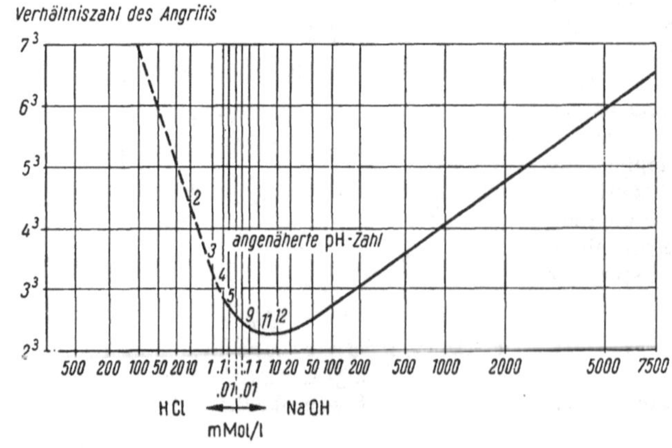

Abb. g
Wasserangriff auf Eisen bei 100° C in Abhängigkeit vom p_H-Wert

übereinstimmt, bei stärker alkalischen Lösungen jedoch nur bei geringem Gehalt an Soda. Das gleiche gilt für phosphathaltige

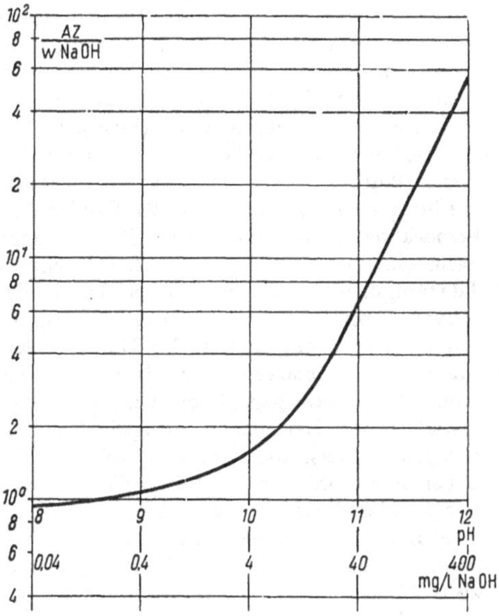

Abb. h
Vergleich zwischen Alkalitäts-(AZ-) und wahrer Natronzahl (w NaOH) von reinen Sodalösungen in Abhängigkeit vom p_H-Wert

Lösungen. Man kann deshalb bei kleinen Alkalitäten des Wassers diese immer durch den p_H-Wert ausdrücken. Bei einigermaßen gleichbleibendem Soda- und Phosphatanteil kann aber auch bei höheren Alkalitäten der p_H-Wert allein als Maß für die Alkalität des Wassers dienen (bis etwa 10 p_H); insbesondere kann er bei fortlaufenden Prüfungen zur Beurteilung des Alkalischutzes herangezogen werden.

Bei Verdampferanlagen werden deshalb zur Überwachung der Alkalität der Verdampferlauge wie auch des Destillates mit Vorteil p_H-Meßgeräte eingesetzt. Für die p_H-Bestimmung der Verdampferlauge können Antimonelektroden verwendet werden, während für die Überwachung des Destillates sowie auch von Kondensaten nur Glaselektroden in Betracht kommen, wenn man sich nicht mit groben Relativanzeigen begnügen will. Das Destillat wird außerdem mit Leitfähigkeitsmeßgeräten auf Salzgehalt geprüft.

Elektrochemische Messungen im Wasser-Dampf-Kreislauf

In einem allgemeinen Schema für den Wasser-Dampf-Kreislauf einer Kesselanlage (Abb. i) sind die zum Überwachen des Wassers wichtigen Meßstellen angegeben. Da die Bedeutung der Messungen an den einzelnen Entnahmestellen verschieden groß ist, muß den Meßstellen eine unterschiedliche Wertigkeit zugeteilt werden. An manchen Punkten der Anlage braucht man die Messung nur zeitweilig durchzuführen, während andere Meßstellen laufend überwacht werden sollten.

Bei Hochdruckanlagen wird, wie bereits ausgeführt, das Weichwasser durch p_H- oder Leitfähigkeitsmessung laufend geprüft. Ferner empfiehlt es sich, hinter dem Entgaser den Gehalt des entgasten Wassers an gelöstem Sauerstoff zu bestimmen und u. U. an dieser Stelle eine p_H-Messung durchzuführen. Außerdem ist eine p_H- und Leitfähigkeitsmessung des aus dem Verdampfer kommenden Destillates ange-

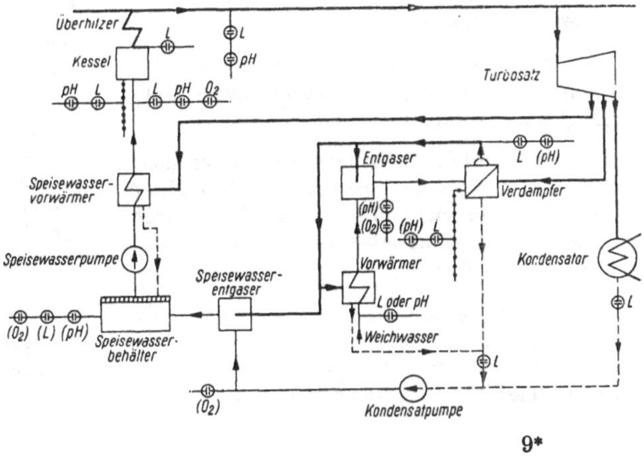

Abb. i
Schema des Wasser-Dampf-Kreislaufes einer Kesselanlage mit Angabe der Meßstellen
L Leitfähigkeitsmeßeinrichtung
pH = p_H-Meßeinrichtung —
O_2-Meßeinrichtung · Meßstellen, an denen bei Hochdruckanlagen wahlweise Dauermessungen oder nur zeitweilig Kontrollmessungen durchzuführen sind, in Klammern

bracht. Auch die Verdampferablauge wird auf Salzgehalt und p_H-Wert untersucht.

Im Speisewasserbehälter selbst ist die p_H- und Leitfähigkeitsmessung nicht unbedingt erforderlich. Eine zeitweilige Messung genügt. Ebenso wird man an dieser Stelle von Zeit zu Zeit den Sauerstoffgehalt im Speisewasser feststellen.

Das Speisewasser in der Leitung zur Speisewasserpumpe braucht dann nicht überwacht zu werden, wenn, wie heute meist üblich, korrosionsfeste Pumpen vorhanden sind. Der p_H-Wert sollte aber unmittelbar hinter der Dosierung von Triphosphat, Natriumsulfit oder Ammoniak festgestellt werden, einerlei, ob vor oder hinter dem Speisewasservorwärmer dosiert wird. Hier machen sich nämlich Änderungen des p_H-Wertes am ehesten bemerkbar, so daß man von dieser Stelle aus eine selbsttätige Regelung der Dosierung vorsehen wird. Der Kessel bildet dann ein nachgeschaltetes Speichervolumen, in dem sich Ungleichmäßigkeiten der Dosierung ausgleichen. Der p_H-Wert des Kesselwassers selbst muß zur Kontrolle der Dosierung bestimmt werden. Diese Messung ist für die Überwachung des Wasser-Dampf-Kreislaufes am wichtigsten.

Auch bei Niederdruckanlagen sollte wenigstens der p_H-Wert des Kesselwassers laufend überwacht werden, während bei Mitteldruckanlagen außerdem die p_H-Messung im Speisewasserbehälter bzw. im Kesselspeisewasser durchgeführt werden müßte.

Korrosionen an Rohrleitungen, Pumpen, Kesselrohren usw. werden auch von dem im Kesselwasser gelösten Sauerstoff hervorgerufen. Deshalb ist, zumindest bei Hochdruckanlagen, in der Kessel-Speisewasser-Leitung vor oder hinter der Speisewasserpumpe ein Sauerstoffmeßgerät anzuordnen.

In Mitteldruckanlagen sollte wenigstens der Eindickungsgrad der Kessellauge durch Leitfähigkeitsmessung überwacht werden.

Zur Überprüfung des Dampfes hinter dem Kessel wird zweckmäßigerweise der Salzgehalt hinter der Trommel und hinter dem Überhitzer gemessen. Bei Ammoniakdosierung ist außerdem eine p_H-Messung erforderlich.

Aus der Leitfähigkeit des kondensierten Dampfes erkennt man bei der Ammoniakdosierung nicht, ob der Salzgehalt des Dampfes für die Turbinen schädlich ist. Das Ammoniak verändert nämlich auch seinerseits die Leitfähigkeit des Wassers. Man hat deshalb versucht, in den fortlaufend entnommenen Probelösungen das Ammoniak durch Erhitzen auszutreiben oder es mit Hilfe von H-Austauschern in Wasser zu überführen. In der Lösung hinter dem Austauscher ist zwar die Wirkung des Ammoniaks völlig beseitigt und die Salze sind in Säuren umgesetzt; es machen sich jedoch die unterschiedlichen Leitfähigkeiten der verschiedenen Säuren, insbesondere aber die verhältnismäßig geringe Leitfähigkeit der Kohlensäure, bemerkbar. Ohne zusätzliche Einrichtungen kann man bei gleichzeitiger Aufzeichnung der Leitfähigkeit und des p_H-Wertes des kondensierten Dampfes allein aus dem Verlauf der Kurven erkennen, ob sich der Dampfzustand infolge von Versalzung oder durch zu hohen Ammoniakgehalt gegenüber dem Sollzustand geändert hat. Bei Versalzung spricht nur der Salzgehaltmesser, bei Änderung der Alkalität dagegen sowohl der Leitfähigkeits- als auch der p_H-Messer an. Es ist auch möglich, durch zwei Leitfähigkeitsmessungen den Einfluß des Ammoniaks auszuschalten. Man vergleicht dazu die Leitfähigkeit des Wassers, dessen Salzgehalt bestimmt werden soll, z. B. des Speisewassers bzw. des Turbinenkondensates, mit der Leitfähigkeit von an anderer Stelle entnommenem Destillat, das aber den gleichen Ammoniakgehalt wie das erste Wasser haben muß. Der Unterschied der Leitfähigkeiten gibt den gesuchten Salzgehalt, so daß Veränderungen des Salzgehaltes, z. B. durch Kondensatoreinbrüche, angezeigt werden.

Bei Trommelkesseln ohne Ammoniakdosierung erkennt man mitgerissene oder im Überhitzer abgeschiedene Salze aus den gemessenen Salzgehaltunterschieden von Kesselwasser, Dampf hinter der Trommel und hinter dem Überhitzer.

Das Turbinenkondensat wird in üblicher Weise durch Leitfähigkeitsmeßgeräte überwacht, vor allem, um Undichtigkeiten des Kondensators schnell zu erkennen. Die Messung erfolgt vor der Kondensatpumpe. Bei Hochdruckanlagen kann außerdem hinter der Kondensatpumpe eine Sauerstoffmeßeinrichtung angeschlossen werden, die Einbrüche von Sauerstoff anzeigt. Schließlich wird auch das aus dem Vorwärmer und aus dem Verdampfer kommende Kondensat vor Eintritt in die Kondensatleitung zwischen Kondensator und Kondensatpumpe durch Leitfähigkeitsmeßgeräte überwacht.

Schrifttum

MEYER, A. und WERNER, M. Mitteilungen VGB (1950) Heft 10. S. 132.

LIST, H. Mitteilungen VGB (1951) Heft 17/18. S. 32.

WERNER, M. und MEYER, A. Mitteilungen VGB (1951) Heft 16. S. 361.

LEICK, J. Vom Wasser XVIII (1950/51) S. 346.

HEINRICH, K. Vom Wasser XVIII (1950/51) S. 360.

LEICK, J. Technische Mitteilungen 45 (1952) S. 109.

TÖLLER, W. Mitteilungen VGB (1952) Heft 21. S. 252.

Wasser, Babcock Handbuch, Oberhausen 1951.

WESLY, H. Mitteilungen VGB (1953) Heft 25. S. 501.

KÜCHEN, H. Mitteilungen VGB (1953) Heft 25. S. 546.

Anmerkung: Vorstehender Literaturauszug vermittelt einen zusammenfassenden Überblick der elektrochemischen Überwachung von Dampfkesselanlagen. Dieser Aufsatz ist mit Rücksicht auf die bisherige Fahrweise älterer Kesselanlagen wiedergegeben worden.

2. L. KRATZ: Die Glaselektrode und ihre Anwendungen, Verlag Steinkopf 1950.

3. Jenaer Glaswerke Schott u. Gen. Mainz, Sonderdruck 33 und 34, Werknormblattsatz 4010.

4. F. LIENEWEG: Techn. p_H-Messungen, Sonderdruck aus Siemens-Zeitschrift, H. 4, 1952, Siemens & Halske.

5. H. HOFFMANN: Allgemeiner Überblick über den Stand der Dosierung und Meßtechnik in Deutschland und Amerika und die spezielle Verwendung in der Wasseraufbereitung, Jahrb. Vom Wasser, 1954, S. 259 bis 272.

6. Vereinigung der Großkesselbesitzer. Merkblatt Nr. 5 Gewährleistungsnachweis und Leistungskontrolle an Entgasern.

7. W. TÖLLER: Chemisch-physikalische Prüfeinrichtungen bei der Speisewasserpflege, Mitt. VGB, 1952, H. 21, S. 252.

8. F. GERHART: Flüssigkeitsgemischregler mit integrierendem Meßwerk, Sonderdruck aus Siemens-Zeitschrift H. 5/6, 1955, S. 238 bis 241.

TEIL D

Ausgewählte Verfahren zur chemischen Analyse

1. Allgemeine Hinweise

Die analytischen Untersuchungen des Wasser-Dampf-Kreislaufes erfordern Methoden, die sich von den in der klassischen analytischen Chemie gebräuchlichen vielfach unterscheiden. Die Ursache liegt vor allem in den Ansprüchen, welche heute an die Beschaffenheit der Kesselspeisewässer und Kondensate im Hochdruckkesselbetrieb gestellt werden. Das Arbeiten mit der Dimension μg/l anstatt mg/l oder gar g/l erfordert von einer Betriebsanalyse ein Höchstmaß an Empfindlichkeit sowie einfache und schnelle Handhabung.

Bis zum heutigen Tage liegen derart viel Analysenvorschriften für das obengenannte Gebiet vor, daß es dem im Kraftwerk arbeitenden Chemiker oft schwer fällt, die richtige Auswahl zu treffen. Die Vorschriften sind zum Teil auch veraltet, in anderen Fällen einander widersprechend oder als Betriebsanalyse ungeeignet. Es liegt also das Bedürfnis nach einer Zusammenfassung vor, womit gleichzeitig an eine Normung der Sprache der Kraftwerkschemiker gedacht ist. Dennoch erhebt die Sammlung nicht den Anspruch auf letzte Vollendung, da für viele Stoffe die künftigen Erkenntnisse der analytischen Chemie zu berücksichtigen sind bzw. für einige Stoffe noch keine Methoden vorliegen, die den Anforderungen einer Betriebsanalyse genügen*).

Die aufgeführten Analysenvorschriften beschränken sich auf die für das Fachgebiet gebräuchlichen chemischen Stoffe. Für jeden Stoff ist nur ein Untersuchungsverfahren angeführt, welches auf Grund praktischer Erfahrungen im Kesselbetrieb eine Betriebsanalyse garantiert. Es ist für den gesuchten Stoff oder die Stoffgruppe weitgehend spezifisch. Die Methoden sind entweder überarbeitet oder neu entwickelt. Hierbei wurde besonderer Wert darauf gelegt, die Zahl der Reagentien zu begrenzen und somit die Chemikalienbevorratung zu vereinfachen.

Die Verfahren lassen sich in vier Gruppen einteilen:

A. Gravimetrische Analysen
B. Titrationsanalysen
C. Photometrische Bestimmungen
D. Elektrische Messungen

Zu den Analysen der Gruppe C ist zu bemerken:

Alle Messungen wurden mit dem Elko II und den dazugehörigen S-Filtern durchgeführt. Für die Fälle, in denen sich keine Abweichungen vom LAMBERT-BEERschen Gesetz bemerkbar machten, ist der Zahlenfaktor a aus vorgelegten Konzentrationen

*) Siehe Literaturhinweise 1. auf S. 190.

und gemessenem Extinktionswert ermittelt worden. Mit diesem Faktor lassen sich innerhalb des bei jeder Vorschrift angegebenen Bereiches die Konzentrationen c berechnen, wenn die Extinktion bekannt ist:

$$c = \text{mg/l} = \frac{E}{s} \cdot a = k \cdot a$$

Hierin bedeuten

k = Extinktionsmodul
Man bestimmt ihn, indem man den abgelesenen Extinktionswert E durch die Schichtdicke s in cm dividiert.

a = Zahlenfaktor, Eichfaktor
Mit k multipliziert ergibt er die gesuchte Konzentration in mg/l.

In Klammern und Kursivdruck angeführte Zahlen bedeuten den dekadischen Logarithmus (lg) des Faktors a.

Gegenüber Analysenvorschriften, die von anderen Autoren veröffentlicht wurden, hat es sich als zweckmäßig erwiesen, den Faktor a so zu wählen, daß er den Gehalt des Stoffes in mg/l ergibt. Die Menge des Probewassers braucht man dann bei der Berechnung nicht mehr zu berücksichtigen. Der Eichfaktor paßt für jedes Photometer Elko II mit den dazugehörigen S-Filtern, falls das Gerät richtig eingestellt ist und die Konzentrationen der Reagenslösungen eingehalten werden. Es empfiehlt sich aber, von Zeit zu Zeit, besonders nach dem Auswechseln von Meßgerätteilen an Hand einer Nacheichung den Eichfaktor zu überprüfen.

Die photometrischen Analysenvorschriften können selbstverständlich bei jedem Photometer oder Spektralphotometer mit geeigneter Empfindlichkeit Anwendung finden. Allerdings ist dann ein neuer Eichfaktor zu ermitteln und bei Verwendung anderer Filter auf „scheinbare" Abweichungen vom LAMBERT-BEERschen Gesetz zu prüfen.

Zum Schluß noch eine kurze Erläuterung der in diesem Buch benutzten **Konzentrationsmaße.**

1. Gewichtsprozent = Gramm Bestandteil in 100 g Lösung
   Zeichen: % oder g/100 g
2. Gramm Bestandteil in 1 l Lösung
   Zeichen: g/l
3. Gramm Bestandteil in 1 l Lösungsmittel
   Zeichen: g/LM
4. 1 + 1 verdünnt bedeutet die Zusammengabe von einem Volumenteil konzentrierten Reagens und einem Volumenteil Wasser*)
   Bezeichnung: 1 + 1
5. Eine Normallösung enthält das Äquivalentgewicht eines Stoffes oder dessen Bruchteil in 1 Liter Lösung.
   Bezeichnung: 1 n, 0,1 n, 0,2 n usw. bzw. n/1, n/10, n/20 usw.

Die zum Ansetzen der Reagentien benötigten Chemikalien sind in allen Fällen als analysenreine Ware (z. A.) zu beziehen!

*) Zum Ansetzen der Chemikalien benutzt man über Ionenaustauscher vollentsalztes und entkieseltes Wasser mit einer Leitfähigkeit $< 1{,}0 \mu S\, cm^{-1}$. Mit dem Wort **Wasser** ist **in den Analysenvorschriften** grundsätzlich diese Qualität gemeint, wenn kein anderer Hinweis besteht. Zur an sich notwendigen Nomenklatur eines solchen aqua purissima wird in Anlehnung an die bekannten Begriffe Destillat bzw. Kondensat die Bezeichnung **Hydronat** in Vorschlag gebracht. Aus USA ist auch die Bezeichnung **Deionat** bekannt.

2. Abdampfrückstand und Glühverlust

a) Gesamtrückstand

(Abdampfrückstand und suspendierte Stoffe)

100 ml unfiltriertes Wasser aus einer gut umgeschüttelten Probe werden in einer gewogenen Platinschale*) auf dem Wasserbad eingedampft, bis zur Gewichtskonstanz bei 105° C im Trockenschrank behandelt; nach Erkalten im Exsikkator wird gewogen. Liegt der Gehalt unter 5 mg/100 ml, so ist von einer größeren Wassermenge auszugehen und diese bei der Berechnung zu berücksichtigen.

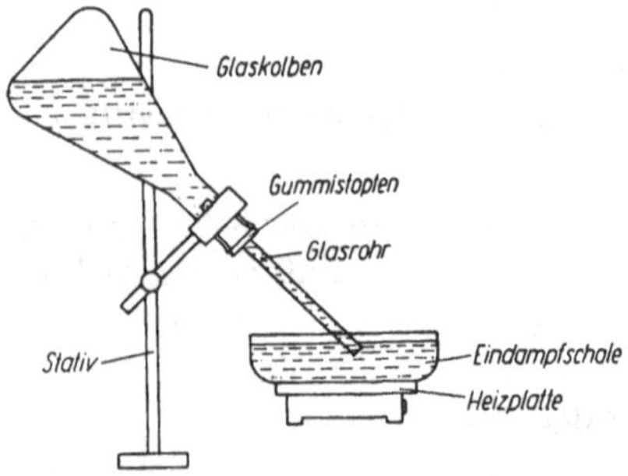

Abb. 80. Eindampfapparatur

b) Abdampfrückstand (gelöste Stoffe)

Rohwasser: Man filtriert die Wasserprobe durch ein Weißbandfilter Nr. 589 (Schleicher & Schüll) und verfährt mit dem Filtrat wie unter a).

Kesselspeisewasser und Kondensat: 5 l werden in einer gewogenen Platinschale kontinuierlich auf dem Wasserbad eingedampft. Jede Staubeinwirkung ist zu vermeiden. Hierbei leistet eine einfache Apparatur (Abb. 80) gute Dienste. Man trocknet bei 180° C und wägt nach dem Erkalten im Exsikkator.

c) Glühverlust

Der Abdampfrückstand wird in einer Platinschale unter Anwendung gleichmäßiger Hitze (Muffelofen) bei 600° C (dunkle Rotglut) nach vorherigem Anfeuchten mit einigen Tropfen Ammoniumnitratlösung verascht und 10 Minuten lang geglüht. Der Gewichtsunterschied zwischen Abdampfrückstand und Glührückstand ergibt den Glühverlust.

Reagens: Ammoniumnitrat (z. A.) in konzentrierter wäßriger Lösung.

Berechnung: Es werden auf ganze Milligramme je Liter abgerundete Zahlen angegeben und die Trocknungstemperatur vermerkt.

Beispiel:	Gesamtrückstand:	40 mg/100 ml =	400 mg/l
	Abdampfrückstand (180° C):	20 mg/5 l =	4 mg/l
	Glühverlust:	3,5 mg/100 ml =	35 mg/l

Anmerkung: Beim Gebrauch von Platingeräten ist zu beachten, daß diese im allgemeinen aus einem besonders reinen Geräteplatin hergestellt sind, das frei von allen Unedelmetallen ist und von Platinbegleitmetallen nur einige Zehntelprozent enthält.

Platin geht mit einer Reihe von Elementen Legierungen ein, deren Bildung zur Zerstörung der Geräte führt. Zu diesen zählen von Nichtmetallen vor allem Phosphor, Arsen, Silicium, Bor und Kohlenstoff, ferner alle leicht schmelzbaren Metalle. Substanzen, welche diese Stoffe in elementarer Form enthalten, dürfen in Platingeräten nicht geglüht werden.

Ferner greifen bei höheren Temperaturen an: schmelzende Ätzalkalien und Cyankalium sowie alle Substanzen, welche beim Glühen Halogene oder Schwefel abgeben.

Als allgemeine Regel gilt, daß man nicht bei unnötig hohen Temperaturen und nicht länger als unbedingt erforderlich glüht. Auch darf nicht mit reduzierender Flamme oder Acetylen geglüht werden. Ein häufiges Reinigen mit Seesand trägt durch jedesmalige Entfernung oberflächlich gebildeter Legierung wesentlich zur Erhaltung der Platingeräte bei.

*) An Stelle von Platinschalen haben sich auch Schalen aus V2A-Stahl oder Rein-Nickel (12—14 cm ∅, 2,5 mm Wandstärke) bewährt.

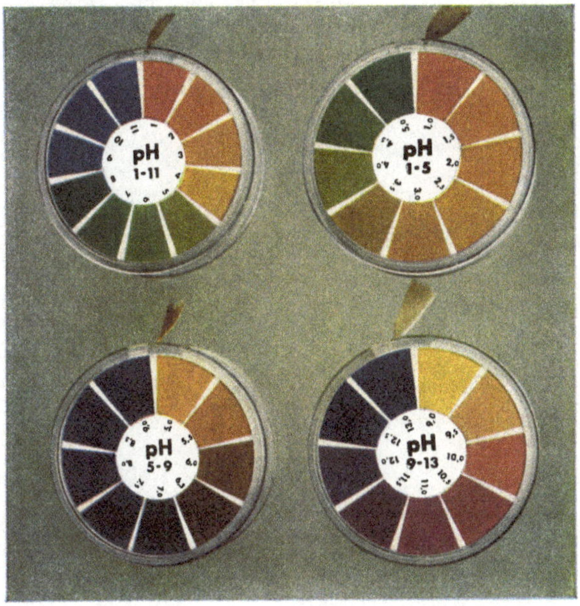

Abb. 81. p_H-Indikatorpapier in Rollenform

3. Reaktion (p_H-Zahl, Alkalität)

a) p_H-Zahl

Der Gehalt an Wasserstoffionen (H^+) bestimmt den Säurecharakter eines Wassers oder einer wäßrigen Lösung. Als Maßeinheit wird die p_H-Zahl benutzt. Diese ist definiert als der negative Logarithmus der molaren Wasserstoffionenkonzentration. In einem neutral reagierenden Wasser ($H_2O \rightleftharpoons H^+ + OH^-$) muß die Konzentration der Wasserstoffionen (H^+) gleich der der Hydroxylionen (OH^-) sein.

$$[H^+] = [OH^-] = 10^{-7}\ \text{Mol/l*)}.$$

In einem Liter Wasser sind beim Neutralpunkt also 10^{-7} Mol Wasserstoffionen enthalten, d. h. die p_H-Zahl beträgt 7.

Die Beziehung $[H^+] = [OH^-]$ ergibt sich aus folgendem Ansatz:

$$\frac{[H^+] \cdot [OH^-]}{[H_2O]} = K.$$

$$[H^+] \cdot [OH^-] = K \cdot [H_2O] = K_w.$$

Der Wert von K_w (Ionenprodukt des Wassers) beträgt bei 25° C rund 10^{-14}. Daraus folgt für

$$[H^+] = \frac{K_w}{[OH^-]} = \frac{10^{-14}}{10^{-7}} = 10^{-7}\ \text{Mol/l*)}.$$

Damit das Ionenprodukt konstant bleibt, muß eine Änderung der Wasserstoffionenkonzentration auch eine Änderung der Hydroxylionenkonzentration zur Folge haben (und umgekehrt). In der folgenden Tabelle XI sind die Beziehungen zwischen Wasserstoffionenkonzentration, Hydroxylionenkonzentration und p_H-Zahl für verdünnte Säuren und Laugen angeführt.

Tabelle XI

Lösung	$[H^+]$	$[OH^-]$	p_H	Reaktion
$^n/_1$-HCl	10^0	10^{-14}	0	↑
n/10-HCl	10^{-1}	10^{-13}	1	sauer
n/100-HCl	10^{-2}	10^{-12}	2	
n/1000-HCl	10^{-3}	10^{-11}	3	
H_2O	10^{-7}	10^{-7}	7	neutral
n/100-NaOH	10^{-12}	10^{-2}	12	
n/10-NaOH	10^{-13}	10^{-1}	13	alkalisch
$^n/_1$-NaOH	10^{-14}	10^0	14	↓

Die **Bestimmung der p_H-Zahl** geschieht auf zwei grundsätzlich verschiedenen Wegen:

1. **Optisch mittels Farbindikatoren.** Hierbei finden meist organische Substanzen Anwendung, deren Farbänderung in wäßriger Lösung von der p_H-Zahl abhängt. Für den praktischen Gebrauch haben sich sog. p_H-Indikatorpapiere in handlicher Form (Abb. 81) eingeführt, die mit Indikatorlösung getränkt sind. Beim Eintauchen eines solchen Papierstreifens in eine wäßrige Lösung nimmt der Streifen eine bestimmte Färbung an, welche mit einer Farbskala verglichen werden kann.

---

*) Gramm-Mol.

Diese Methodik versagt aber bei der Wasseruntersuchung in sog. „ungepufferten" Wässern vollständig. Hierunter versteht man Wässer, deren p_H-Wert sehr labil ist. Demgegenüber nennt man wäßrige Lösungen, deren p_H-Zahl nur wenig von der Verdünnung abhängt oder sich nicht nennenswert bei Zugabe geringer Mengen Säure oder Lauge ändert, „gepuffert". Solche Lösungen enthalten Salze schwacher Säuren mit starken Laugen (Basen) oder von schwachen Laugen mit starken Säuren. Ein Charakteristikum dieser Salze ist ihre hydrolytische Spaltung in einen wenig dissoziierten molekularen Anteil sowie einen stark bzw. völlig dissoziierten (d. h. in Ionen aufgespaltenen) Anteil.

Da die Indikatoren chemisch selbst Säuren oder Basen darstellen, beeinflussen sie verständlicherweise die p_H-Zahl eines schlecht gepufferten Wassers je nach zugegebener Indikatormenge.

Während Kondensate wegen des Fehlens von Salzen praktisch ungepuffert sind, weisen Bikarbonat oder Phosphat enthaltende Kesselwässer eine merkliche Pufferung auf.

2. **Elektrisch mittels Potentialmessung.** Die genaueste p_H-Messung erfolgt durch stromlose Messung des zwischen einer Glaselektrode und einer Bezugselektrode entstehenden Potentials. Die Glaselektrode taucht unmittelbar in die zu messende Lösung ein, die Bezugselektrode befindet sich in einer Lösung konstanter Ionenkonzentration. Die EMK dieser Elektrodenkette ändert sich direkt proportional mit der p_H-Zahl gemäß der Beziehung

$$\mathrm{E} = 58 \cdot \lg \frac{p_{H1}}{p_{H2}} \text{ mV } (20^\circ \text{C}) \tag{24a}$$

um 58 mV für $\Delta\, p_H = 1$.

Für die Temperaturabhängigkeit der Glaselektrodenkette gilt die Beziehung

$$\Delta \mathrm{E} = -0{,}1983\,(T_2 - T_1)\,(p_{Hx} - p_{Hs}) \text{ mV} \tag{24b}$$

$p_{Hx} = p_H$ der Wasserprobe $\qquad p_{Hs} = p_H$ des Isothermenschnittpunktes

Die ideal ansprechende Glaselektrode verändert ihr Potential um

$$\Delta E = -0{,}1983 \text{ mV}$$

für 1° C Temperaturänderung und + 1 p_H Abstand zwischen p_{Hx} und p_{Hs}.

Aus der Gleichung (24b) ergibt sich für eine Temperaturänderung des Meßgutes um 10° C bzw. 20° C eine Potentialänderung von ≈ 2 bzw. ≈ 4 mV.

Das bedeutet ein p_H-Anzeigefehler von ≈ 0,03 bzw. ≈ 0,06 p_H-Einheiten. Für technische Messungen mit der Glaselektrodenkette beträgt die reproduzierbare Genauigkeit 0,05—0,1 p_H. Eine Temperaturkompensation ist also nicht unbedingt erforderlich, wenn die Probewässer bei Zimmertemperatur gemessen werden.

Die Anwendung der Glaselektrode zur p_H-Messung beruht auf der Ausbildung von Phasengrenzpotentialen zwischen Glas und Elektrolyt, d. h. auf einer ionogenen Wechselwirkung zwischen Membranglas und Lösung. Man nimmt an, daß bei Berührung mit wäßrigen Lösungen auf der Glasmembran durch Ionenaustausch und Quellungsvorgänge eine Kieselgelschicht entsteht. Zwischen dieser Schicht und der Lösung stellt sich ein Ionengleichgewicht derart ein, daß Wasserstoffionen am Gel adsorbiert oder desorbiert werden, je nachdem die angrenzende Flüssigkeit im Vergleich zum Gel Wasserstoffionen-Überschuß oder -Mangel aufweist. Die an der Phasengrenze vorhandene elektrische Doppelschicht auf beiden Seiten der Glasmembran bewirkt eine p_H-abhängige Potentialeinstellung.

Die elektrische p_H-Messung erfordert wie alle Potentialmessungen eine weitgehend stromlose Arbeitsweise. Auf Grund des hohen Glaselektrodenwiderstandes (in wenig gepufferten Lösungen kann nur mit hochohmigen Glaselektroden gemessen werden) wird ein Verstärker benötigt, um eine sichere elektrische Anzeige zu erzielen. Geignete Röhrenverstärker mit hohem Eingangswiderstand sind von vielen deutschen Firmen auf dem Markt erschienen.

Eine handliche Meßapparatur zur Aufnahme der beiden Elektroden und des Probewassers wird von dem Jenaer Glaswerk SCHOTT & Gen., Mainz (Abb. 82) geliefert. Eine SCHOTTsche Glaselektrode zeigt die Abb. 83, die dazugehörige Bezugselektrode (Kalomel) Abb. 84.

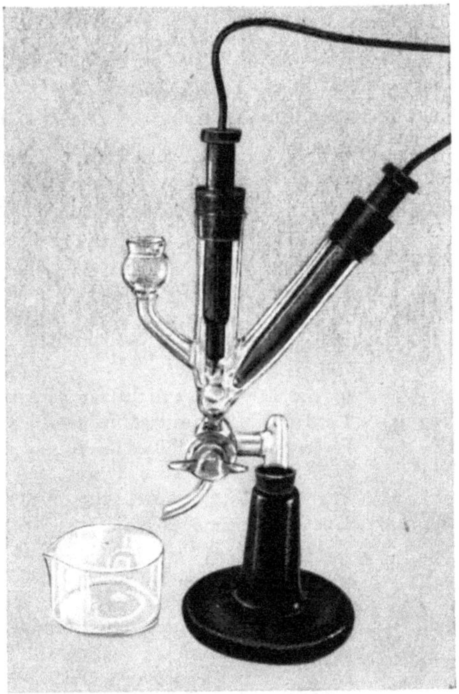

Abb. 82
p_H-Meßgerät für Laborzwecke

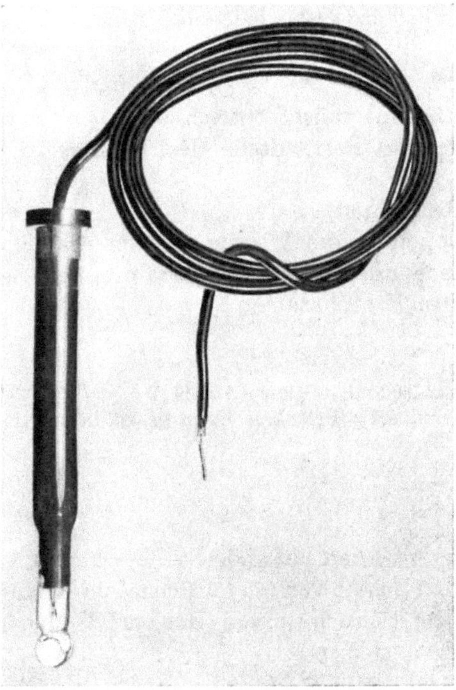

Abb. 83
Glaselektrode zur p_H-Messung

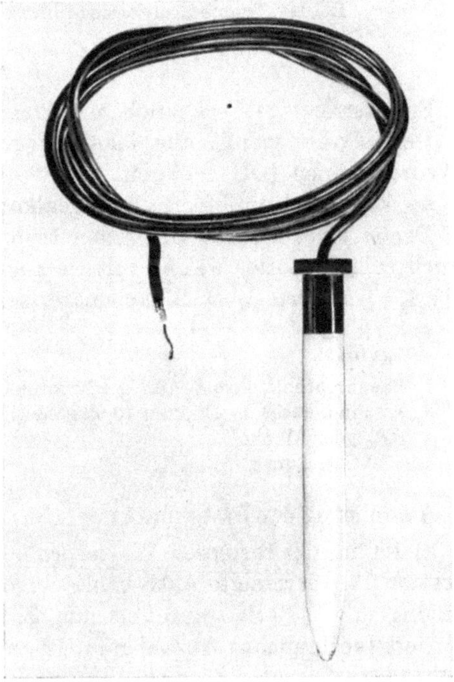

Abb. 84
Bezugselektrode (Kalomel) zur p_H-Messung

p_H-Messungen mit der Glaselektrode in vollentsalzten Wässern (Leitfähigkeit $< 1{,}0\,\mu S\ cm^{-1}$) ergeben infolge des hohen inneren elektrischen Widerstandes falsche Resultate. Erfahrungen der Praxis haben gezeigt, daß man durch Zusatz einer geringen Kochsalzmenge (1—2 g/l) besser reproduzierbare Werte erhält.

Zur Eichung und Überprüfung einer Glaselektrodenkette dienen sog. Pufferlösungen mit definierter p_H-Zahl. Diese Pufferlösungen können fertig bezogen oder gemäß den nachstehenden Rezepten angefertigt werden.

Pufferlösungen*):

p_H 2,0 6,71 g Kaliumchlorid (KCl) werden in 1 Liter n/100-Salzsäure gelöst.

p_H 4,62 200 ml n/1-Essigsäure (CH_3COOH) und
100 ml n/1-Natronlauge (NaOH)
700 ml Wasser
p_H der Lösung ist nicht temperaturabhängig.

p_H 6,4 1. 21,008 g Zitronensäure nach „Sörensen“ und 200 ml n/1-Natronlauge (NaOH) mit Wasser zu einem Liter lösen.
2. 54,4 ml der Lösung 1. mit 45,6 ml n/10-NaOH mischen.
Bei 10^0 C Temperaturanstieg nimmt die p_H-Zahl um 0,035 zu.

p_H 7,0 1. 9,078 g primäres Kaliumphosphat (KH_2PO_4) zum Liter lösen.
2. 11,88 g sekundäres Natriumphosphat ($Na_2HPO_4 \cdot 2H_2O$) zum Liter lösen.
Lösung 1. und 2. im Verhältnis 2 : 3 vereinigen. p_H temperaturabhängig zwischen 10—70^0 C.

p_H 9,0 1. 12,40 g Borsäure nach „Sörensen“ und 100 ml n/1-Natronlauge zu einem Liter mit Wasser auflösen.
2. 1 Liter n/10-Salzsäure (HCl).
8,5 Teile Lösung 1. mit 1,5 Teilen Lösung 2. vermischen.
Bei 10^0 Temperaturanstieg nimmt die p_H-Zahl um 0,035—0,075 ab.

b) Alkalität

Erläuterung: ***p*-Wert** (auch mit Phenolphthaleinalkalität bezeichnet).

Der *p*-Wert erfaßt alle alkalisch reagierenden Bestandteile des Wassers, die Hydroxylionen (OH^-) bilden.

***m*-Wert** (auch mit Methylorangealkalität bezeichnet).

Der *m*-Wert umfaßt außer den Hydroxylionen der im Wasser gelösten Alkalien auch solche Stoffe, welche mit Salzsäure noch unterhalb des Neutralpunktes bis p_H 4,3 reagieren (z. B. Bikarbonate, sekundäre Phosphate).

Reagentien:

1. Phenolphthaleinlösung (0,1 g Phenolphthalein in 100 ml 70%igem Alkohol).
2. Mischindikator n. Cooper (0,02 g Methylrot und 0,1 g Bromkresolgrün gelöst in 100 ml 96%igem Alkohol).
3. n/10-Salzsäure z. A.

Ausführung der Bestimmung:

a) 100 ml der farblosen Wasserprobe (störend wirken färbende Stoffe, daher Filtration über gereinigte Aktivkohle) werden nach Zusatz von 0,5 ml Phenolphthaleinlösung mit n/10-Salzsäure bis zur Entfärbung (Umschlag von Rot auf Farblos) titriert (verbrauchte Anzahl ml n/10-Salzsäure = *p*-Wert).

---

*) Analysenreine Chemikalien z. A. Die Lösungen sind gegen Kohlensäureeinwirkung der Luft unbedingt zu schützen.

b) Nach Zusatz von 0,1 ml Mischindikator titriert man weiter bis zum Umschlag von Blaugrün über Grau nach Rot (Gesamtverbrauch an n/10-Salzsäure = m-Wert).

Berechnung:

a ml n/10 HCl	= **p-Wert**
(a + b) ml n/10 HCl	= **m-Wert**
m-Wert · 2,8	= ^{0} dKH (Karbonathärte)
1 ml n/10 HCl	= 2,8 mg CaO

Sind im Wasser nur Hydroxyde, Karbonate und Bikarbonate enthalten, lassen sich die einzelnen Anteile aus der Tabelle XII errechnen:

Tabelle XII

Ergebnis der Titration	Die Probe enthält		
	Hydroxyd	Karbonat	Bikarbonat
$p = 0$	0	0	m
$p < {}^1/_2\, m$	0	$2\,p$	$m - 2\,p$
$p = {}^1/_2\, m$	0	$2\,p$	0
$p > {}^1/_2\, m$	$2\,p - m$	$2\,(m - p)$	0
$p = m$	m	0	0

Gebundene Kohlensäure (Karbonatkohlensäure)	ml n/10-HCl · 22 = mg CO_2/l
Karbonate	ml n/10-HCl · 30 = mg CO_3/l
Bikarbonate	ml n/10-HCl · 61 = mg HCO_3/l
Natriumhydroxyd	ml n/10-HCl · 40 = mg NaOH/l = Alkalitätszahl (AZ)

Beim Vorhandensein von Phosphat bzw. Sulfit müssen die p- und m-Werte berichtigt werden:

$$p' = p \text{ gefunden} - (\text{mg } P_2O_5/\text{l} : 7{,}15)$$
$$m' = m \text{ gefunden} - (\text{mg } P_2O_5/\text{l} : 3{,}57)$$
$$m' = m \text{ gefunden} - (\text{mg } Na_2SO_3/\text{l} : 6{,}30)$$

Da im Kesselwasser etwa vorhandene Resthärte neben den Chemikalienüberschüssen als Karbonat vorliegt ($CaCO_3$ und $MgCO_3$), muß zur Bestimmung des Sodaüberschusses die Resthärte von dem Karbonatgehalt abgezogen werden.

Sodaüberschuß: $$2\,(m - p) - \frac{^0\text{dH Resthärte}}{2{,}8}$$

Der p-Wert läßt die näherungsweise Berechnung der p_H-Zahl zu. Siehe hierzu die nachstehende Alkalitätstafel.

Erläuterungen zur Alkalitätstafel

Die Tafel gestattet, an Hand einer Logarithmentafel aus dem titrimetrisch ermittelten p-Wert die zugehörige [OH^-] sowie die p_H-Zahl und die Alkalitätszahl abzulesen.

Beispiel:

1. p-Wert sei 4,0

$$\lg 4{,}0 = 0{,}60206$$

Tafel linke Spalte (mval/l) 0,6021 aufsuchen, bis zur Kurve gehen und auf der Abszisse

p_H = 11,6 ablesen.

2. Unter lg [OH^-] liest man auf der Ordinate

$$0{,}60206 - 3 \text{ ab; } [OH^-] = 0{,}004 = 4 \cdot 10^{-3} \text{ g-Mol/l}$$

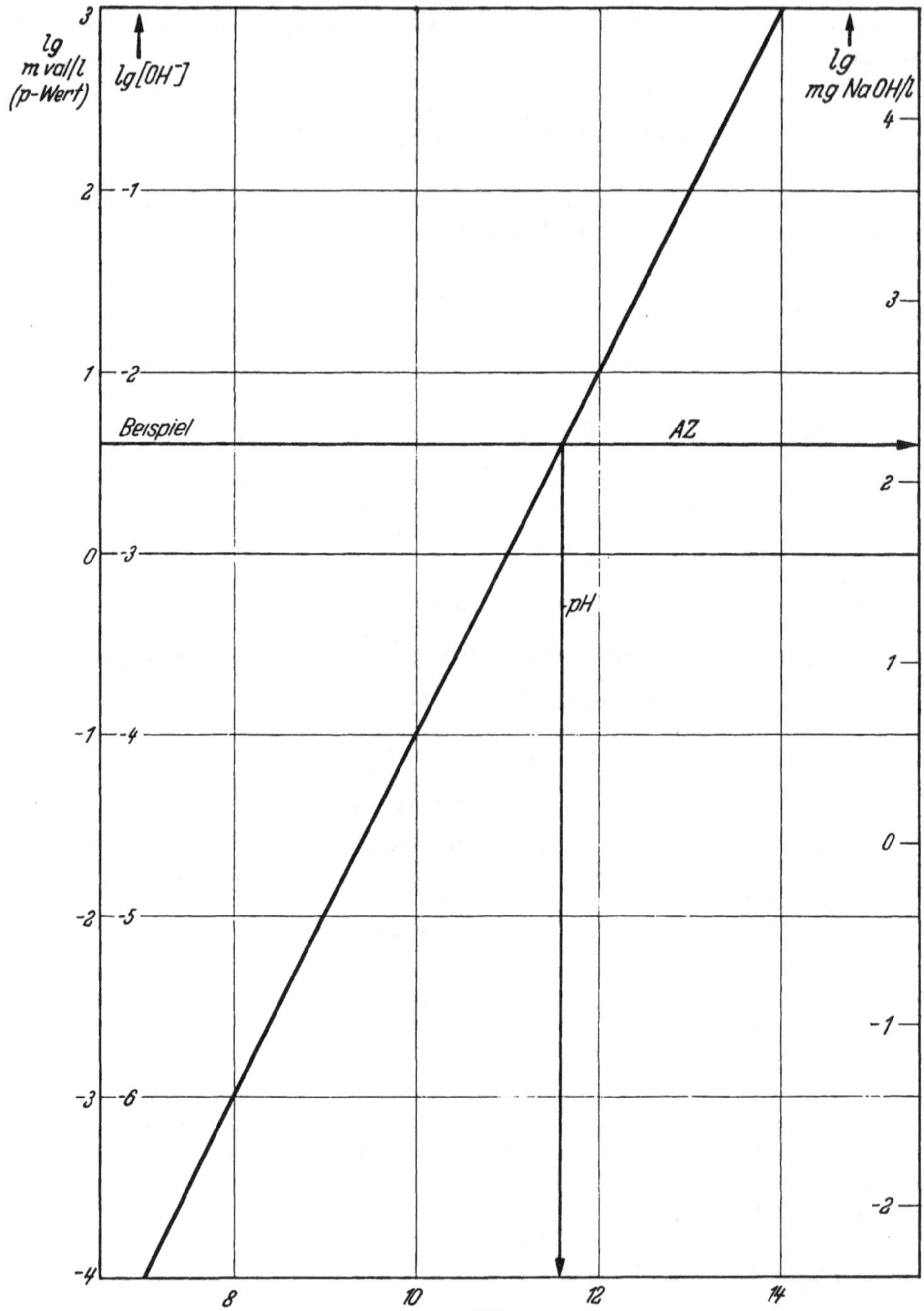

Alkalitätstafel

3. Aus dem p_H-Wert berechnet sich die Wasserstoffionenkonzentration $[H^+]$ zu:

$$p_H = 11{,}6$$
$$\lg [H^+] = -11{,}6 = 0{,}4 - 12$$
$$[H^+] = 2{,}512 \cdot 10^{-12} \text{ g-Mol/l}$$

4. Auf der rechten Ordinate liest man den Logarithmus der Natronlaugekonzentration in mg/l ab.

$$\lg \text{mg NaOH/l} = \lg \text{AZ} = 2{,}200$$
$$\text{AZ} = 158{,}5 \approx 160.$$

5. Umgekehrt kann man aus jedem gemessenen p_H-Wert den p-Wert, die $[OH^-]$ sowie die vorhandene Laugemenge entnehmen, wenn man den jeweiligen Logarithmus auf den Ordinaten aufsucht und die den Mantissen bzw. den Kennziffern entsprechenden Numeri aus der Logarithmentafel ermittelt.

4. Gesamthärte (GH)

Erläuterung: Unter Härte wird im allgemeinen nur die Summe der im Wasser vorhandenen Calcium- und Magnesiumverbindungen verstanden. Die Härteangabe erfolgt in Graden deutscher Härte, ^{0} dH.

1^0 dH = 10 mg CaO/l.

Grundlage: Calcium- und Magnesiumionen lassen sich mit Na_2H_2-Äthylendiamintetraacetat und Eriochromschwarz T als Indikator komplexometrisch titrieren. Bei Verwendung der Indikatorpuffertabletten „Merck“ kann die Gesamthärte in eleganter Weise direkt titriert werden. Eisenverbindungen stören. Zur Eliminierung gibt man etwa 0,5 g krist. Natriumsulfid in die abgemessene Probeflüssigkeit. Störungen durch Kupfer- und Zinkverbindungen schaltet man durch Zugabe von etwas Kaliumcyanid aus.

Reagentien:

1. Titriplexlösung A (Merck)
2. Titriplexlösung B (Merck)
3. Indikatorpuffertabletten „Merck“ zur Härtebestimmung des Wassers.
4. Ammoniaklösung 0,910 z. A.
5. Natriumsulfid Na_2S z. A.
6. Kaliumcyanid z. A.

Ausführung: In 100 ml Probewasser löst man eine Indikatorpuffertablette. Nach Zugabe von 1 ml Ammoniaklösung 0,910 wird bei

Rohwässern,
mittelharten und
harten Wässern mit Titriplexlösung A,

bei

weichen,
vorenthärteten und
enthärteten Wässern mit Titriplexlösung B

sofort titriert, bis die rote Farbe über einen grauen Zwischenton in reines Grün umschlägt. Temperatur 20—30^0 C.

Berechnung (für Anwendung von 100 ml Probewasser):

1 ml Titriplexlösung A = 5,6^0 dGH
1 ml Titriplexlösung B = 1^0 dGH

5. Karbonathärte (KH)
Nichtkarbonathärte (NKH)

Erläuterung: Die Karbonathärte umfaßt den an Kohlensäure gebundenen Anteil der Gesamthärte (Karbonate und Bikarbonate).

Die Nichtkarbonathärte enthält alle anderen gelösten Calcium- und Magnesiumsalze (z. B. Hydroxyde, Chloride, Sulfate, Nitrate, Phosphate, Silikate, Humate u. a.).

Reagentien:

1. n/10-Salzsäure z. A.
2. Mischindikator n. COOPER
   (0,02 g Methylrot und 0,1 g Bromkresolgrün gelöst in 100 ml 96%igem Alkohol).

Ausführung: 100 ml Probewasser werden nach Zusatz von 0,1 ml Mischindikatorlösung mit n/10-Salzsäure bis zum Umschlag von Blaugrün auf Rot titriert.

Enthält die Probe Trübungen, so ist gegebenenfalls über gereinigte säurefreie Aktivkohle zu filtrieren. Phosphate und Alkalien werden miterfaßt (siehe Bestimmung der Alkalität, *m*-Wert).

Berechnung (bei Anwendung von 100 ml Probewasser):

a) Karbonathärte
   1 ml n/10-HCl = 2,8 mg CaO
   = 2,8 ^{0} dKH
   Von den ermittelten Härtegraden sind für je 1 mg/l Eisen (Fe) oder Mangan (Mn) 0,1^0 dH abzuziehen.

b) Nichtkarbonathärte
   ^{0} d NKH = ^{0} d GH — ^{0} dKH.

Ist KH höher als GH, so enthält das Wasser neben Karbonathärte noch Natriumbikarbonat; in diesem Fall können KH und NKH durch die vorbeschriebene einfache chemische Untersuchung nicht ermittelt werden.

Anmerkung: Die relativ einfache Methode zur Bestimmung der KH und NKH läßt sich im allgemeinen nur bei natürlichen Wässern anwenden. In Wässern mit chemischen Zusätzen müssen die einzelnen Bestandteile gesondert analysiert werden.

Für phosphathaltige Wässer (z. B. mit Poly- oder Metaphosphatzusatz) kann man gemäß Angabe von HAUPT und STEFFENS die Karbonathärte nach obiger Vorschrift erfassen, wenn man das Wasser vor Durchführung der Untersuchung mit etwa 5 ml einer 10%igen Barium- oder Strontiumfluoridlösung versetzt und anschließend klar filtriert. Die störenden Phosphate werden dabei in wasserunlösliche Barium- oder Strontiumphosphate umgewandelt.

6. Resthärte < 0,5^0 dH in Speisewasser und Kondensat
(nach SPLITTGERBER-MOHR)

Grundlage: Mit alkalischer Seifenlösung bilden Calcium- und Magnesiumionen wasserunlösliche fettsaure Salze. Bei salzarmen Wässern ist ein Zusatz von festem Natriumchlorid (Kochsalz) erforderlich (Aussalzen).

Reagentien:

1. Phenolphthaleinlösung (0,1 g Phenolphthalein in 100 ml 70%igem Alkohol)
2. n/10-Salzsäure z. A.
3. n/10-Natronlauge z. A.
4. Natriumchlorid krist. z. A.
5. Verdünnte Seifenlösung nach Clark.

(Die käufliche Clarksche Seifenlösung wird mit neutralisiertem 56 Vol%igem Methanol auf das Fünffache verdünnt.)

Die verdünnte Seifenlösung muß in Kunststoffflaschen aufbewahrt werden, welche man vor Gebrauch mit Salzsäure und vollentsalztem Wasser sorgfältig reinigt.

Ausführung: 500 ml Probewasser werden in einem 600 ml fassenden Schüttelzylinder mit Phenolphthaleinlösung versetzt. Je nachdem, ob das Wasser gegen Phenolphthalein sauer oder alkalisch reagiert, versetzt man mit n/10-Natronlauge oder n/10-Salzsäure bis zur eben wahrnehmbaren Rosafärbung. Außerdem fügt man etwa 0,5—1 g festes Natriumchlorid zu.

Aus einer Bürette wird portionsweise unter jedesmaligem Verschließen und Umschütteln des Schüttelzylinders titriert, bis ein bleibender, nicht mehr knisternder Schaum entsteht.

Berechnung:

1. 1 ml Seifenlösung = 0,003 ° dH, wenn der Gesamtverbrauch < 50 ml ist.
2. 1 ml Seifenlösung = 0,01 ° dH für den 50 ml übersteigenden Mehrverbrauch.

7. Permanganat-Zahl

($KMnO_4$-Verbrauch, PZ)

Grundlage: Die Permanganatzahl dient als Maß für den Gehalt natürlicher Wässer an oxydierbaren organischen Verunreinigungen. Das Verfahren beruht auf der stark oxydierenden Wirkung des Permanganations in saurer Lösung:

$$MnO_4^- + 8H^+ + 5e^- \longrightarrow Mn^{++} + 4H_2O.$$

Allerdings ist ein Vergleich der Permanganatzahl von verschiedenartigen Wässern nicht sinnvoll, da die verschiedenen organischen Verbindungen einen sehr unterschiedlichen Permanganatverbrauch aufweisen, wie einige Beispiele zeigen.

Substanz, g/l	$KMnO_4$-Verbrauch, mg/l
Phenole	etwa 10000
Kresole	etwa 6200
Rohrzucker	etwa 2700
Dextrin	etwa 850
Humussäure	etwa 200
Pyridin	etwa 100
Harnstoff	etwa 6

Reagentien:

1. Schwefelsäure 1 + 1
2. n/100-Kaliumpermanganatlösung
   100 ml n/10-Kaliumpermanganatlösung (aus Fixanal oder Titrisolampullen bereitet) werden im Maßkolben zu 1 Liter verdünnt
3. n/100-Oxalsäure

Ausführung: In einem Erlenmeyerkolben*) säuert man 100 ml Probewasser mit

*) Die verwendeten Kolben sind unter Zugabe von Kaliumpermanganat sowie 10 ml Schwefelsäure 10 Minuten lang auszukochen und durch sofortiges und sorgfältiges Ausspülen zu säubern. Das hierbei benutzte destillierte oder vollentsalzte Wasser muß von organischer Substanz möglichst frei sein. Ein solches Wasser stellt man durch Aufkochen unter Zugabe von 10 ml Schwefelsäure 1 + 1 pro Liter her, wobei so lange tropfenweise n/100-$KMnO_4$-Lösung zugegeben wird, bis eine schwache Rosafärbung hinterbleibt. Zur Vermeidung von Siedeverzügen setzt man etwas ausgeglühten Bimsstein zu.

5 ml Schwefelsäure (1) an, gibt 15 ml Kaliumpermanganatlösung (2) hinzu und kocht 10 Minuten am Rückflußkühler. Hinterher muß die Lösung noch kräftig rot gefärbt sein, andernfalls ist das zu untersuchende Wasser zu verdünnen und eine neue Probe anzusetzen. Nach dem Kochen fügt man 15 ml Oxalsäure (3) hinzu und titriert sofort mit Kaliumpermanganat (2) bis zur schwachen Rosafärbung. Bei Chloridgehalten > 100 mg/l ist die Probe ebenfalls zu verdünnen, weil die Gefahr besteht, daß sonst Oxydation zu freiem Chlor unter Permanganatverbrauch einsetzt.

Berechnung: Die bei der Titration verbrauchten ml n/100-$KMnO_4$-Lösung ergeben mit 3,16 *(49969)* multipliziert den Kaliumpermanganatverbrauch bzw. die Permanganatzahl (PZ) in mg/l.

Von dem Ergebnis sind abzuziehen:

für 1 mg Fe^{++}/l	0,57 mg $KMnO_4$/l
für 1 mg NO_2^-/l	1,4 mg $KMnO_4$/l
für 1 mg H_2S/l	1,85 mg $KMnO_4$/l

8. Minus-O_2-Wert (— O_2)

Grundlage: Der Minus-O_2-Wert ist ein Maß für den Gehalt eines Wassers an Stoffen organischer oder anorganischer Natur, die im p_H-Gebiet von 7—8 Jod zu Jodid reduzieren:

Als Beispiel sei die Reaktion

$$N_2H_4 + J_2 \rightarrow N_2 + 4HJ$$

angeführt.

Die reduzierenden Substanzen im Kesselspeisewasser oder Kondensat können entweder natürlich vorliegende (z. B. Huminstoffe, Phenole, Zucker) oder aber absichtlich zugesetzte Verbindungen sein (z. B. Restentgasungsmittel wie Hydrazin, Sulfite, Dithionite).

Reagentien:

1. n/100-Jodlösung
2. Kaliumjodid, z. A.
3. Phosphorsäure, etwa 1%ig (Vol.%)
4. Gesättigte wäßrige Lösung von Dinatriumhydrogenphosphat (sekundäres Natriumphosphat) z. A.
5. Stärkelösung nach Nordling (siehe Analysenvorschrift für O_2)

Ausführung der Bestimmung: 250 ml Probewasser werden mit 3 ml Phosphorsäure (3) versetzt. Hierzu gibt man so viel Natriumphosphatlösung (4), daß der p_H-Wert zwischen 7 und 8 liegt (etwa 6 ml), sowie etwa 1 g festes Kaliumjodid (2) und 4 ml Stärkelösung (5). Man titriert mit n/100-Jodlösung (1) aus einer Mikrobürette ($^1/_{100}$ ml Teilung) bis zur eben beginnenden Blaufärbung.

Berechnung: Hydrazin und Sauerstoff besitzen die gleichen Äquivalentgewichte. Darum gibt der Minus-O_2-Wert auch den Hydrazingehalt einer Lösung an.

Bei Anwendung von 250 ml Probewasser entspricht

$$1 \text{ ml n/100-Jodlösung} = 320\,\mu g - O_2/l \text{ (oder } 320\,\mu g\ N_2H_4/l$$

abzüglich sonst noch vorliegender reduzierender Stoffe).

9. Bestimmung des im Wasser gelösten Sauerstoffs (O_2)

Erläuterung: Das Untersuchungsverfahren beruht darauf, daß zweiwertige Manganverbindungen im alkalischen Medium mit in Wasser gelöstem Luftsauerstoff reagieren und die entstandenen Manganomanganite bei der nachfolgenden Auflösung in Säuren in Gegenwart von Mangan(II)-Ionen Mangan(III)-Verbindungen bilden. Diese wirken als Oxydationsmittel und setzen z. B. aus Jodiden Jod in Freiheit, welches mit Thiosulfat titrimetrisch bestimmt wird.

Reagentien:

1. Manganchloridlösung. 800 g Mangan(II)-Chlorid z. A. ($MnCl_2 \cdot 4H_2O$) in 1 Liter destilliertem Wasser. Die Lösung darf kein Jod aus Kaliumjodid frei machen.

Prüfung: In 5 ml Manganchloridlösung werden etwa 0,2 g Kaliumjodid gelöst. Die Lösung wird mit 1,0 ml Schwefelsäure 1 + 1 und mit etwa 1 ml Chloroform versetzt. Nach dem Umschütteln darf sich das Chloroform nicht rotviolett färben.

2. Jodkaliumhaltige Kalilauge. 700 g KOH (reinst z. A., Plätzchenform) werden in 550 ml destilliertem Wasser gelöst. Gleichzeitig löst man 150 g Kaliumjodid z. A. in 150 ml Wasser auf. Die Kaliumjodidlösung wird in die abgekühlte Lauge gegossen und umgerührt. Die fertige Laugelösung darf nach dem Ansäuern keine Jodausscheidung zeigen.

Prüfung: 1 ml wird mit 5 ml dest. Wasser verdünnt und mit 6 ml Schwefelsäure 1 + 1 und 1 ml Chloroform versetzt. Nach dem Umschütteln darf sich das Chloroform nicht rotviolett färben.

3. Stärkelösung. Eine Mischung von 500 ml Glycerin und 500 ml destlliertem Wasser erhitzt man zum Sieden, gibt 10 g lösliche Stärke z. A. (Merck) in 20—30 ml Wasser unter Rühren zu und kocht noch 3 Minuten. Nach dem Abkühlen ist die Lösung gebrauchsfertig und längere Zeit haltbar.

4. 0,00625 n-Natriumthiosulfatlösung. 62,5 ml 0,1 n-Natriumthiosulfatlösung („Fixanal") oder 1,5512 g $Na_2S_2O_3 \cdot 5H_2O$ werden mit aufgekochtem destilliertem Wasser zu 1 Liter verdünnt bzw. gelöst. Zur Stabilisierung setzt man noch 3—5 Tropfen Amylalkohol zu.

Einstellen der 0,00625 n-Natriumthiosulfatlösung: Man gibt zu 100 ml destilliertem Wasser 3,0 ml H_2SO_4 (1 + 1), etwa 1 g Kaliumjodid, 5 ml 0,01 n-Kaliumbromatlösung und 4 ml Stärkelösung, fügt dann 20 ml Natriumacetatlösung hinzu und titriert mit der Thiosulfatlösung von blau auf farblos (Mikrobürette).

5. 0,001 n-Jodlösung. 10 ml 0,1 n-Jodlösung (Fixanalampulle) werden mit destilliertem Wasser zu 1000 ml aufgefüllt.

6. Schwefelsäure 1 + 1. 100 ml konz. Schwefelsäure (z. A.) werden in 100 ml destilliertes Wasser gegossen, umgeschüttelt und abgekühlt.

7. Kristallisiertes Kaliumjodid z. A. (Jodatfrei!).

Prüfung auf Jodat: Etwa 0,2 g KJ werden in 5,0 ml Wasser gelöst, mit 1,0 ml Schwefelsäure 1 + 1 und 1 ml Chloroform versetzt. Die Chloroformschicht darf nach dem Umschütteln keine rotviolette Färbung zeigen.

8. 0,01 n-Kaliumbromatlösung. 100 ml 0,1 n-Kaliumbromatlösung ($KBrO_3$; „Fixanal") werden mit destilliertem Wasser auf 1 Liter aufgefüllt. 5 ml 0,01 n-$KBrO_3$-Lösung sind 8 ml 0,00625 n-$Na_2S_2O_3$ äquivalent.

9. Natriumacetatlösung. 450 g Na-Acetat (Natriumacetat z. A., indifferent gegen Kaliumpermanganat nach Reinitzer) löst man in möglichst wenig Wasser und füllt zu 1 Liter auf

Arbeitsgeräte:

1. KPG-Bürette 5 ml Inhalt oder Mikrobürette 2 ml Inhalt, unterteilt in 0,01 ml.
2. Injektionsspritzen mit V2A-Kanülen (etwa 140 mm lang, 10 oder 5 ml Inhalt).
3. Sauerstoffprobenahmeflaschen mit abgeschrägtem Glasstopfen, 550—650 ml Inhalt.
4. 1 Blecheimer, lichte Weite etwa 200 mm, Höhe etwa 300 mm.
5. Meßzylinder 500 ml Inhalt; Vollpipetten 20, 10, 5 ml Inhalt; Meßpipetten 5 ml Inhalt, unterteilt in 0,1 ml; Erlenmeyerweithalskolben 1000 ml Inhalt.

Ausführung: In den Blecheimer leitet man durch einen auf den Kühler aufgezogenen Vakuumschlauch mit angesetztem Glasrohr das zu untersuchende Speisewasser oder Kondensat. Zur genauen Probenahme empfiehlt es sich, den Entnahmeschlauch dauernd an der Probenahmestelle zu belassen und den Wasserdurchlauf nicht zu unterbrechen. Zur Probenahme sind zwei Flaschen erforderlich. Nachdem der Boden des Blecheimers einige Zentimeter hoch mit Wasser bedeckt ist, wird das Glasrohr in die erste Flasche (im folgenden mit Flasche „Ox" bezeichnet) eingesetzt und diese nach Überlaufen in den Eimer gestellt. Das Probewasser soll nun weiterhin noch 10 Minuten die Flasche durchlaufen, mindestens jedoch so lange, bis der Wasserspiegel im Blecheimer sich einige Zentimeter oberhalb des Flaschenhalses befindet. Sodann wird das Glasrohr vorsichtig herausgezogen und neben der Probenahmeflasche im Blecheimer belassen.

Die Wassertemperatur soll bei der Probenahme mittels Kühler zwischen 20 und 25° C liegen.

Die zweite Flasche (Flasche „Red" genannt) kann nach gründlichem Spülen mit dem Probewasser außerhalb des Eimers gefüllt werden.

Flasche „Ox"

Die Zugabe eines Teiles der Reagentien geschieht unter Wasser sofort an Ort und Stelle. Hierzu gibt man durch die überstehende Wasserschicht im Eimer zunächst aus einer Pipette bzw. Mikrobürette oder am besten mittels einer Injektionsspritze 1,5 ml Mangan(II)-chloridlösung und anschließend 1,5 ml jodkaliumhaltige Kalilauge.

Die Chemikalienzugabe soll unterhalb des Flaschenhalses erfolgen. Nach vorsichtigem Aufsetzen des Stopfens nimmt man die Flasche kurzfristig aus dem Wasser und schüttelt dabei um.

Innerhalb von 5—10 Minuten setzt sich der Hydroxydniederschlag ab; nun wird die Flasche „Ox" aus dem Eimer herausgenommen, der Stopfen vorsichtig geöffnet und ihr Inhalt mit 5,5 ml Schwefelsäure 1 + 1 versetzt. Diese Zugabe soll wenige Zentimeter unterhalb des Wasserspiegels erfolgen. Nach Verschließen der Flasche schüttelt man gut um und füllt genau 500 ml in einen Titrierkolben, in dem sich bereits 20 ml Natriumacetatlösung befinden.

In diesen Kolben gibt man weiterhin:

1. etwa 1 g Kaliumjodid;
2. 10 ml 0,001 n-Jodlösung*);
3. 4 ml Stärkelösung.

Die Probe wird dann mit 0,00625 n-Thiosulfatlösung unter Verwendung einer Mikrobürette titriert. Bei 500 ml entspricht 1 ml 0,00625 n-Thiosulfatlösung 100 μg Sauerstoff/l.

Flasche „Red"

500 ml aus der Flasche „Red" werden in einen Titrierkolben gegeben, in dem sich bereits 20 ml Natriumacetatlösung befinden, und folgende Zusätze gemacht:

1. 3,5 ml Schwefelsäure 1 + 1;
2. etwa 1 g Kaliumjodid;
3. 10 ml 0,001 n-Jodlösung**);
4. 4 ml Stärkelösung.

Man titriert die Wasserprobe mit 0,00625 n-Thiosulfatlösung wie bei Probe „Ox".

Berechnung: Der in μg/l ausgedrückte Gehalt des Probewassers an Sauerstoff ergibt sich nach der Formel:

$$G = 100 \cdot [x \text{ ml } Na_2S_2O_3\text{-Lsg. (Ox)} - y \text{ ml } Na_2S_2O_3\text{-Lsg. (Red)}]\ \mu g\ O_2/l.$$

Beispiel: Bei der Titration von 500 ml der Wasserprobe aus der Flasche „Ox" wurden 1,82 ml 0,00625 n-$Na_2S_2O_3$ verbraucht. Die Probe „Red" ergab einen Verbrauch von 1,43 ml.

$$G = 100 \cdot (1{,}82 - 1{,}43) = 39\ \mu g\ O_2/l.$$

Zur Kontrolle kann man den beiden austitrierten Proben „Ox" bzw. „Red" je 10 ml 0,001 n-Jodlösung zusetzen. Die jetzt verbrauchten Milliliter müssen mit der Thiosulfatmenge übereinstimmen, die für das Einstellen der 0,001 n-Jodlösung verbraucht worden ist. Ein möglicher

*) Bei Wässern mit höherem Gehalt an reduzierenden Stoffen entsprechend mehr.

**) Bei Wässern mit höherem Gehalt an reduzierenden Stoffen entsprechend mehr (= Flasche „Ox").

Mehr- oder Minderverbrauch kann somit nachträglich zur Korrektur der ersten Titration benutzt werden.

Bei Wässern mit O_2-Gehalten $> 500\ \mu g/l$ ist zweckmäßigerweise eine $n/10$-$Na_2S_2O_3$-Lösung zu verwenden.

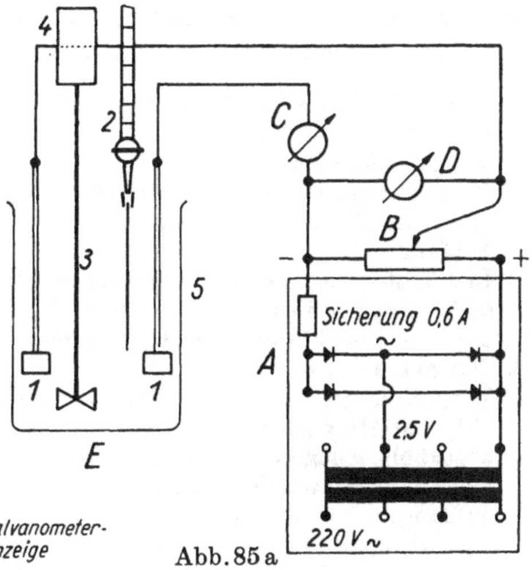

Abb. 85a

Abb. 85a. Titrationseinrichtung

A Trockengleichrichter, Fabrikat Siemens & Schuckert Type G 37 — E 8/0,5 W.

B Potentiometer-Drehwiderstand, Fabrikat Siemens & Halske Type Cal Wd 90 Br 4, 80—100 Ω.

C Galvanometer, Fabrikat Dr. B. Lange, Type „Multiflex“ MGF 2.

D Millivoltmeter, Ablesegenuigkeit $\pm$ 0,5 mV.

E Titriereinrichtung, bestehend aus

1. 2 Platinelektroden, 1 × 1 cm;
2. KPG-Mikrobürette, 5 ml Inhalt, Teilung $^1/_{100}$ ml, Fabrikat Schott & Gen.;
3. KPG-Glasrührer, Fabr. Schott & Gen.;
4. Rührmotor, stufenlos, regelbar, Fabrikat Jahnke & Kunkel;
5. Becherglas, 1 l Inhalt

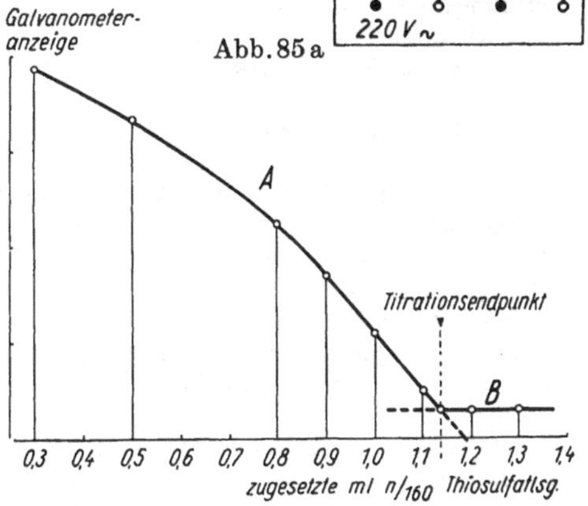

Abb. 85b

Abb. 85b. Graphische Ermittlung des Titrationsendpunktes mittels der „dead-stop-end-point“-Methode (mit Acetatpuffer)

9a. O_2-Bestimmung im Kesselspeisewasser mittels elektrischer Titration

„dead-stop-end-point“-Methode

Grundlage: Die sog. „dead-stop-end-point“-Methode ist dadurch gekennzeichnet, daß zwischen zwei eingetauchten Platinelektroden mit angelegter konstanter Außenspannung so lange ein elektrischer Reststrom (Depolarisationsstrom) fließt, wie noch Oxydationsmittel (z. B. Jod) in der wäßrigen Lösung vorliegt. Die angelegte Spannung darf nicht zu hoch sein und liegt zweckmäßig zwischen 12 und 14 Millivolt.

Bei der Sauerstoffanalyse liegt nach dem Ansäuren eine wäßrige Jodlösung vor, die mittels Zugabe von Maßlösung (Natriumthiosulfat) aus der KPG-Mikrobürette titriert wird. Man setzt also so lange Maßlösung zu, bis der anfänglich hohe Stromausschlag den Nullwert (oder einen konstanten Endwert) erreicht. Der Stromverlauf einer solchen Titration ist in der Abb. 85b wiedergegeben. Wie ersichtlich, nimmt man den Zusatz von Maßlösung in genau abgemessenen gleichen Mengen (0,1 ml) erst in dem Augenblick vor, wo sich ein starker Stromabfall bemerkbar macht. Dabei wird bewußt übertitriert; es müssen nämlich Meßpunkte für die Gerade *B* (Nullstrom) vorliegen, um aus dem Schnittpunkt mit der Kurve *A* den Titrationsendpunkt genauestens zu ermitteln.

Modifizierte Analysenvorschrift der O_2-Bestimmung nach Winkler-Freier und Freier-Resch

Reagentien:

1. Manganchloridlösung
   800 g Mangan-II-Chlorid z. A. ($MnCl_2 \cdot 4H_2O$) in 1 Liter dest. Wasser. Die Lösung darf kein Jod aus Kaliumjodid frei machen.
   Prüfung:
   In 1,5 ml Manganchloridlösung werden etwa 0,2 g Kaliumjodid gelöst. Die Lösung wird mit 0,5 ml konz. Schwefelsäure und mit etwa 1 ml Chloroform versetzt. Nach dem Umschütteln darf sich das Chloroform nicht rot-violett färben.
2. Jodkaliumhaltige Kalilauge
   700 g KOH (reinst z. A., Plätzchenform) werden in 550 ml dest. Wasser gelöst. Gleichzeitig löst man 150 g Kaliumjodid z. A. in 150 ml Wasser auf. Die Kaliumjodidlösung wird in die abgekühlte Lauge gegossen und umgerührt. Die fertige Laugelösung darf nach dem Ansäuern keine Jodausscheidung zeigen.
   Prüfung:
   1 ml wird mit 5 ml dest. Wasser verdünnt und mit 3 ml konz. Schwefelsäure und 1 ml Chloroform versetzt. Die Chloroformschicht darf nach dem Umschütteln keine rot-violette Färbung aufweisen.
3. Konzentrierte Schwefelsäure z. A.
4. 5%ige Schwefelsäure (Gew.-Proz.)
5. Kristallisiertes Kaliumjodid z. A. (Jodatfrei!)
6. n/100-Kaliumbromatlösung
   100 ml n/10-Kaliumbromatlösung ($KBrO_3$; „Titrisol") mit dest. Wasser zu 1 Liter auffüllen. 5 ml n/100-$KBrO_3$ sind 8 ml n/160-$Na_2S_2O_3$ äquivalent.
7. n/160-Natriumthiosulfat
   62,5 ml n/10-Natriumthiosulfatlösung („Titrisol") oder 1,5512 g $Na_2S_2O_3 \cdot 5H_2O$ zu 1 Liter mit aufgekochtem dest. Wasser lösen. Zur Stabilisierung setzt man noch 3 bis 5 Tropfen Amylalkohol zu.
   Einstellen der n/160-Natriumthiosulfatlösung:
   Zu 100 ml dest. Wasser 1,5 ml konz. H_2SO_4, etwa 1 g Kaliumjodid und 5 ml n/100-Kaliumbromatlösung geben, dann 20 ml Natriumacetatlösung hinzufügen und mit der n/160-Thiosulfatlösung wie beschrieben titrieren (Mikrobürette).
8. n/1000-Jodlösung
   10 ml n/10-Jodlösung („Titrisol") mit dest. Wasser zu 1000 ml auffüllen.
9. Natriumacetatlösung
   450 g Na-Acetat (Natriumacetat z. A., indifferent gegen Kaliumpermanganat nach Reinitzer) löst man in möglichst wenig Wasser und füllt zu 1000 ml auf.

Arbeitsgeräte

1. 1 KPG-Bürette 5 ml Inhalt oder 1 Mikrobürette 2 ml Inhalt, unterteilt in $^1/_{100}$ ml
2. 1 Meßzylinder 500 ml Inhalt
3. 2 Vollpipetten 10 ml Inhalt
   1 Vollpipette 20 ml Inhalt
   1 Vollpipette 5 ml Inhalt
   2 Meßpipetten 5 ml Inhalt, unterteilt in $^1/_{10}$ ml
4. 1 Becherglas 1 Liter Inhalt
5. 2 Injektionsspritzen mit V2A-Kanülen (etwa 140 mm lang) 10 oder 5 ml Inhalt
6. 1 Blecheimer, lichte Weite etwa 200 mm; Höhe etwa 300 mm
7. Sauerstoffprobenahmeflaschen mit abgeschrägtem Glasstopfen 550 bis 650 ml Inhalt
8. Elektrische Titriereinrichtung (siehe Abb. 85a)

Ausführung der Bestimmung (Differenzverfahren) für O_2-Gehalte bis maximal 500 μg/l in Gegenwart von Hydrazin (maximal 2000 μg/l).

In den Blecheimer leitet man durch einen auf den Kühler aufgezogenen Vakuumschlauch mit angesetztem Glasrohr das zu untersuchende Speisewasser oder Kondensat. Zur genauen Probenahme empfiehlt es sich, den Entnahmeschlauch dauernd an der Probenahmestelle zu belassen und den Wasserdurchlauf nicht zu unterbrechen. Zur Probenahme sind zwei Flaschen erforderlich. Nachdem der Boden des Blecheimers einige Zentimeter hoch mit Wasser bedeckt ist, wird das Glasrohr in die erste Flasche (im folgenden mit Flasche „Ox“ bezeichnet) eingesetzt und nach Überlaufen in den Eimer gestellt. Das Probewasser soll nun weiterhin noch 10 Minuten die Flasche durchlaufen, mindestens jedoch so lange, bis der Wasserspiegel im Blecheimer sich einige Zentimeter oberhalb des Flaschenhalses befindet. Sodann wird das Glasrohr vorsichtig herausgezogen und neben der Probenahmeflasche im Blecheimer belassen.

Die Wassertemperatur soll bei der Probenahme mittels Kühler zwischen 20 und 25° C liegen.

Die zweite Flasche (Flasche „Red“ genannt) kann nach gründlichem Spülen mit dem Probewasser außerhalb des Eimers gefüllt werden.

Flasche „Ox“

Die Zugabe eines Teils der Reagentien geschieht unter Wasser sofort an Ort und Stelle. Hierzu gibt man durch die überstehende Wasserschicht im Eimer zunächst aus einer Pipette bzw. Mikrobürette oder am besten mittels einer Injektionsspritze 1,5 ml Mangan-II-Chloridlösung und anschließend 1,5 ml jodkaliumhaltige Kalilauge.

Die Chemikalienzugabe muß unterhalb des Flaschenhalses erfolgen. Nach vorsichtigem Aufsetzen des Stopfens nimmt man die Flasche kurzfristig aus dem Wasser und schüttelt dabei um.

Innerhalb von 5—10 Minuten setzt sich der Hydroxyd-Niederschlag ab; nun wird die Flasche „Ox“ aus dem Eimer herausgenommen, der Stopfen vorsichtig geöffnet und ihr Inhalt mit 3 ml konzentrierter Schwefelsäure versetzt.

Diese Zugabe soll wenige Zentimeter unterhalb des Flaschenhalses erfolgen. Nach Verschließen der Flasche schüttelt man gut um und füllt genau 500 ml in das Becherglas, in dem sich bereits 20 ml Natriumacetatlösung befinden.

Anschließend erfolgt Zugabe von

1. etwa 1 g festem Kaliumjodid
2. 10 ml n/1000-Jodlösung

Die Probe wird dann mit n/160-Thiosulfatlösung unter Verwendung einer Mikrobürette elektrisch wie vorbeschrieben titriert. Bei 500 ml entspricht 1 ml n/160-Thiosulfatlösung 100 μg Sauerstoff/l.

Flasche „Red“

500 ml aus der Flasche „Red“ werden in das Becherglas gegeben und die folgenden Reagentien zugesetzt:

1. 3 ml Schwefelsäure (5%ig)
2. etwa 1 g Kaliumjodid
3. 10 ml n/1000-Jodlösung

Dann titriert man.

Berechnung:

Der in Mikrogramm/l ausgedrückte Gehalt des Probewassers an Sauerstoff ergibt sich nach der Formel:

$$G = 100 \cdot [x \text{ ml } Na_2S_2O_3\text{-Lsg. (Ox)} - y \text{ ml } Na_2S_2O_3\text{-Lsg. (Red)}]\ \mu g\ O_2/l$$

Beispiel:

Bei der Titration von 500 ml der Wasserprobe aus der Flasche „Ox“ wurden 1,82 ml n/160-$Na_2S_2O_3$ verbraucht.

Die Probe „Red“ ergab einen Verbrauch von 1,43 ml.

$$G = 100 \cdot (1{,}82 - 1{,}43) = 39\ \mu g\ O_2/l.$$

10. Hydrazin (N_2H_4)

Grundlage: In wäßrig-alkoholischer Lösung bildet sich unter der Einwirkung von Wasserstoffionen aus Hydrazin und p-Dimethylaminobenzaldehyd eine chinoide Verbindung:

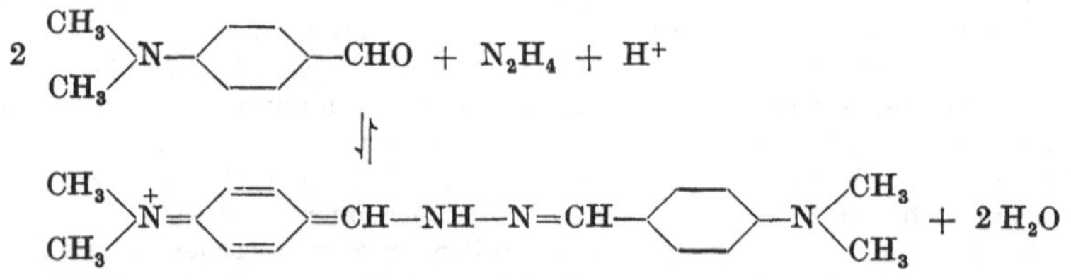

Sie erteilt der Lösung je nach ihrer Konzentration eine gelbe bis rote Farbe. Da diese Reaktion sehr empfindlich und spezifisch ist, eignet sie sich vorzüglich zur photometrischen Bestimmung kleiner Hydrazinkonzentrationen. Ammoniak und Hydroxylamin stören auch im großen Überschuß nicht, wohl aber Harnstoff und Semicarbazid.

Reagentien:

1. 2%ige alkoholische Lösung von p-Dimethylaminobenzaldehyd
2. Schwefelsäure 1 + 1
3. Hydrazinfreies Wasser
4. Eichlösung, 41 mg $N_2H_6SO_4$/l = 10 mg N_2H_4/l enthaltend.

Ausführung der Bestimmung: 10 bzw. 20 ml der zu untersuchenden Wasserprobe werden mit 10 ml der alkoholischen Reagenslösung (1) sowie 2 ml Schwefelsäure (2) versetzt und nach dem Abkühlen auf 20—25° C mit hydrazinfreiem Wasser zu 50 ml aufgefüllt (3). Nach spätestens 10 Minuten ist die Farbtiefe konstant.

Die Extinktion mißt man im Elko II mit Glühlampe und Filter S 47 E in 1-, 2- und 5-cm-Küvetten gegen eine Probe, die mit hydrazinfreiem Wasser angesetzt wurde.

Meßbereich und Berechnung: Es gilt das Lambert-Beersche Gesetz. In der 1-cm-Küvette erfaßt man bis zu 3 mg N_2H_4/l.

Zur genauen Bestimmung weniger μg N_2H_4/l verdoppelt man die Empfindlichkeit der Messungen, wenn die Farbstofflösungen mit 20 ml Probewasser angesetzt werden. (Der Eichfaktor *a* ist dann zu halbieren!)

Unter dieser Bedingung lassen sich mit der 5-cm-Küvette 0—300 μg N_2H_4/l nachweisen.

$$\text{mg } N_2H_4/\text{l} = \frac{E}{s} \cdot a$$

Der Eichfaktor *a* besitzt den Wert **3,42** *(53403)* für **10 ml** Probewasser bzw. 1,71 *(23300)* für 20 ml Probewasser.

11. Kohlensäure (CO_2)

Erläuterung: Die Kohlensäure kann im Wasser vorliegen als

1. freie Kohlensäure.
   Diese kann ganz oder teilweise entsprechend der jeweiligen Karbonathärte zugehörige freie

Kohlensäure sein, um das Kalk-Kohlensäure-Gleichgewicht gemäß

$$Ca(HCO_3)_2 \rightleftharpoons CO_2 + CaCO_3 + H_2O$$

aufrechtzuerhalten.

Der verbleibende Anteil ist die gesamte überschüssige freie Kohlensäure, die z. T. in kalkangreifende Kohlensäure unterschieden wird.

Der Unterschied zwischen der gesamten freien Kohlensäure und der kalkangreifenden Kohlensäure ist die „überschüssige, nicht kalkangreifende freie Kohlensäure".

2. gebundene Kohlensäure in Bikarbonaten und Karbonaten (siehe Härtebestimmung).

Die nachstehenden Untersuchungsverfahren sind für Speisewässer, Kondensate bzw. chemisch aufbereitete Wässer nicht geeignet, um freie Kohlensäure < 1 mg/l noch spezifisch nachzuweisen*).

a) Gesamte freie CO_2

Reagentien:

1. n/50-Natronlauge (durch Verdünnung von 1 Teil n/10-NaOH mit 4 Teilen Wasser erhalten).
2. Seignettesalzlösung
   100 g krist. Seignettesalz (Kalium-Natriumtartrat) werden in 200 ml Wasser gelöst. Man läßt einige Tage absetzen, stumpft gegen Phenolphthalein ab, filtriert durch Glaswolle, gibt 3 g Quecksilber hinzu und bewahrt die Lösung in einer Mipolam-Flasche auf. Schimmel- oder Flockenbildung ist ein Zeichen für Unbrauchbarkeit der Lösung.
3. Phenolphthaleinlösung (0,1 g Phenolphthalein in 100 ml 70%igem Alkohol).

Ausführung: Das zu untersuchende Wasser wird mindestens 10 Minuten lang mittels Glasrohr durch einen Maßkolben von 250 ml Inhalt, die am Hals eine bauchige Erweiterung besitzt, geleitet. Man hebert auf die Marke ab, gibt 0,5 ml Phenolphthaleinlösung und 2 ml Seignettesalzlösung zu und titriert unter portionsweiser Zugabe von n/50-Natronlauge bis zur eben sichtbaren Rotfärbung. Nach jedesmaligem Zusatz von n/50-Natronlauge ist der Glasstopfen aufzusetzen und der verschlossene Maßkolben unter Vermeidung des Schüttelns mehrmals langsam umzuschwenken.

Zur genauen Endpunktsbestimmung wiederholt man die Titration ein zweites Mal, wobei gleich 80% des ersten Titrationsverbrauches an n/50-Natronlauge zuzusetzen sind.

Enthält das Probewasser Salze, die gegen Phenolphthalein sauer reagieren bzw. nichtflüchtige schwache Säuren, leitet man bei einer Parallelprobe 10 Minuten lang kohlensäurefreie Luft oder Sauerstoff bzw. Stickstoff (Glasfritte) durch den Maßkolben und verfährt wie oben beschrieben. Die Differenz entspricht der ausgetriebenen CO_2.

Berechnung:

1 ml n/50-NaOH = 0,88 mg CO_2 (frei)

Bei Anwendung von 250 ml Probewasser entspricht 1 ml = 3,52 mg CO_2/l (frei).

b) Kalkangreifende CO_2

Reagentien:

1. Marmorabfälle
2. Mischindikator n. Cooper (siehe Vorschrift 3b)
3. n/10-HCl.

Ausführung: Etwa 3 g gepulverten und in heißem Wasser gewaschenen Marmor gibt man in eine 200—300 ml fassende Glasstöpselflasche und läßt an Ort und Stelle

*) Eine spezielle Apparatur zur Messung kleinster CO_2-Mengen nach der Austreibungsmethode beschreibt H. E. Hömig, Mitt. VGB, H. 25, 1953, S. 521.

das Probewasser in die Flasche einfließen, bis diese überläuft. Die so behandelte Probe bleibt unter öfterem Umschütteln mindestens 3 Tage stehen. Von der überstehenden klaren Flüssigkeit werden 100 ml abgehebert, notfalls filtriert und der m-Wert bestimmt.

Von einer parallel entnommenen Wasserprobe ohne Marmorzusatz ermittelt man gleichfalls den m -Wert.

Berechnung:

$m_{(\text{Marmor})} - m_{(\text{Probe})}$ = ml n/10 HCl · 22 = mg CO_2/l (kalkangreifend).

1 ml n/10 HCl = 2,2 mg CO_2 (kalkangreifend).

c) Überschüssige freie CO_2 (nicht kalkangreifend)

Berechnung:

mg CO_2/l (frei) — mg CO_2/l (kalkangreifend) = mg CO_2/l (nicht kalkangreifend).

12. Azidität (Säurezahl, SZ)

Erläuterung: Die Azidität gibt den Gehalt eines Wassers an freier Mineralsäure, freier Kohlensäure, anderen schwachen Säuren sowie sauren Salzen an.

Reagentien:

1. n/10-Natronlauge
2. Mischindikator n. Cooper
   (Mischung von 0,02 g Methylrot und 0,1 g Bromkresolgrün, gelöst in 100 ml 96%igem Alkohol)
3. Phenolphthaleinlösung
   (0,1 g Phenolphthalein in 100 ml 70%igem Alkohol)
4. Aktivkohle, reinst, trocken.

a) Mineralsäurezahl, Minus-m-Wert (auch Methylorangeazidität genannt)

Ausführung: 100 ml der nötigenfalls durch Aktivkohle entfärbten Wasserprobe werden mit 0,1 ml Mischindikator versetzt und mit n/10-Natronlauge bis zum Farbumschlag von Rot über Grau nach Blaugrün titriert.

Berechnung:

Minus-m-Wert = ml n/10-NaOH.

b) Gesamtazidität, schwache Säuren, saure Salze (auch Phenolphthaleinazidität genannt)

Ausführung: 100 ml der nötigenfalls durch Aktivkohle entfärbten Wasserprobe werden mit 0,5 ml Phenolphthaleinlösung versetzt und mit n/10-Natronlauge bis zur gerade sichtbaren Rosafärbung titriert. Bei Abwesenheit von Mineralsäuren (kein Minus-m-Wert) entspricht der Verbrauch an n/10-Natronlauge dem Gehalt des Wassers an schwachen Säuren und sauren Salzen. Die schwachen Säuren können flüchtig und nichtflüchtig sein. Zur Unterscheidung bestimmt man in einer Parallelprobe (enghalsiger Maßkolben) nach 10 Minuten langem Durchblasen (Glasfritte) von kohlensäurefreier Luft, Sauerstoff oder Stickstoff die Gesamtazidität. Die Differenz beider Proben entspricht der Menge an flüchtigen, schwachen Säuren.

Berechnung:

a. x mln/10-NaOH = mval freie Mineralsäure/l

b. 1. x ml n/10-NaOH = mval Gesamtazidität/l

   2. x ml n/10-NaOH
   — y ml n/10-NaOH (nach 10 Minuten Gaseinleitung) = mval flüchtige Säuren/l.

13. Äquivalent-Zahl (mval/l)

Erläuterung: Die Äquivalentzahl beinhaltet den Gesamtgehalt einer Lösung an dissoziierten Bestandteilen im Liter. Als Maßeinheit dient das Millival (mval). Hierunter versteht man definitionsgemäß den $^1/_{1000}$ Teil des Äquivalentgewichtes eines Stoffes (Siehe auch S. 48).

Grundlage: Behandelt man eine Wasserprobe mit einem stark sauren Kationenaustauscher (z. B. Lewatit S 100, Permutit RS, Amberlite IR-120), so werden sämtliche Kationen, d. h. die positiv geladenen Ionen, gegen Wasserstoffionen ausgetauscht. Es entstehen somit in äquivalenter Menge die den Salzen zugehörigen freien Säuren.

Z. B.

$CaSO_4$ + H-Austauscher → H_2SO_4 + Ca-Austauscher
NaCl + H-Austauscher → HCl + Na-Austauscher
$Ca(HCO_3)_2$ + H-Austauscher → $2CO_2$ + $2H_2O$ + Ca-Austauscher.

Aus den Salzen der Kohlensäure (Karbonaten und Bikarbonaten) entsteht gasförmiges freies Kohlendioxyd, welches keine nennenswerte dissoziierte Säure darstellt und im Überschuß bzw. bei Anwesenheit stark dissoziierter Säuren aus der wäßrigen Lösung entweicht.

Da aus den Salzen der Kohlensäure durch starke Mineralsäuren die Kohlensäure ausgetrieben werden kann, wobei in äquivalenter Menge Salze dieser Säuren entstehen, gelingt es auf diesem Wege, den Gesamtgehalt einer Lösung an Kationen und Anionen zu erfassen.

Gemäß den Reaktionsgleichungen

$$Ca(HCO_3)_2 + 2HCl \rightarrow CaCl_2 + 2CO_2 + 2H_2O$$
$$Na_2CO_3 + 2HCl \rightarrow 2NaCl + CO_2 + H_2O.$$

ergibt die Titration einer Wasserprobe mit 0,1 n-Salzsäure den Karbonatgehalt (= *m*-Wert, siehe Nr. 3).

Bei 100 ml Ausgangsvolumen bedeuten die verbrauchten ml 0,1 n-HCl=mval/l (· 2,8 = ° dKH).

Versetzt man eine weitere Wasserprobe von 100 ml mit der eben verbrauchten Menge an 0,1 n-HCl, behandelt diese Probe mit einem stark sauren Kationenaustauscher, so entstehen freie Säuren, die mit 0,1 n-Natronlauge titriert den Gesamtgehalt an ionogenen Verbindungen ausgedrückt in mval/l ergeben. Weil in diesem Fall die Kohlensäure nicht unkontrolliert verschwinden kann, entspricht den in mval/l gefundenen Kationen eine äquivalente Menge an Anionen.

Reagentien:

1. Regenerierter stark saurer Kationenaustauscher.
   Man behandelt die Austauschermasse (etwa 500 g) am besten mit einem heizbaren Rührwerk in einem 600-ml-Becherglas unter schwachem Erwärmen etwa 10 Minuten mit 10%iger Salzsäure z. A., wobei man nach Dekantieren mehrmals neue Säuren zugibt, abfiltriert und anschließend mit vollentsalztem Wasser unter Umrühren spült, bis neutrale Reaktion eingetreten ist und das Spülwasser keine Leitfähigkeitserhöhung mehr erfährt.
2. 0,1 n-Salzsäure z. A.
3. Mischindikator n. Cooper
   (0,02 g Methylrot und 0,1 g Bromkresolgrün gelöst in 100 ml 96%igem Alkohol).
4. 0,1 n-Natronlauge z. A.

Tabelle XIII
Zahlentafel zur Umrechnung von Äquivalentzahlen in Härtegrade

Verbindung (Formel)	Molekulargewicht	1 mval (10^{-3} Val) = mg	1^0 dH = mg/l
Al	27	9	3,2
$Al(OH)_3$	78	26	9,3
Al_2O_3	101,9	17	6,1
$Al_2(SO_4)_3$	342,1	57,1	20,5
$Al_2(SO_4)_3 \cdot 18H_2O$	666,4	111,1	39,7
$AlCl_3$	133,3	44,4	15,9
Ca	40,1	20	7,14
CaO	56,1	28	10
$Ca(OH)_2$	74,1	37	13,2
$CaCO_3$	100,1	50	17,9
$Ca(HCO_3)_2$	162,1	81	28,9
$CaSO_4$	136,1	68	24,3
$CaCl_2$	111	55,5	19,8
$Ca_3(PO_4)_2$	310,3	103,4	36,9
$CaSiO_3$	116,1	58	20,7
$Ca(NO_3)_2$	164	82	29,3
Cl	35,5	35,5	12,7
CO_3	60	30	10,7
CO_2	44	22	7,9
Fe(II)	55,8	27,9	10
Fe(III)	55,8	18,6	6,6
FeO	71,8	35,9	12,8
Fe_2O_3	159,7	26,6	9,5
Fe_3O_4	231,5	28,94	10,3
$FeCO_3$	115,8	57,9	20,7
$Fe(HCO_3)_2$	177,8	88,9	31,7
FeS	87,9	43,95	15,7
$Fe_2(SO_4)_3$	399,9	66,65	23,8
$FeCl_2$	126,8	63,4	22,6
$FeCl_3$	162,2	54	19,3
$FeSO_4$	151,9	75,8	27
H	1	1	0,36
H_2O	18	9	3,21
OH	17	17	6,1
HCl	36,5	36,5	13
HCO_3	61	61	21,8
H_2CO_3	62	31	11,1
H_2S	34,8	17,04	6
H_2SO_3	82,1	41	14,6
H_2SO_4	98,1	49	17,5
H_2SiO_3	78,1	39,1	14
H_3PO_4	82,1	27,4	14,7
HNO_2	47	47	16,8
HNO_3	63	63	22,5
H_2O_2	34	17	6,1
D_2O	20	10	3,6
J	126	126	45
KOH	56	56	20

Tabelle XIII

Zahlentafel zur Umrechnung von Äquivalentzahlen in Härtegrade

Verbindung (Formel)	Molekular-gewicht	1 mval= (10^{-3} Val) mg	1^0 dH= mg/l
$KMnO_4$	158	31,6	11,3
Mn	54,9	27,45	9,8
MnO_2	86,9	21,7	7,75
$MnCl_2$	125,8	62,9	22,4
$MnSO_4$	151	75,5	27
Mg	24,3	12	4,3
MgO	40,3	20,15	7,2
$Mg(OH)_2$	58,3	29	10,4
$MgCO_3$	84,3	42	15,1
$Mg(HCO_3)_2$	146,3	73	26,1
$MgCl_2$	95,2	47,5	17
$Mg(NO_3)_2$	148	74	26,4
$MgSO_4$	120,4	60,2	21,5
$MgSiO_3$	100,4	50,2	17,9
Na	23	23	8,2
NaOH	40	40	14,3
NaCl	58,5	58,5	20,9
Na_2CO_3	106	53	18,9
$NaHCO_3$	84	84	30
NaH_2PO_4	120	120	43
Na_2HPO_4	142	71	25,4
Na_3PO_4	164	54,7	19,5
$Na_3PO_4 \cdot 10H_2O$	344	114,7	41
Na_2SiO_3	122,1	61	21,8
Na_2SO_3	126,1	63	22,5
$NaHSO_3$	104,1	104,1	37,2
Na_3AlO_3	144	48	17
Na_2SO_4	142,1	71	25,4
$NaHSO_4$	120,1	120,1	42,8
NH_3	17	17	6,1
NH_4	18	18	6,4
N_2H_4OH	35,05	35,05	12,5
$(NH_4)_2HPO_4$	132,06	66,03	23,6
$(NH_4)_2SO_3$	116,15	58,08	20,7
N_2H_4	32,05	8	2,8
$N_2H_4 \cdot H_2O$	50,05	12,51	4,5
$N_2H_6 \cdot SO_4$	130,1	32,52	11,6
NO_2	46	46	16,4
NO_3	62	62	22,1
O_2	32	8	2,8
PO_4	94,98	31,6	11,3
P_2O_5	141,96	23,7	8,5
SO_2	64,07	32,03	11,4
SO_3	80,07	40	14,3
SO_4	96	48	17,1
SiO_2	60,06	30	10,7
SiO_3	76,06	38	13,6

Ausführung der Bestimmung:

1. 100 ml Probe (farblos, sonst über gereinigte Aktivkohle „Merck" filtriert) werden nach Zusatz von 0,1 ml Mischindikator mit 0,1 n-Salzsäure bis zum Umschlag von Blaugrün über Grau nach Rot titriert (*m*-Wert).
2. Weitere 100 ml Probe (gleicher Vorbehandlung) versetzt man in einem Kolben mit der für die Titration der Vorprobe gemäß 1. äquivalenten Menge an 0,1 n-Salzsäure, schüttelt um und fügt anschließend 3 g oder mehr*) Kationenaustauscher zu. Man erwärmt unter Umrühren (Magnetrührer) auf etwa 80° C. Nach dem Abkühlen auf etwa 20—25° C filtriert man ab und titriert im Erlenmeyer mit 0,1 n-Natronlauge (bei Wässern geringer Leitfähigkeit $< 100\,\mu S\ cm^{-1}$ mit 0,01 n-Natronlauge) unter Zusatz von 0,1 ml Mischindikator bis zum Farbumschlag auf Blaugrün.

Berechnung:

(bei Anwendung von 100 ml Probewasser in der 2. Probe)
1 ml 0,1 n-NaOH = 1 mval/l (= 28 mg CaO/l = 2,8° dH)
bzw. 1 ml 0,01 n-NaOH = 0,1 mval/l.

14. Leitfähigkeit ($\mu S\ cm^{-1}$)

Grundlage: Die Leitfähigkeit einer Lösung beruht auf der elektrolytischen Dissoziation der gelösten Säuren, Basen und Salze in elektrisch geladene Teilchen Kationen (+) und Anionen (—). Im angelegten elektrischen Feld (Elektrolyse) wandern die Anionen (—) zur positiv geladenen Anode, die Kationen (+) zur negativ geladenen Kathode und transportieren dabei pro Grammäquivalent stets die gleiche Elektrizitätsmenge von 96500 Coulomb zu den Elektroden.

Die Leitfähigkeit einer verdünnten Elektrolytlösung wird im einzelnen bestimmt durch die

1. Anzahl der Ionen in der Lösung, d. h. also durch deren Konzentration,
2. Anzahl der Elementarladungen, die jedes Ion zu transportieren vermag, d. h. also durch die Wertigkeit,
3. Wanderungsgeschwindigkeit (Beweglichkeit) der Ionen, d. h. durch die Geschwindigkeit (in cm/sec), mit der sie in der Richtung der Kraftlinien des elektrischen Feldes fortschreiten. Die Beweglichkeit hängt von der Natur der Ionen, von der Feldstärke sowie von der Viskosität des Lösungsmittels ab und wird in Wasser von 18° C bei einem Spannungsgefälle von 1 Volt je cm gemessen.

Demnach ist die Leitfähigkeit eines Elektrolyten eine Funktion seiner Konzentration, da Wertigkeit und in verdünnten wäßrigen Lösungen auch die Beweglichkeit seiner Ionen die gleichen bleiben.

Bei der Leitfähigkeitsmessung in Flüssigkeiten erfolgt der Stromtransport zwischen zwei Elektrodenplatten von geringem Abstand in der Hauptsache durch die zwischen den Platten befindliche Flüssigkeitssäule. Damit eine Elektrolyse bzw. Polarisation an den Elektroden und damit eine Verfälschung des Meßergebnisses unterbleibt, verwendet man Wechselspannung höherer Frequenz (z. B. 1000 Hz). Bei kleineren Elektrolytgehalten ($< 100\,\mu S\ cm^{-1}$) sind noch 50 Hz zulässig.

---

*) Die Menge richtet sich nach dem Salzgehalt des Wassers. Im allgemeinen reichen 3 g Austauschermasse = $\approx$ 10 mval.

Die elektrische Leitfähigkeit λ eines Stoffes ist allgemein als der reziproke Wert seines Widerstandes definiert.

$$\lambda = \frac{1}{R}\,\Omega^{-1} \tag{25}$$

Für den elektrischen Widerstand eines Leiters gilt die bekannte Formel

$$R = \varrho\,\frac{l}{q}\,\Omega \cdot \mathrm{cm}^{-1} \tag{26}$$

wonach der Widerstand R der Länge l des Leiters direkt, seinem Querschnitt q umgekehrt proportional ist.

Der Proportionalitätsfaktor ϱ (= spezifischer Widerstand) wird gemäß Übereinkunft auf ein Leiterstück von 1 cm Länge und 1 cm^2 Querschnitt bezogen. Für $l = 1$ bzw. $q = 1$ wird $R = \varrho$.

$\frac{1}{\varrho} = \varkappa$ heißt die spezifische Leitfähigkeit und wird gemäß

$$\varkappa = \frac{1}{\varrho} = \frac{1}{R} \cdot \frac{l}{q}\,\Omega^{-1} \cdot \mathrm{cm}^{-1} \tag{27}$$

in reziproken Ohm pro cm gemessen. Die Dimension Ω^{-1} hat die Benennung Siemens. 10^{-6} Siemens sind 1 Mikro-Siemens (μS). Die Dimension von $10^{-6}\,\varkappa = 10^{-6}\,\Omega^{-1}\cdot\mathrm{cm}^{-1}$ ist $\mu\mathrm{S}\ \mathrm{cm}^{-1}$. Bei Leitfähigkeitsmessungen von Flüssigkeiten wird der elektrolytische Widerstand auf eine Flüssigkeitssäule der Länge l zwischen zwei Elektrodenplatten mit dem Querschnitt q bezogen. Letzterer ist demnach mit der Plattenoberfläche identisch.

Der Quotient $\frac{l}{q}$ aus Gleichung (27) ist für jede Elektrodenanordnung spezifisch.

$$\frac{l}{q} = C \text{ (Widerstandskapazität bzw. Elektrodenkennziffer in cm}^{-1}\text{)} \tag{28a}$$

$$C = \varkappa \cdot R\ \mathrm{cm}^{-1} \tag{28b}$$

Gemäß Gleichung (28b) läßt sich die Elektrodenkennziffer mittels einer Flüssigkeit bekannter spezifischer Leitfähigkeit experimentell bestimmen. Das Elektrodengefäß wird bis zur Eichmarke aufgefüllt, die für alle späteren Messungen verbindlich bleibt.

Tabelle XIVa

$\varkappa$-Werte von Bezugslösungen, die zur Eichung der Widerstandskapazität geeignet sind

T °C	H_2SO_4 (1,223)	$MgSO_4$ (1,190)	NaCl (1,2018)	n-KCl (1,0449)	n/10-KCl	n/50-KCl	n/100-KCl
18	0,7398	0,04922	0,2161	0,09824	0,01119	0,002397	0,001225
20	0,7645	0,05171	0,2260	0,10209	0,01167	0,002501	0,001278
21	0,7768	0,05297	0,2310	0,10402	0,01191	0,002553	0,001305
22	0,7890	0,05424	0,2360	0,10594	0,01215	0,002606	0,001332
23	0,8013	0,05551	0,2411	0,10789	0,01239	0,002659	0,001359
25	0,8257	0,05808	0,2513	0,11180	0,01288	0,002765	0,001413

Herstellung der **Eichlösungen:**

H_2SO_4

30 %ige Schwefelsäure, Dichte 1,223 (18° C); Auffüllen von 378 g 97 %ige Säure mit Wasser zu 1 Liter

$MgSO_4$

17,4%ige Magnesiumsulfatlösung, Dichte 1,190 (18° C);
Lösen von 552 g $MgSO_4 + 7H_2O$ in Wasser zu 1 Liter.

NaCl

Gesättigte Natriumchloridlösung, Dichte 1,2018 (18° C).

n-KCl

Dichte 1,0449 (18° C);
Lösen von 74,555 g KCl in Wasser zu 1 Liter.
Die n/10-, n/50- und n/100-KCl-Lösungen
erhält man durch Verdünnen der n-KCl-Lösung.

Abb. 86a
Leitfähigkeitsmeßbrücke

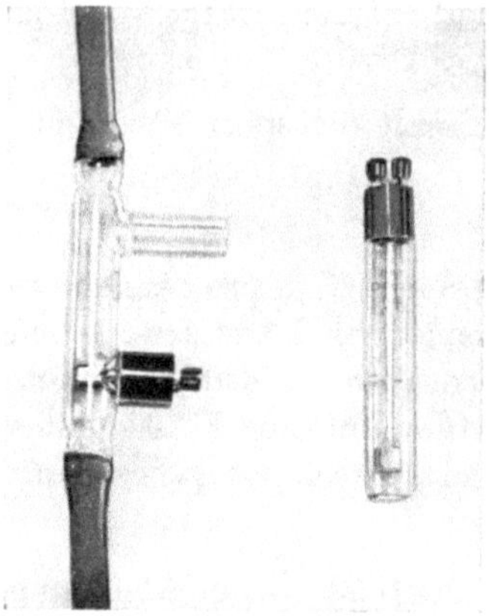

Abb. 86b. Durchfluß- und Eintauchelektrode zur Leitfähigkeitsmessung

C kann aber auch durch Vergleich mit einem Meßgefäß bekannter Elektrodenkennziffer C_x bestimmt werden, indem beide Gefäße mit der gleichen Lösung gefüllt und die Elektrodenwiderstände R und R_x gemessen werden. Es ist dann

$$\frac{C}{R} = \frac{C_x}{R_x}; \; C = Cx \cdot \frac{R}{R_x} \qquad (28\,c)$$

Ausführung: Man bestimmt die Leitfähigkeit durch Widerstandsmessung mittels der Wheatstoneschen Brücke, wobei zur Ablesung des Brückengleichgewichtes bei modernen Geräten meist ein Elektronenstrahlindikator (magisches Auge) dient. Abb. 86a zeigt ein handliches Meßgerät, Abb. 86b die dazugehörige Durchfluß- sowie eine Eintauchelektrode.

Mit steigender Temperatur nimmt die Leitfähigkeit im allgemeinen zu. Man muß daher bei konstanter Wassertemperatur messen oder den Temperaturkoeffizienten für ein bestimmtes Salz (z. B. NaCl) zugrunde legen.

Berechnung:

$$\varkappa = \frac{1}{R\,(\text{Ohm})} \cdot C \cdot 10^6\,\mu\text{S cm}^{-1}.$$

Mittels Tabelle XIVb läßt sich aus der gemessenen spezifischen Leitfähigkeit der Salzgehalt in mg/l ablesen.

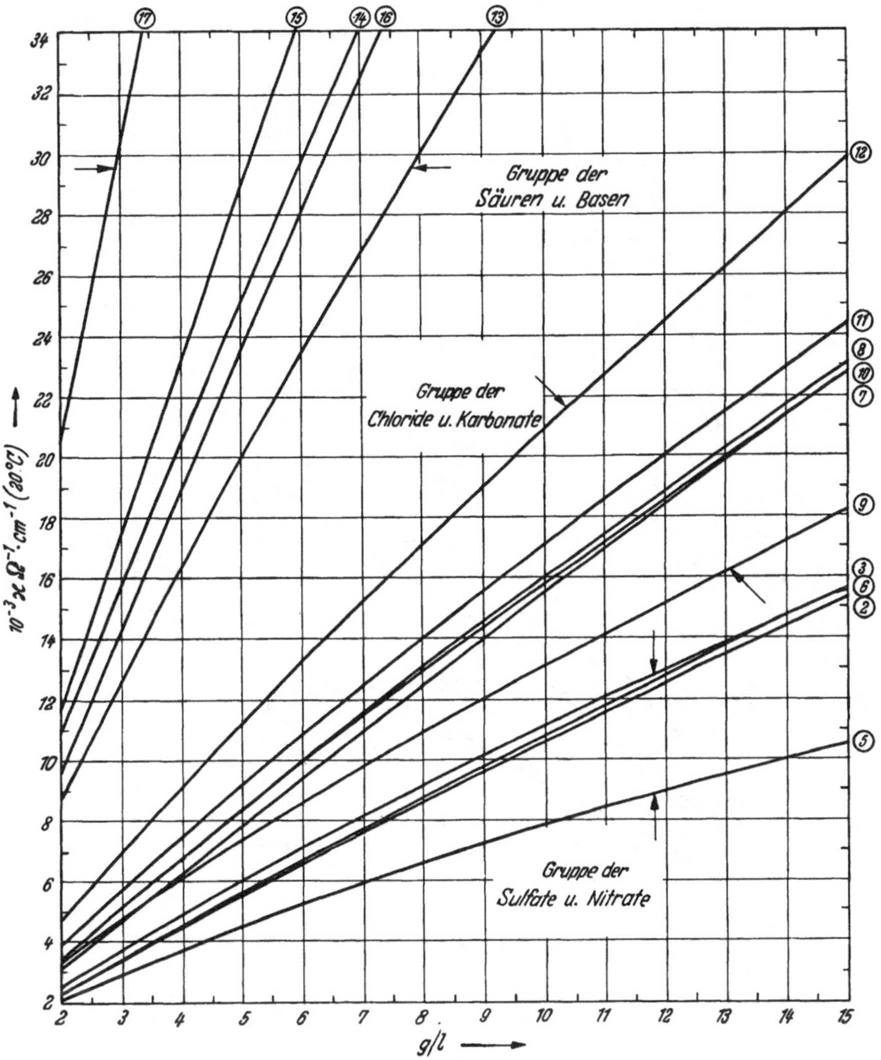

Tabelle XIV b

Spezifische Leitfähigkeit für wässerige Lösungen von Säuren, Basen und Salzen bei 20° C

Mol/l	NH_3 (1) mg/l bzw. g/l	NH_3 (1) $\varkappa$ 20°	$NaNO_3$ (2) mg/l bzw. g/l	$NaNO_3$ (2) $\varkappa$ 20°	KNO_3 (3) mg/l bzw. g/l	KNO_3 (3) $\varkappa$ 20°	$^1/_2\,CaSO_4$ (4) mg/l bzw. g/l	$^1/_2\,CaSO_4$ (4) $\varkappa$ 20°
0,0001	1,703	$6,88 \cdot 10^{-6}$	8,5	$10,93 \cdot 10^{-6}$	10,1	$13,12 \cdot 10^{-6}$	6,81	$12,03 \cdot 10^{-6}$
2	3,406	11,05	17,0	21,8	20,2	26,18	13,61	23,81
5	8,515	19,80	42,5	54,2	50,5	64,95	34,03	57,25
0,001	17,03	$2,92 \cdot 10^{-5}$	85,0	$10,75 \cdot 10^{-5}$	101	$12,92 \cdot 10^{-5}$	68,1	$10,93 \cdot 10^{-5}$
2	34,06	4,29	170,0	21,25	202	25,6	136,1	20,34
5	85,15	6,88	425,0	52,3	505	62,85	340,3	45,0
0,01	170,3	$10,02 \cdot 10^{-5}$	0,85	$10,25 \cdot 10^{-4}$	1,01	$12,36 \cdot 10^{-4}$	681,0	$8,07 \cdot 10^{-4}$
2	340,6	14,8	1,70	20,0	2,02	24,05	—	—
5	851,5	23,9	4,25	47,75	5,05	57,45	—	—
0,1	1,703	$3,44 \cdot 10^{-4}$	8,5	$9,11 \cdot 10^{-3}$	10,1	$10,94 \cdot 10^{-3}$	—	—
2	3,406	4,79	17,0	17,19	20,2	20,62	—	—
5	8,515	7,04	42,5	38,7	50,5	46,6	—	—

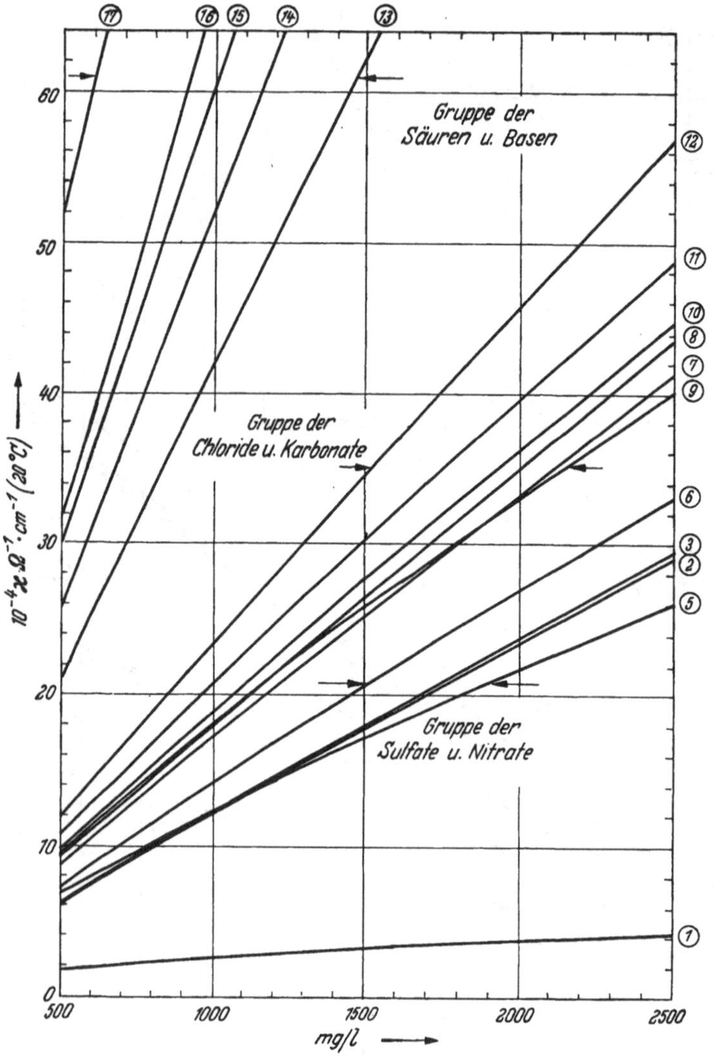

Tabelle XIVb

Mol/l	½ MgSO₄ (5) mg/l bzw. g/l	ϰ 20°	½ Na₂SO₄ (6) mg/l bzw. g/l	ϰ 20°	KCl (7) mg/l bzw. g/l	ϰ 20°	NaCl (8) mg/l bzw. g/l	ϰ 20°
0,0001	6,02	$11,5 \cdot 10^{-6}$	7,10	$11,57 \cdot 10^{-6}$	7,456	$13,5 \cdot 10^{-6}$	5,85	$11,34 \cdot 10^{-6}$
2	12,04	22,62	14,20	22,98	14,91	26,9	11,69	22,82
5	30,10	54,6	35,5	56,75	37,28	67	29,23	56,25
0,001	60,2	$10,46 \cdot 10^{-5}$	71,0	$11,17 \cdot 10^{-5}$	74,56	$13,32 \cdot 10^{-5}$	58,5	$11,18 \cdot 10^{-5}$
2	120,4	19,72	142,0	21,95	149,1	26,45	116,9	22,18
5	301	44,25	355,0	52,8	372,8	65,1	292,3	54,45
0,01	0,602	$7,98 \cdot 10^{-4}$	0,71	$10,15 \cdot 10^{-4}$	0,7456	$12,8 \cdot 10^{-4}$	0,585	$10,71 \cdot 10^{-4}$
2	1,204	14,2	1,42	19,25	1,491	25,1	1,169	20,92
5	3,01	29,8	3,55	43,9	3,728	60,6	2,923	50,25
0,1	6,02	$5,2 \cdot 10^{-3}$	7,1	$8,22 \cdot 10^{-3}$	7,456	$11,71 \cdot 10^{-3}$	5,85	$9,66 \cdot 10^{-3}$
2	12,04	9,05	14,2	14,97	14,91	22,60	11,69	18,42
5	30,1	—	35,5	31,3	37,28	54,60	29,23	42,50

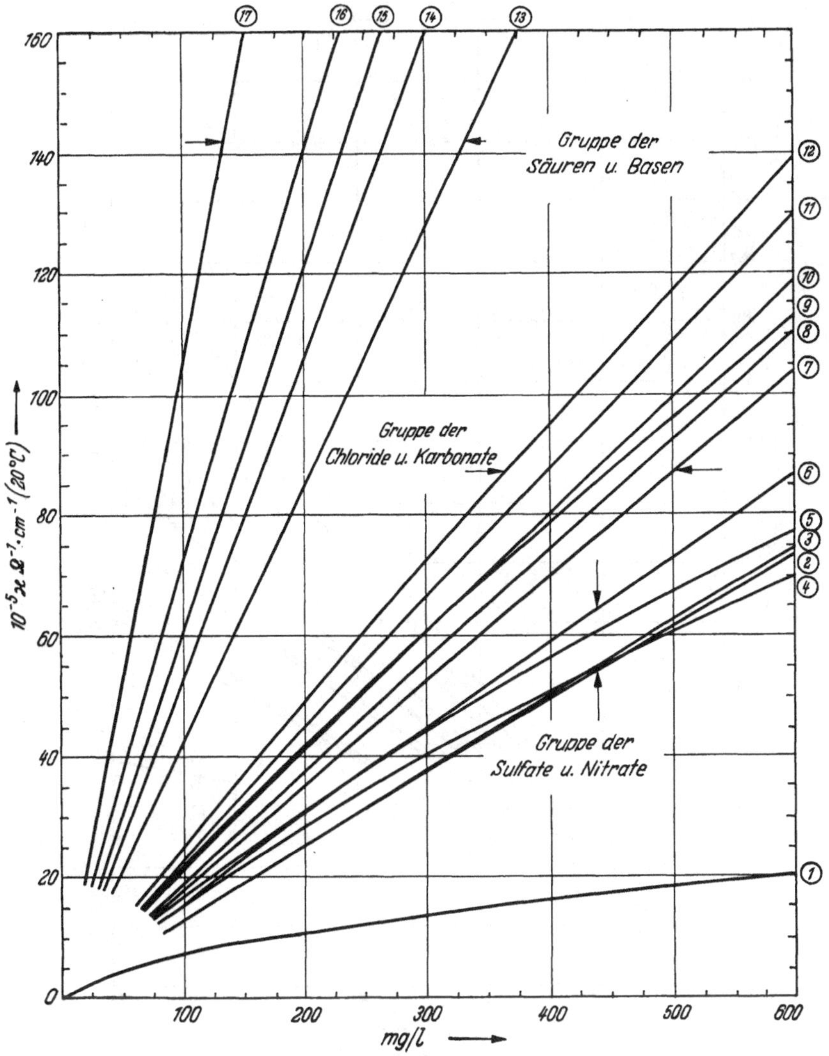

Tabelle XIVb

Mol/l	$^1/_2$ Na_2CO_3 ⑨ mg/l bzw. g/l	ϰ 20°	$^1/_2$ $CaCl_2$ ⑩ mg/l bzw. g/l	ϰ 20°	$^1/_2$ $MgCl_2$ ⑪ mg/l bzw. g/l	ϰ 20°
0,0001	5,3	—	5,55	$12{,}1 \cdot 10^{-6}$	4,76	$11{,}5 \cdot 10^{-6}$
2	10,6	—	11,1	24,08	9,52	22,85
5	26,5	—	27,7	59,5	23,8	56,5
0,001	53,0	$11{,}78 \cdot 10^{-5}$	55,5	$11{,}77 \cdot 10^{-5}$	47,6	$11{,}19 \cdot 10^{-5}$
2	106,0	22,82	111,0	23,06	95,2	21,9
5	265,0	53,9	277,0	56,0	238,0	53,2
0,01	0,53	$10{,}1 \cdot 10^{-4}$	0,555	$10{,}85 \cdot 10^{-4}$	0,476	$10{,}3 \cdot 10^{-4}$
2	1,06	18,83	1,11	20,88	0,952	19,82
5	2,65	42,20	2,77	49,0	2,38	46,4
0,1	5,3	$7{,}67 \cdot 10^{-3}$	5,55	$9{,}26 \cdot 10^{-3}$	4,76	$8{,}76 \cdot 10^{-3}$
2	10,6	13,81	11,1	17,39	9,52	16,38
5	26,5	28,70	27,7	39,35	23,8	36,55

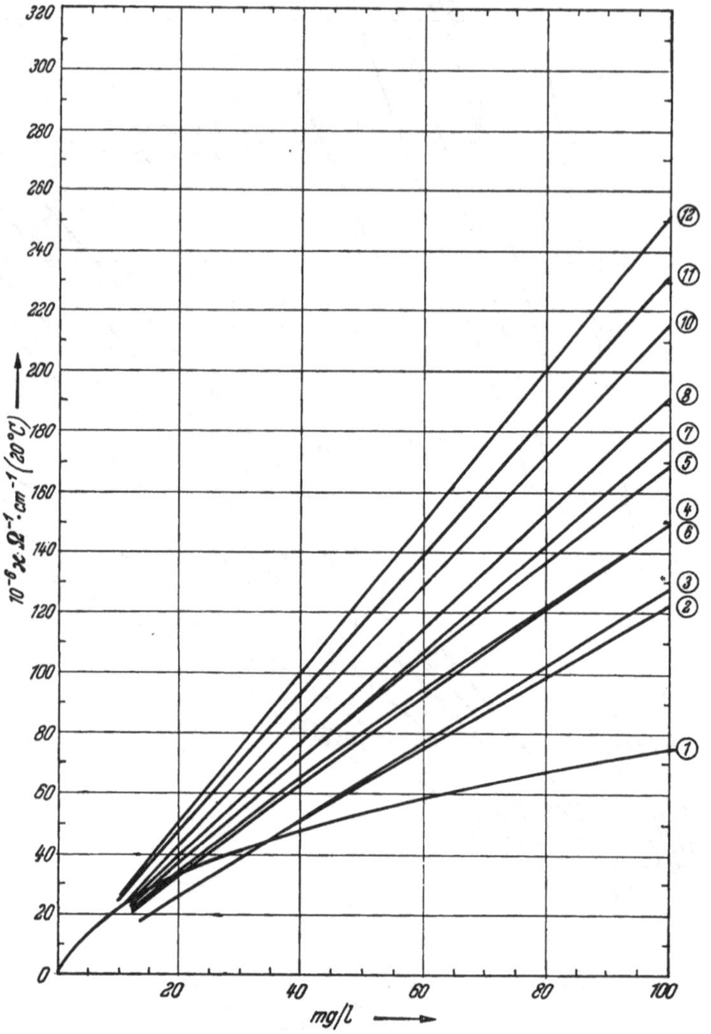

Tabelle XIVb

Mol /l	NH_4Cl (12) mg/l bzw. g/l	NH_4Cl (12) ϰ 20°	KOH (13) mg/l bzw. g/l	KOH (13) ϰ 20°	NaOH (14) mg/l bzw. g/l	NaOH (14) ϰ 20°
0,0001	5,35	$13,5 \cdot 10^{-6}$	—	—	—	—
2	10,7	26,9	—	—	—	—
5	26,75	67,0	—	—	—	—
0,001	53,5	$13,3 \cdot 10^{-5}$	—	—	—	—
2	107,0	26,5	112,2	$48,3 \cdot 10^{-5}$	80,0	$42,7 \cdot 10^{-5}$
5	267,5	64,9	280,5	119,3	200,0	106,4
0,01	0,535	$12,75 \cdot 10^{-4}$	0,561	$23,7 \cdot 10^{-4}$	0,40	$21,2 \cdot 10^{-4}$
2	1,07	25,0	1,122	46,7	—	—
5	2,675	60,2	2,805	197,7	2,00	103,7
0,1	5,35	$11,57 \cdot 10^{-3}$	5,61	$22,1 \cdot 10^{-3}$	4,00	$20,38 \cdot 10^{-3}$
2	10,7	22,25	11,22	42,7	—	—
5	26,75	52,9	28,05	102,2	20,0	90,7

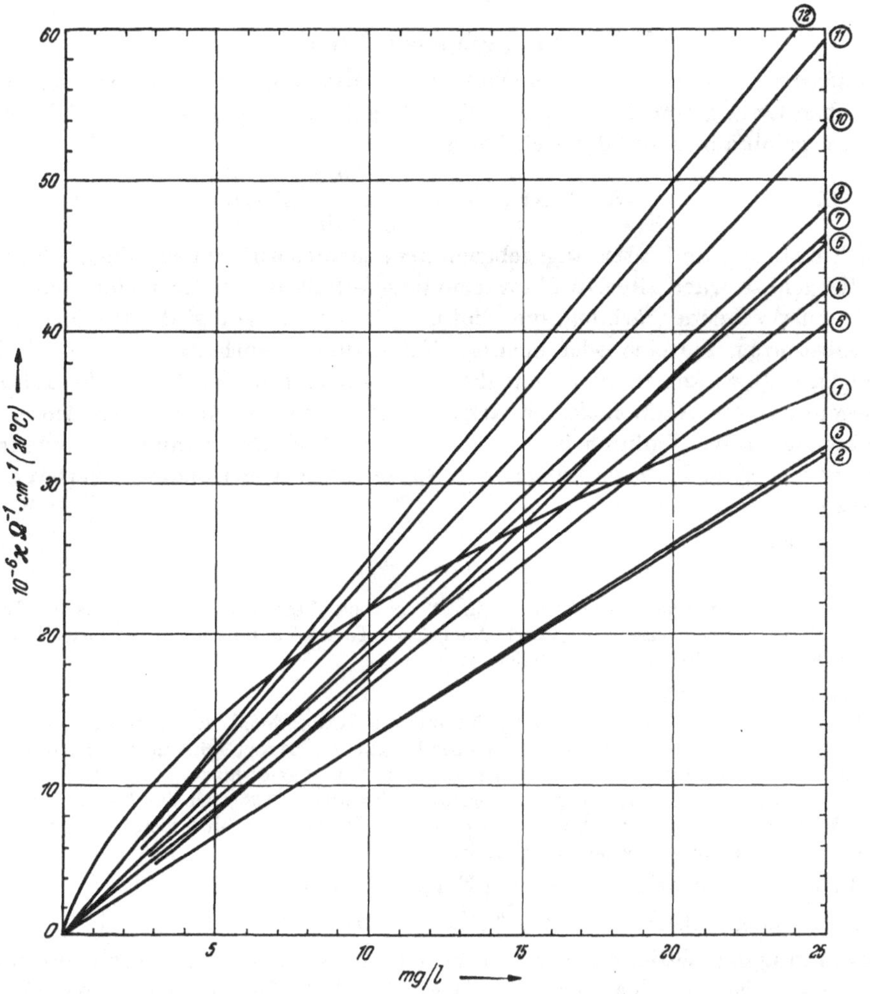

Tabelle XIVb

Mol/l	HNO_3 (15) mgl bzw. g/l	$\varkappa$ 20°	$^1/_2\,H_2SO_4$ (16) mg/l bzw. g/l	$\varkappa$ 20°	HCl (17) mg/l bzw. g/l	$\varkappa$ 20°
0,0001	6,302	—	—	—	—	—
2	12,603	—	—	—	—	—
5	31,51	—	—	—	—	—
0,001	63,02	$38{,}75 \cdot 10^{-5}$	49,04	$37{,}1 \cdot 10^{-5}$	36,46	$38{,}95 \cdot 10^{-5}$
2	126,03	77,3	98,08	72,0	72,93	77,7
5	315,1	191,7	245,2	169,3	182,3	192,7
0,01	0,6302	$38{,}0 \cdot 10^{-4}$	490,4	$31{,}6 \cdot 10^{-4}$	364,6	$38{,}2 \cdot 10^{-4}$
2	1,2603	75,25	980,8	58,7	729,3	75,8
5	3,151	184,4	2452,0	129,7	1823,0	186,0
0,1	6,302	$36{,}15 \cdot 10^{-3}$	4,904	$23{,}1 \cdot 10^{-3}$	3,646	$36{,}3 \cdot 10^{-3}$
2	12,603	70,25	9,808	43,9	7,293	70,7
5	31,51	167,3	24,52	105,1	18,23	169,0

15. Ammoniak (NH_3)

Grundlage: Versetzt man ammoniakhaltiges Wasser mit Nesslers Reagens, einer alkalischen Lösung von Kaliumquecksilber(II)-jodid $K_2[HgJ_4]$, so bildet sich schwer lösliches, gelbbraunes Amidoquecksilberjodid:

$$2\,[HgJ_4]^{--} + 3\,OH^- + NH_3 \longrightarrow \left[O \begin{matrix} \diagup Hg \diagdown \\ \diagdown Hg \diagup \end{matrix} NH_2\right]J + 7\,J^- + 2\,H_2O$$

Bei Einhaltung der unten angegebenen Arbeitsvorschrift unterbleibt die Fällung, und die gelöste Quecksilber-Amidoverbindung erteilt der Lösung eine dem NH_3-Gehalt entsprechende Färbung, die photometrisch gemessen wird. Es stören Sulfid und Substanzen, die eine oder mehrere NH_2-Gruppen enthalten. Hydrazinhaltige Lösungen z. B. wirken reduktiv auf die Reagenslösung ein (Trübung der Lösung). In Gegenwart von Ammoniak verstärkt Hydrazin jedoch nur die vom Ammoniak herrührende Farbe. Dadurch ist es möglich, eine NH_3-Bestimmung vorzunehmen, ohne daß die oxydative Zerstörung des im Speisewasser oder Kondensat vorhandenen Hydrazins vorangehen muß.

Reagentien:

1. Seignettesalzlösung
   100 g Kalium-Natriumtartrat werden in 200 ml dest. Wasser gelöst und der kalten Lösung 10 ml Nesslers Reagens zugesetzt. Nach 2—3 Tagen ist die Flüssigkeit meist klar und farblos. Durch eine Glasfritte filtriert man ab.
2. Nesslers Reagens
   Man verreibt 10 g Quecksilber(II)-jodid mit 5 g Kaliumjodid in einem Porzellanmörser unter Zugabe von möglichst wenig Wasser bis zur Auflösung, spült in einen Kolben und gibt eine kalte Lösung von 20 g Natriumhydroxyd in Wasser hinzu. Insgesamt verarbeitet man 100 ml Wasser. In der gut gemischten Flüssigkeit läßt man die Trübung absitzen, dekantiert oder saugt durch eine Fritte ab. Das Reagens bewahrt man in einer dunklen, gut verschlossenen Flasche auf. Dort ist es längere Zeit haltbar.
3. Eichlösung, enthaltend 314,1 mg NH_4Cl/l = 100 mg NH_3/l.
4. Eichlösung, enthaltend 41 mg $N_2H_6SO_4$ = 10 mg N_2H_4/l.

Ausführung der Bestimmung: 50 ml des zu untersuchenden, eventuell verdünnten Probewassers versetzt man nacheinander mit 2,5 ml Seignettesalzlösung (1) und 1 ml Nesslers Reagens (2). 2—5 Minuten danach wird im Elko II mit Hg-Lampe und Filter Hg-436 die Extinktion in 1—5 cm Schicht gegen reines Wasser gemessen. Anschließend ermittelt man bei gleicher Schichtdicke die Extinktion der zugesetzten Reagentien in einer mit ammoniakfreiem Wasser angesetzten Probe.

Meßbereich und Berechnung: Das Lambert-Beersche Gesetz gilt annähernd bis zu $k \approx 0{,}8$.

In 1 cm Schicht mißt man von 0,1—7 mg NH_3/l,

In 5 cm Schicht mißt man von 0,02—1,4 mg NH_3/l.

Für die Berechnung gilt:

$$\text{mg } NH_3/\text{l} = \left(\frac{E}{s} - \frac{E_x}{s}\right)a;\; a = 7{,}476\ \mathit{(87367)}.$$

Es bedeuten:

E = Extinktion der Probe gegen reines Wasser
E_x = Extinktion der Reagentien in ammoniakfreiem Wasser gegen reines Wasser
s = Schichtdicke in cm.

Enthält die Probe Hydrazin, so wird dies wie folgt berücksichtigt:

$$\text{mg } NH_3/l = \left(\frac{E}{s} - \frac{E_x}{s}\right) a - 2\ (\text{mg } N_2H_4/l).$$

16. Eisen (Fe)

Grundlage: Sulfosalicylsäure*) gibt mit Fe(III)-Ionen infolge Komplexbildung in saurer Lösung Rotfärbung, in alkalischer Lösung dagegen Gelbfärbung. Fe(II)-Ionen reagieren nicht, werden aber im alkalischen Medium schnell oxydiert. Man kann also das dreiwertige Eisen und das Gesamteisen photometrisch bestimmen. Den Gehalt an zweiwertigem Eisen ergibt die Differenz.

Reagentien:

1. n/1-Salzsäure, z. A.
2. Sulfosalicylsäure, z. A., 200 g/LM (Wasser)
3. Ammoniumpersulfat, z. A., 100 g/LM (Wasser)
4. Ammoniak, z. A., 25%ig

Ausführung der Bestimmung: A. Ferrieisen (Fe^{3+})

Zu 50 ml Probewasser gibt man der Reihe nach 5,0 ml Salzsäure (1) und 5,0 ml Sulfosalicylsäurelösung (2). Als Vergleichslösung setzt man eine Probe mit 50 ml eisenfreiem Wasser**) an und mißt im Elko II unter Verwendung von Glühlampe und Filter S 49 E in 1—5 cm Schicht. Die Färbung ist nach 5 Minuten hinreichend konstant.

B. Gesamteisen ($Fe^{2+} + Fe^{3+}$)

50 ml Probewasser werden mit

5,0 ml Sulfosalicylsäurelösung (2)
2,5 ml Ammoniumpersulfatlösung (3)
5,0 ml Ammoniak (4)

versetzt. Als Vergleichslösung dient eine Probe mit eisenfreiem Wasser**). Glühlampe, Filter S 42 E, 1—5 cm Schicht. Konstanz der Färbung wie unter A.

---

*) 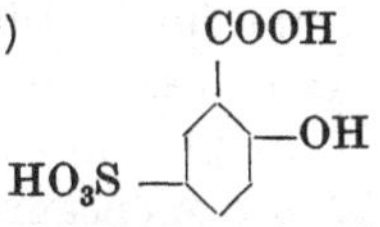

(2,5-Oxy-sulfo-benzoesäure).

**) Da ein eisenfreies Vergleichswasser schwierig zu beschaffen ist, kann gegen reines Wasser gemessen werden, wenn man, wie nachstehend beschrieben, die durch Chemikalienzugabe bedingte Extinktion berücksichtigt:

Beispiel:

1. 50 ml Wasser + normale Chemikalienmenge . . . . $E_5 = 0{,}0237$
2. 50 ml Wasser + doppelte Chemikalienmenge . . . . $E_b = 0{,}0395$
3. Extinktion der Chemikalien

$$\begin{array}{r} 0{,}0395 \\ -\,0{,}0237 \\ \hline 0{,}0158 \end{array} : 5 = E = 0{,}00316$$

$$0{,}00316 \cdot 13{,}01 = \mathbf{0{,}041\ mg\ (Fe^{2+} + Fe^{3+})/l.}$$

Von jedem Meßergebnis ist vorstehende Eisenmenge abzuziehen. Der Korrekturwert ist laufend zu überprüfen.

Meßbereich und Berechnung: A. Für die Eisenbestimmung im sauren Medium gilt das LAMBERT-BEERsche Gesetz nur bis $k \approx 0{,}5$.

Folgende Konzentrationen werden erfaßt:

0,04—8 mg Fe^{3+}/l in der 5-cm-Küvette
0,20—25 mg Fe^{3+}/l in der 1-cm-Küvette

$$\text{mg } Fe^{3+}/l = \frac{E}{s} \cdot a;\ a = 41{,}76\ \mathit{(62076)}.$$

B. In alkalischer Lösung gelten folgende Konzentrationsbereiche:

0,005— 2,0 mg ($Fe^{2+} + Fe^{3+}$)/l in der 5-cm-Küvette
0,025—10,0 mg ($Fe^{2+} + Fe^{3+}$)/l in der 1-cm-Küvette

$$\text{mg } (Fe^{2+} + Fe^{3+})/l = \frac{E}{s} \cdot a;\ a = 13{,}01\ \mathit{(11428)}.$$

C. Der Gehalt an Ferroeisen (Fe^{2+}) ergibt sich gemäß:

$$\text{mg } Fe^{2+}/l = \text{mg } (Fe^{2+} + Fe^{3+})/l - \text{mg } Fe^{3+}/l.$$

17. Kupfer (Cu)

Grundlage: Kupfer- und andere Schwermetallionen reagieren mit Diäthyldithiocarbaminaten unter Metallkomplexbildung. Dem als Reagens verwendeten Natriumsalz (DDTC) kommt die Formel

$$(C_2H_5)_2\ NCS_2\ Na \cdot 3\ H_2O$$

zu.

Für die Metall-DDTC-Verbindung wird folgende allgemeine Formel angesehen:

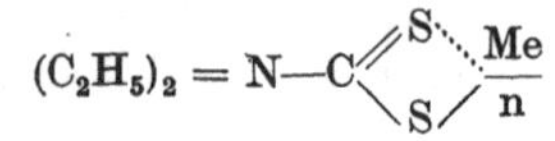

Hierbei bedeutet *n* die Wertigkeit des jeweils mit DDTC in Reaktion getretenen Elementes.

Der Cu(II)-DDTC-Komplex besitzt ein Absorptionsmaximum bei 436 mμ. Andere Schwermetallkomplexe, die in derselben Größenordnung absorbieren, sind im Speisewasser bzw. Kondensat mit Ausnahme von Fe(III)-DDTC im allgemeinen nicht vorhanden, so daß DDTC als ein sehr empfindliches Reagens auf Kupfer anzusprechen ist, wenn man die störenden Eisenionen maskiert. Hierzu ist Zitronensäure geeignet.

Durch Extraktion des Cu(II)-DDTC-Komplexes mit CCl_4 (Chloroform) erreicht man eine Farbkonzentrierung und Metallgruppentrennung. Die Methode besitzt aber auch ohne Extraktion als photometrische Betriebsanalyse ausreichende Empfindlichkeit **bei Ausschaltung der Eigenfärbung des Probewassers.**

a) Direktmethode

Reagentien:

1. Zitronensäurelösung 20%ig
2. Ammoniaklösung 10%ig
3. Ammoniumchloridlösung 20%ig
4. 1%ige wäßrige Lösung von Natriumdiäthyldithiocarbaminat.

Ausführung der Bestimmung: Zu 100 ml Probewasser werden zugesetzt

1 ml Zitronensäurelösung
2 ml Ammoniaklösung
0,5 ml Ammoniumchloridlösung und
1 ml Natriumdiäthyldithiocarbaminatlösung.

Die Extinktion mißt man im Elko II mit Quecksilberlampe und Filter Hg 436 in 5-cm-Küvetten gegen eine Probe, die mit kupferfreiem Wasser angesetzt wurde. Die Färbung ist konstant von 1—15 Minuten.

Meßbereich und Berechnung: Es gilt das Lambert-Beersche Gesetz bis zu einem Kupfergehalt von 1 mg Cu/l. Bei höheren Gehalten treten Trübungen auf, so daß eine einwandfreie Messung nicht mehr möglich ist. Die Proben können dann allenfalls mit kupferfreiem Wasser vor der Reagentienzugabe verdünnt werden. Dieses ist bei der Berechnung zu beachten.

Die Berechnung erfolgt nach:

mg Cu/l = $E_5 \cdot a_5$. Der Eichfaktor a_5 hat den Wert 1,557. *(19229)*

Bei der Berechnung der Extinktion sei hierbei besonders auf die Berücksichtigung der Eigenfärbung des Probewassers hingewiesen. Diese ermittelt man aus dem Vergleich der gemessenen Extinktion von Vergleichswasser gegen Probewasser ohne Reagentien.

b) Extraktionsmethode

Reagentien:

1. Zitronensäurelösung 20%ig
2. Ammoniaklösung 10%ig
3. Ammoniumchloridlösung 20%ig
4. 1%ige wäßrige Lösung von Natriumdiäthyldithiocarbaminat
5. Chloroform z. A

Ausführung der Bestimmung: 100 ml Probewasser werden in einen Tropftrichter von etwa 200 ml Inhalt gegeben und mit 1 ml Zitronensäurelösung, 2 ml Ammoniaklösung, 0,5 ml Ammoniumchloridlösung und 10 ml Chloroform versetzt. Darauf wird etwa 5 Minuten lang ausgeschüttelt und dann das Lösungsmittel (Chloroform) abgelassen. Nachdem so eventuell schon eine in der Lösung vorhandene Färbung entfernt ist, fügt man 1 ml der Natriumdiäthyldithiocarbaminatlösung und nochmals 25 ml Chloroform hinzu und schüttelt etwa 5 Minuten lang aus. Dann läßt man das Chloroform absitzen und filtriert es anschließend durch ein kleines trockenes Filter. Die Lösung wird sofort in eine Küvette gefüllt und diese mit einem gut passenden Deckel verschlossen.

Gleichzeitig stellt man auf dieselbe Art und Weise mit 100 ml kupferfreiem Wasser unter Zugabe der Reagentien (1 bis 5) eine Vergleichslösung her, gegen die im Photometer gemessen wird.

Die Extinktion mißt man im Elko II mit Quecksilberlampe und Filter Hg 436 in 5-cm-Küvetten. Die Färbung ist konstant von 1—15 Minuten. Es ist lediglich darauf zu achten, daß die Küvetten gut verschlossen sind.

Meßbereich und Berechnung: Bei Verwendung der 5-cm-Küvette gilt das Lambert-Beersche Gesetz bis zu einem Kupfergehalt von 0,2 mg/l. Die untere Nachweisbarkeitsgrenze liegt bei 1—2 μg Cu/l.

Die Berechnung erfolgt nach:

mg Cu/l = $E_5 \cdot a_5$. Der Eichfaktor a_5 hat den Wert 0,248 *(39445)*.

18. Aluminium (Al)

Grundlage: Mit Alizarin*) bildet Aluminium einen roten Farblack, dessen Farbintensität von der Aluminiumkonzentration des Probewassers abhängt. Nachteile der Bestimmung des Aluminiums mit Alizarin liegen darin, daß einmal das BEERsche Gesetz nicht gilt und zum anderen eine ganze Reihe von Metallen stört, vor allem Eisen, ferner Vanadin und Titan. Man kann den Eisengehalt des zu untersuchenden Wassers unberücksichtigt lassen, solange er geringer ist als der Aluminiumgehalt. Anderenfalls sind die Störelemente durch Ausschütteln mit Cupferron vor der photometrischen Bestimmung zu beseitigen, was diese jedoch kompliziert und ihren Wert als Betriebsmethode herabsetzt. Die nachfolgend wiedergegebene einfache Analysenvorschrift gilt daher nur so lange, wie die Eisenionenkonzentration die zu bestimmende Aluminiumionenkonzentration nicht übersteigt.

Reagentien:

1. n/5-Perchlorsäure (1)
2. n/l-Natronlauge (2)
3. Alizarin S-Lösung (3)
   0,25 g Alizarin S + 7,5 ml Eisessig zu 1 Liter mit Wasser aufgelöst.
4. n/l-Essigsäure (4).

Ausführung der Bestimmung: 50 ml Probewasser sowie 50 ml reines Wasser versetzt man in der angegebenen Reihenfolge mit

5 ml Perchlorsäure (1)
5 ml Natronlauge (2)
10 ml Reagen lösung (3) und
5 ml Essigsäure (4).

Nach 10 Minuten mißt man in 2- oder 5-cm-Küvetten unter Verwendung von Glühlampe und Filter S 49 E.

Berechnung: An Hand der gemessenen Extinktion ermittelt man den Aluminiumgehalt aus den Eichkurven Abb. 87.

19. Nitrition (NO_2^-)

Grundlage: In essigsaurer Lösung wird Sulfanilsäure durch salpetrige Säure bzw. Nitrite diazotiert und mit α-Naphthylamin zu einem Farbstoff (Sulfanilsäure-azo-α-naphthylamin) gekuppelt:

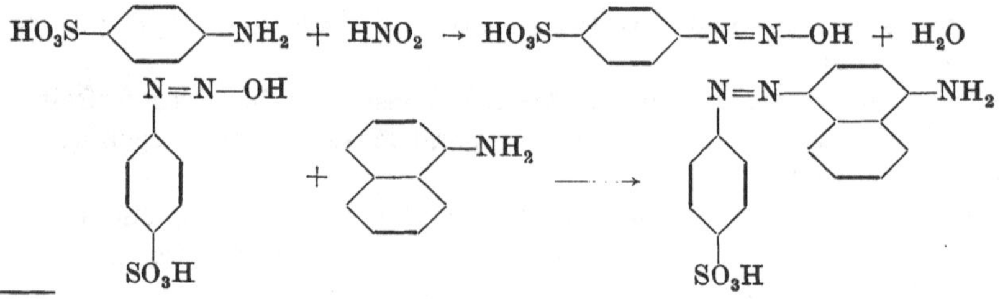

*)

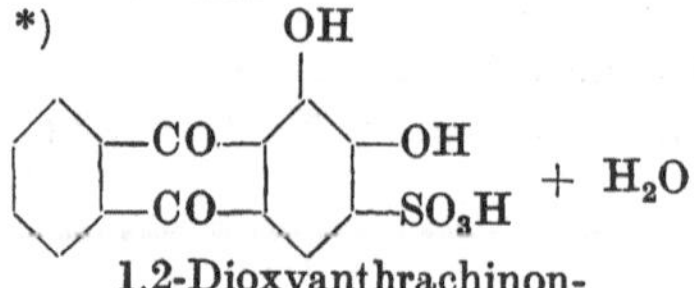

1,2-Dioxyanthrachinon-3-sulfosäure

Als Reagens benutzt man nicht das Alizarin selbst, sondern das Natriumsalz der 3-Sulfosäure des Alizarins (alizarinsulfosaures Natrium, Alizarin S), um die Löslichkeit im Wasser zu erhöhen.

Dieser Nachweis zählt zu den empfindlichsten, die wir kennen. Bereits die in der Luft vorhandenen Spuren an Stickoxyden genügen, um eine Reagenslösung mit Sulfanilsäure und α-Naphthylamin innerhalb weniger Tage rot bis violett zu färben und damit unbrauchbar zu machen. Daher wird mit einem festen, lange haltbaren Reagensgemisch gearbeitet. Essigsäurezusatz wirkt löslichkeitsfördernd auf die festen Reagentien.

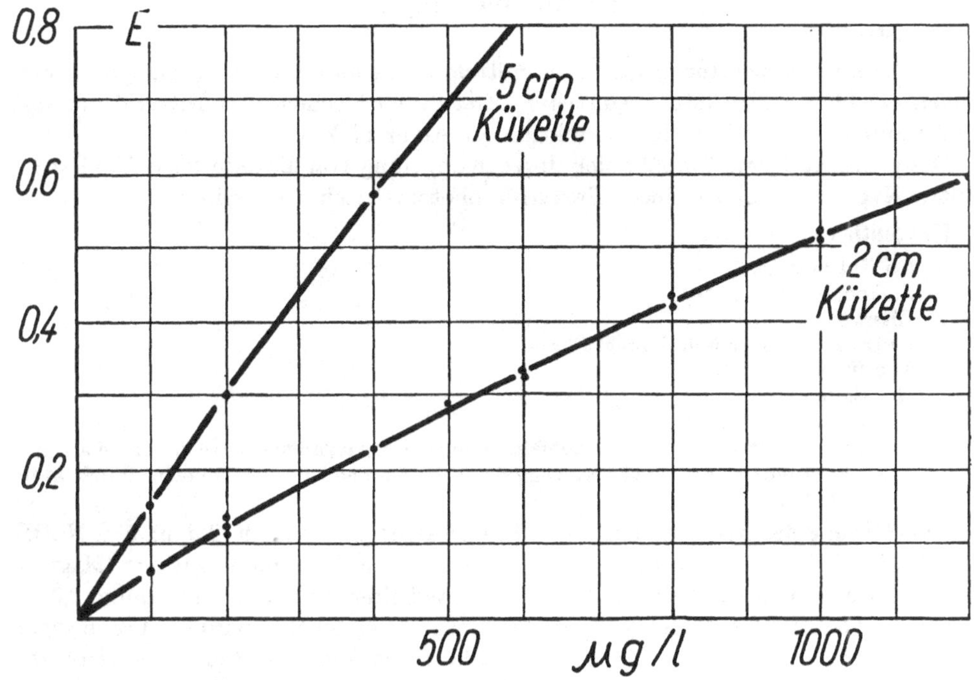

Abb. 87. Eichkurven Aluminium für Elko II

Reagentien:

1. Festes Reagensgemisch, bestehend aus
   60 g Weinsäure
   5 g Sulfanilsäure
   1 g α-Naphthylamin
   Nachdem die einzelnen Teile staubfein in einem Porzellanmörser zerrieben sind, gibt man sie in eine Flasche und vermengt sie nach dem Schließen des Stopfens durch kräftiges Schütteln.
2. Essigsäure 1 + 1 (aus acidum aceticum glaciale, z. A.).

Ausführung der Bestimmung: Man schüttelt das feste Reagensgemisch (1) gut durch, gibt etwa 0,5 g und 5 ml Essigsäure in ein 250-ml-Becherglas. Hierauf setzt man 50 ml Probewasser hinzu und bewegt das Glas so lange, bis sich der feste Bodenkörper gelöst hat. Nach 30 Minuten kann gegen eine mit nitritfreiem Wasser angesetzte Vergleichslösung im Elko II, Glühlampe, Filter S 53 E, 1—5-cm-Küvetten photometriert werden.

Meßbereich und Berechnung: In der 1-cm-Schicht mißt man bis zu 1 mg NO_2^-/l. Wässer mit einem höheren Gehalt an Nitrit sind zu verdünnen, da der feste Farbstoff bei größeren Konzentrationen ausflockt. In der 5-cm-Schicht lassen sich noch 0,003 mg NO_2^-/l mit Sicherheit erfassen.

$$\text{mg } NO_2^-/\text{l} = \frac{E}{s} \cdot a; \; a = 1{,}366 \; \mathit{(13545)}.$$

20. Nitration (NO_3^-)

Grundlage:

Bei Zimmertemperatur lassen sich mittels Zinkstaub und Natronlauge Nitrat-Ionen nur bis zur Nitritstufe reduzieren. Erst durch Kochen einer Nitratlösung mit Zinkstaub und Alkali erfolgt Reduktion zu Ammoniak.

Das gebildete Nitrit-Ion läßt sich durch Kuppelung von diazotierter Sulfanilsäure mit α-Naphthylamin zu einem Farbstoff photometrisch nachweisen.

Reagentien:

1. 5 n Natronlauge
2. Zinkpulver
3. Eisessig
4. Festes Reagensgemisch, bestehend aus
   60 g Weinsäure
   5 g Sulfanilsäure
   1 g α-Naphtylamin.
   Nachdem die einzelnen Teile staubfein in einem Porzellanmörser zerrieben sind, gibt man sie in eine Flasche und vermengt sie nach dem Schließen des Stopfens durch kräftiges Schütteln.

Ausführung der Bestimmung: 50 ml Probewasser werden mit 2,5 ml 5 n-NaOH und 1,25 g Zinkpulver versetzt. Die Probe wird dann 20 Minuten gerührt (Magnetrührer). Nach dem Abfiltrieren durch Blaubandfilter vom Zink gibt man 2,5 ml Eisessig und 0,5 g festes Reagensgemisch hinzu. Nach 30 Min. wird die Probe gegen reines Wasser (Extinktion 0) im Elko II, Glühlampe, Filter S 53 photometriert. **Die Temperatur darf während der gesamten Bestimmung 21° C nicht überschreiten!**

Meßbereich und Berechnung: In der 1-cm-Küvette mißt man bis zu 1,5 mg NO_3^-/l. Wässer mit einem höheren NO_3^--Gehalt sind zu verdünnen, da der Farbstoff bei größeren Konzentrationen ausflockt.

$$\text{mg } NO_3^-/\text{l} = \frac{E}{s} \cdot a$$

$$a = 3{,}218 \; \mathit{(50759)}$$

Im Wasser bereits enthaltene NO_2^--Ionen sind vom Endergebnis abzuziehen.

Berechnung in diesem Fall:

$$\text{mg } NO_3^-/\text{l} = \text{mg } NO_3^-/\text{l}^{*)} - \text{mg } NO_2^-/\text{l} \cdot 1{,}347 \; \mathit{(12962)}$$

21. Kalium und Natrium (K, Na)

Die Alkaliionen sind analytisch wegen des stark heteropolaren Charakters ihrer Verbindungen schwer erfaßbar. Zumindest konnte keine bisher bekannte Methode den Anspruch erheben, als Betriebsanalyse für Wasseruntersuchungen besser geeignet zu sein als die flammenphotometrische Bestimmung. Letztere erfordert einen zusätzlichen apperativen Aufwand (Spektralphotometer mit Zusatzgerät).

*) Gefundener Wert

Anmerkung zur Kalium- und Natriumbestimmung mit ZEISS-Spektralphotometer und Flammenphotometerzusatz: Die Empfindlichkeit der Meßeinrichtung ist so zu wählen, daß die bei der Eichung sich ergebende Spaltbreite nicht zu groß ist. Welche Spaltbreite noch zugestanden werden kann, richtet sich nach den Elementen, die außer dem zu bestimmenden Element in der Lösung vorhanden sind. Man kontrolliere auf jeden Fall die Bandbreite mit der man arbeitet daraufhin, ob eine genügende Isolierung der Emissionslinie von benachbarten Linien fremder Elemente erreicht ist. Andererseits soll man mit möglichst großen Bandbreiten arbeiten, soweit das Problem es zuläßt, damit die Verstärkung des Vervielfachers nicht zu hoch getrieben werden muß, so daß merkliche Schwankungen auftreten. Als Richtwert für die Wahl der Verstärkung kann man annehmen, daß bei Zerstäubung einer Natriumlösung der Konzentration 30 mg/l und Messung bei 589 mμ in Schalterstellung Anzeige A Vollausschlag erreicht wird, wenn die Spaltbreite etwa 0,05 mm beträgt. Diese Angaben gelten für Vervielfacher Maurer — Type J oder RCA — Type I P 28.

Eichkurven siehe Abb. 88 (Na^+) und Abb. 89 (K^+).

22. Sulfation (SO_4^{--})

Grundlage: Die Neutralsalze einer wäßrigen Lösung werden in Berührung mit einem stark sauren Kationenaustauscher in freie Säuren verwandelt. Durch einen Zusatz von überschüssiger Barytlauge fällt schwerlösliches Bariumsulfat aus. Man bestimmt die Leitfähigkeit vor und nach der Barytlaugebehandlung. Die Differenz entspricht der durch SO_4^{--} hervorgerufenen Leitfähigkeit.

Reagentien:

1. Stark saurer Kationenaustauscher; regeneriert (mit 10%iger HCl 10 Minuten behandeln, waschen, bis er gegen vollentsalztes Wasser neutral reagiert. Siehe Analysenvorschrift Nr. 13).
2. Filtrierpapier: Schwarzband- und Blaubandfilter.
3. Barytlauge; Bariumhydroxydlösung 35 g $Ba(OH)_2 \cdot 8H_2O$/l Wasser.
4. Eichlösung; 1,479 g Natriumsulfat wasserfrei werden in einem 1000-ml-Maßkolben in vollentsalztem Wasser gelöst und der Kolben bis zur Eichmarke aufgefüllt. 1 ml dieser Lösung, mit vollentsalztem Wasser auf 100 ml verdünnt, entspricht 10 mg SO_4^{--}/l.

Ausführung der Bestimmung: Zu 100 ml Probewasser mit maximal 500 mg SO_4^{--}/l (bei höheren Sulfatgehalten ist mit vollentsalztem Wasser zu verdünnen) gibt man 1 Teelöffel stark sauren Kationenaustauscher, erhitzt die Probe unter Rühren (Magnetrührer) auf 85—90° C und kühlt auf eine Temperatur von 20° C ab. Hierauf filtriert man mit Schwarzbandfilter vom Kationenaustauscher ab. Durch die Probe wird nun 10 Minuten lang ein O_2-Strom (Bombe) geleitet, um vorhandene Kohlensäure auszutreiben. Die Leitfähigkeit $\varkappa_1$ in μS cm^{-1} wird gemessen. Nach Zugabe von 10 ml Barytlauge unter Rühren und Erwärmen auf 85—90° C fällt bei Gegenwart von SO_4^{--}-Ionen schwerlösliches Bariumsulfat aus. Man filtriert über Blaubandfilter von $BaSO_4$ ab, versetzt das Filtrat nochmals mit 1 Teelöffel stark saurem Kationenaustauscher, erhitzt wieder unter Rühren auf die gleiche Temperatur und kühlt auf 20° C ab. Nach dem Abfiltrieren vom Kationenaustauscher wird die Leitfähigkeit $\varkappa_2$ gemessen.

Berechnung:

$$\varkappa_1 - \varkappa_2 = \varkappa_{SO_4^{--}}$$

entspricht gemäß Eichkurve (Seite 176) dem Gehalt an SO_4^{--} (mg SO_4^{--}/l).

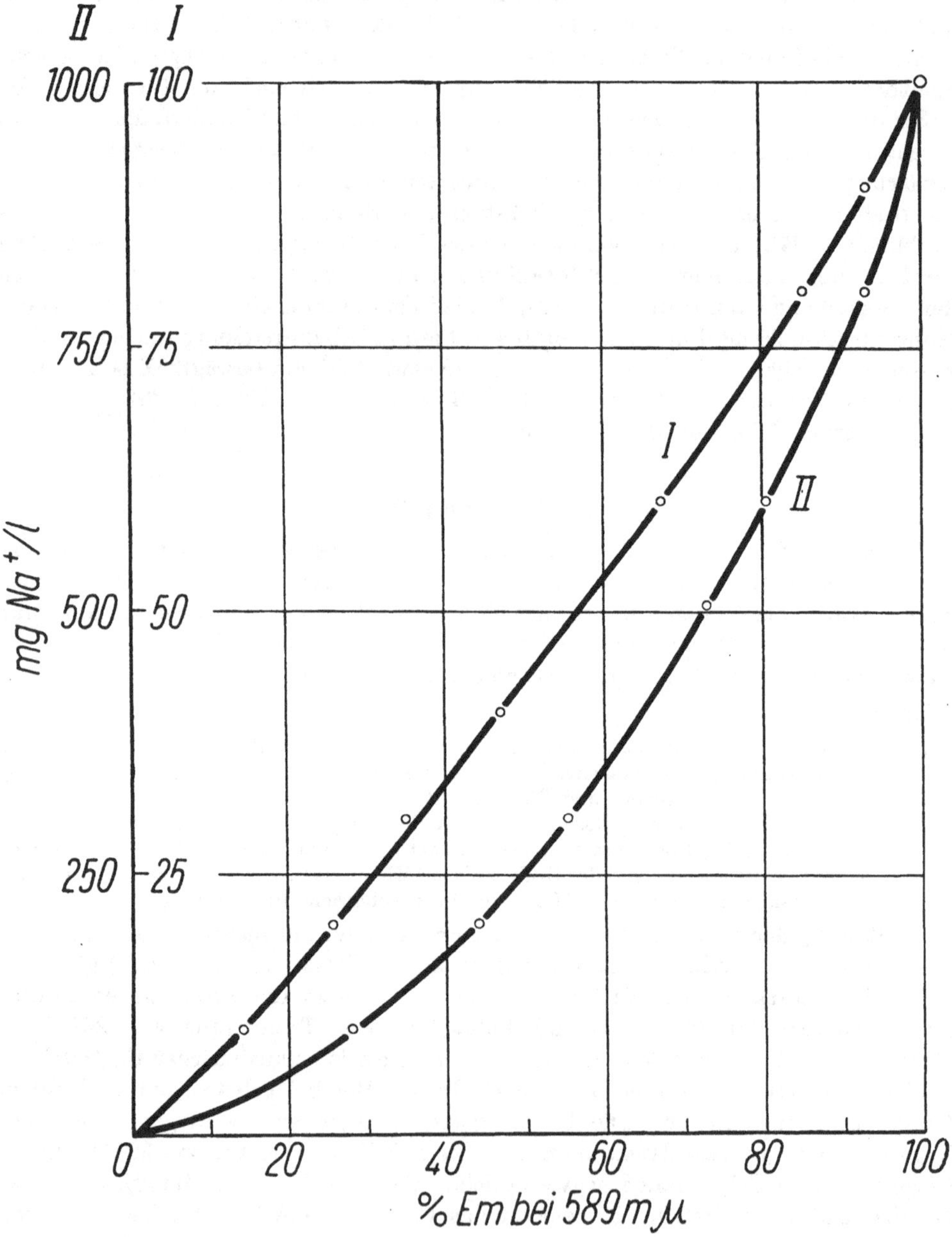

Abb. 88.

Eichkurve Natrium (Na^+) Zeiß-Spektralphotometer M 4 Q und

Flammenphotometerzusatz

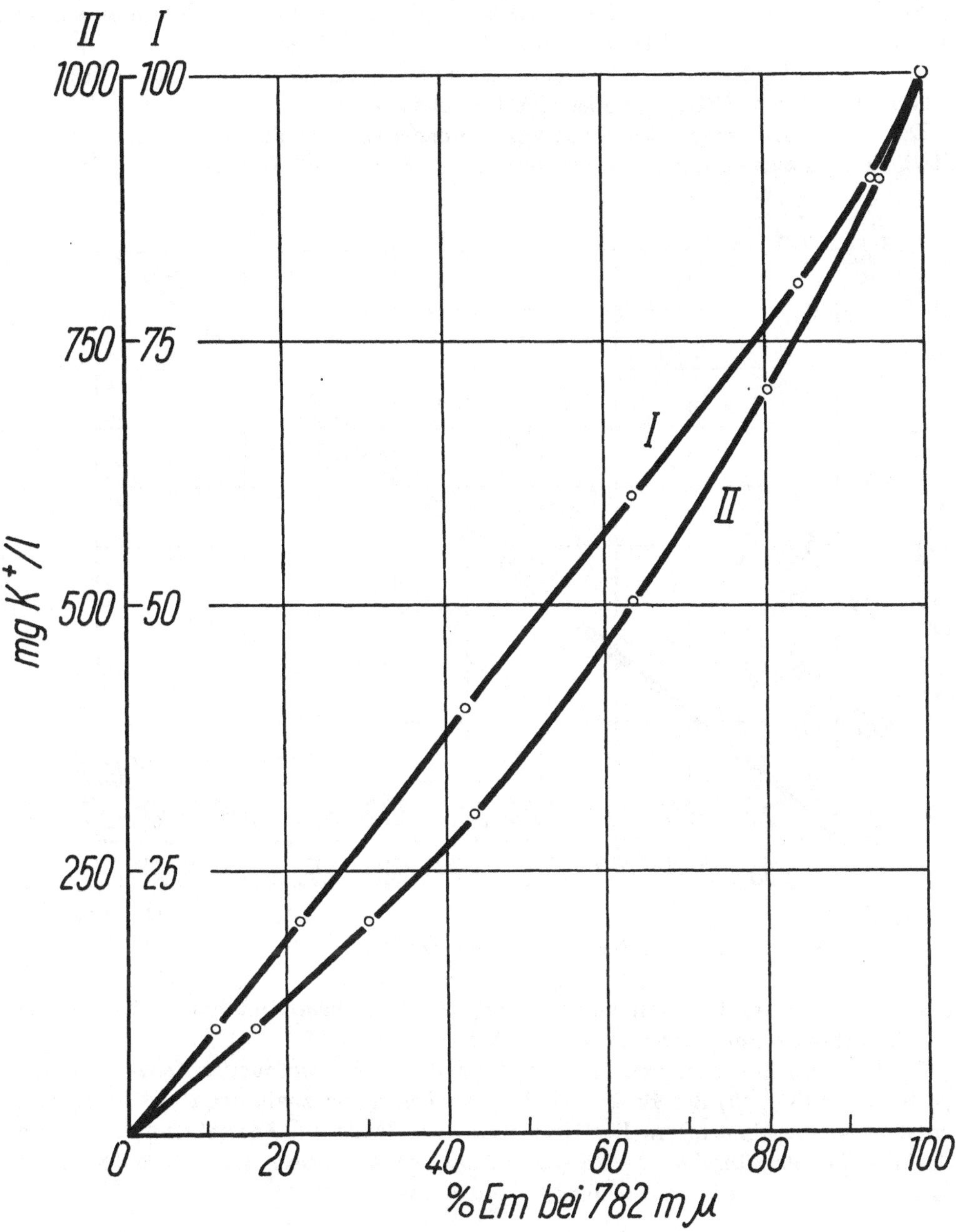

Abb. 89.

Eichkurve Kalium (K^+) Zeiß-Spektralphotometer M 4 Q und

Flammenphotometerzusatz

Eichkurve (siehe Abb. 90). Beim Aufstellen der Eichkurve verfährt man wie bei der Analyse. 3 mg SO_4^{--}/l lassen sich noch mit Sicherheit erfassen.

Enthält das Probewasser außer Sulfat noch andere mit Ba-Ionen fällbare Bestandteile (z. B. PO_4^{---}, CrO_4^{--}), so ist eine Korrektur erforderlich.

Da sich die Leitfähigkeiten additiv zusammensetzen, stellt man mit der gleichen Methode Eichkurven der in Frage kommenden Stoffe auf. Der Gehalt des Wassers

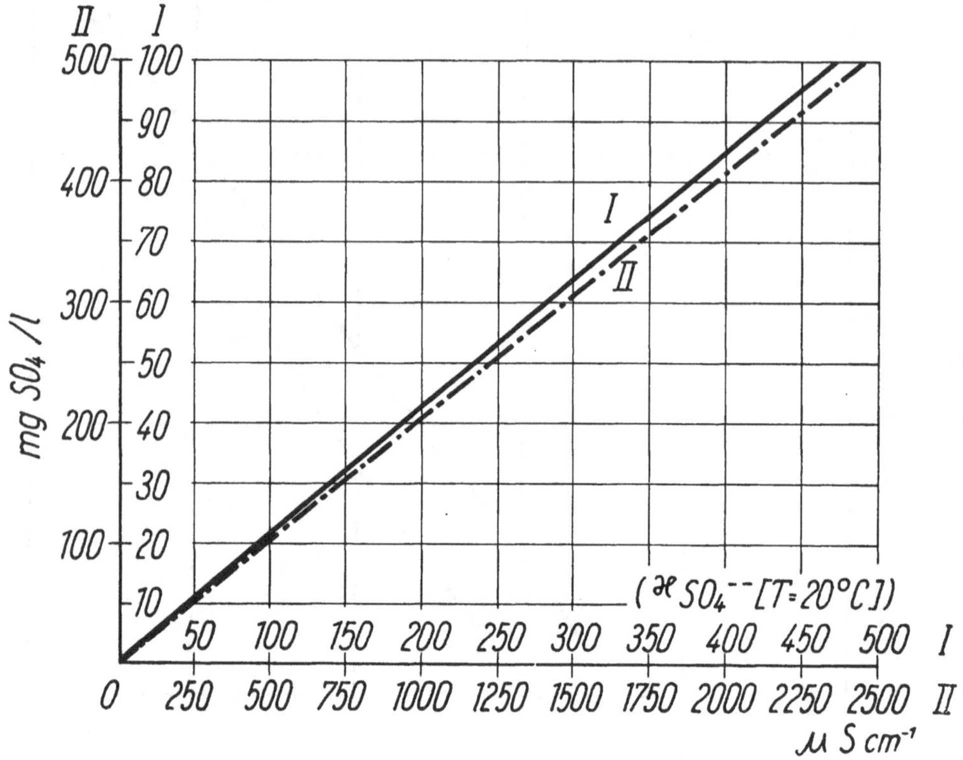

Abb. 90. Eichkurve zur Sulfatbestimmung (SO_4^{--})

z. B. an Phosphat, den man mittels Analyse vorher bestimmt hat, zieht man bei der Sulfatbestimmung in μS cm^{-1} vom Endergebnis ab.

Bei Wässern mit geringem Mineralsalzgehalt ist eine definierte Menge an SO_4^{--} (z. B. 10 mg SO_4^{--}/l) der Probe vor dem Analysengang zuzusetzen und beim Endergebnis wieder abzuziehen. Der Grund für diese Maßnahme besteht unter anderem darin, daß kohlensäurehaltige Wässer im Analysengang stören, wenn nach dem 1. Zusatz von Kationenaustauscher die p_H-Zahl > 4 ist.

23. Bestimmung von Öl im Wasser

Grundlage: Im Wasser verteiltes Öl läßt sich mittels Aluminiumsulfat ausflocken und nach Auflösen des Flockungsniederschlages mit organischen Lösungsmitteln von den Mineralsalzen trennen. Bei Verwendung von Tetrachlorkohlenstoff ist Explosions- und Brandgefahr gegenüber der sonst üblichen Ätherdestillation vermieden.

Reagentien:

1. Aluminiumsulfatlösung 30%ig z. A.
2. Sodalösung 20%ig z. A.
3. Konz. Schwefelsäure z. A.
4. Tetrachlorkohlenstoff z. A.

Ausführung der Bestimmung: 1—5 l Probewasser werden mit 1 ml Aluminiumsulfatlösung je Liter Wasser versetzt und nach dem Umschütteln mit 1 ml Sodalösung je Liter Wasser behandelt. Man füllt in einen Mischzylinder und läßt 12 Stunden absitzen. Das überstehende Wasser wird sodann vorsichtig abgehebert und der Niederschlag mit einigen Tropfen konz. Schwefelsäure gelöst und in einen Scheidetrichter übergespült. Hierauf ist mit 100 ml Tetrachlorkohlenstoff auszuschütteln. Nach erfolgtem Absetzen wird der Tetrachlorkohlenstoffauszug nach Filtration über ein trockenes Filter in einen Rundkolben gegeben und auf dem Wasserbad bis auf einige ml abdestilliert.

Den Flüssigkeitsrest gibt man in eine vorher geglühte und gewogene Platinschale und spült den Kolben mit 10 ml Tetrachlorkohlenstoff nach. Die Platinschale kommt samt Inhalt für 2 Stunden bei 110° C in den Trockenschrank.

Berechnung: Der zu wägende Rückstand entspricht unter Berücksichtigung der Ausgangswassermenge dem Gehalt an Öl in mg/l. Ein entsprechend der Blindprobe mit Tetrachlorkohlenstoff ermittelter Blindwert ist dabei zu berücksichtigen.

24. Phosphation (P_2O_5)

Grundlage: Ammoniummolybdat bildet mit in Wasser gelösten Phosphaten 1-Phosphor-12-Molybdänsäure. Mit 1-Amino-2-naphthol-4-sulfonsäure erfolgt Reduktion zu Molybdänblau. Kieselsäure gibt die gleiche Reaktion.

Wenn man die Heteropolysäuren jedoch bei p_H 0,8 bildet, so macht sich die starke p_H-Beeinflussung des analogen Silico-Molybdat-Komplexes bemerkbar.

Wie die vergleichsweise mitgeteilte Tabelle zeigt, fällt erst von 3—4 mg SiO_2/l an der berechnete P_2O_5-Gehalt merkbar zu hoch aus.

Wenn der P_2O_5-Gehalt in der Größenordnung des SiO_2-Gehaltes oder darunter liegt, muß die Probe verdünnt oder die anteilige Extinktion der Kieselsäure (s. Spalte 2, Tabelle XV) in Abzug von der gemessenen Extinktion gebracht werden.

Tabelle XV
Vergleich der zugehörigen Extinktion
SiO_2 — P_2O_5

1	2	3	4	5	6
SiO_2 mg/l	E_1*	P_2O_5 mg/l	E_1	$E_1 + E_1$*	P_2O_5 mg/l vorgetäuscht durch SiO_2
1	0,0003	1	0,0587	0,0590	0,005
2	0,0041	2	0,1066	0,1107	0,07
3	0,0045	3	0,1643	0,1688	0,08
4	0,0063	4	0,2180	0,2240	0,12
5	0,0095	5	0,2687	0,2782	0,18
10	0,0191	10	0,5400	0,5590	0,37

Beispiel: SiO_2-Gehalt der Probe = 5 mg/l.

Gefundener P_2O_5-Gehalt (einschließlich SiO_2-Färbung) = 4 mg/l
Tatsächlicher Phosphatgehalt 4,0—0,18 = **3,82 mg P_2O_5/l.**

Reagentien:

1. Ammoniummolybdatlösung: 100 g Ammoniummolybdat z. A./LM (Wasser).
2. Schwefelsäure 1 : 1.
3. Aminosäurelösung: 2,5 g 1-Amino-2-naphthol-4-sulfonsäure z. A., 5,0 g Natriumsulfit z. A. und 137,5 g Natriumpyrosulfit z. A. werden unter Erwärmen in 1000 ml Wasser gelöst. Ein sich nach dem Abkühlen eventuell bildender Niederschlag ist abzufiltrieren. Die fertige Lösung überschichte man mit Amylalkohol (0,5 cm Schichtdicke) und bewahre in Mipolamflaschen im Dunkeln auf.

Ausführung der Bestimmung: Zu 100 ml Probewasser werden zugesetzt

1. 6 ml Schwefelsäure
2. 4 ml Ammoniummolybdatlösung und
3. 4 ml Aminosäurelösung.

Nach einer Einwirkzeit von 30 Minuten mißt man die Extinktion im Elko II mit Glühlampe und Filter S 72 E in 1-, 2- oder 5-cm-Küvetten gegen eine Probe, die mit phosphatfreiem Wasser angesetzt wurde.

Meßbereich und Berechnung: Bei Verwendung der 5-cm-Küvette gilt das LAMBERT-BEERsche Gesetz bis zu einem Phosphatgehalt von 3,5 mg/l, bei Verwendung der 2-cm-Küvette bis 9,0 mg/l und bei Verwendung der 1-cm-Küvette bis 18 mg/l.

Die Berechnung erfolgt nach:

$$\text{mg } P_2O_5/\text{l} = \frac{E}{s} \cdot a.$$

Der Eichfaktor a hat den Wert 19,23 *(28398)* bei 21 C°.

25. Kieselsäure (SiO_2)

Grundlage: Ammoniummolybdat bildet mit in Wasser gelöster Kieselsäure bei p_H 1,2 1-Silico-12-Molybdänsäure. Da die schwache Gelbfärbung dieser Heteropolysäure photometrisch schlecht zu messen ist, wird das durch Reduktion mit 1-Amino-2-naphthol-4-sulfonsäure erhaltene Molybdänblauderivat bestimmt. Phosphate geben die gleiche Reaktion unter Bildung der 1-Phosphor-12-Molybdänsäure. Bei Zusatz von Oxalsäure wird dieser Komplex jedoch zerstört (es bildet sich dafür ein Oxalato-Molybdat), so daß Störungen durch Phosphat nicht auftreten.

Reagentien:

1. Ammoniummolybdatlösung: 100 g Ammoniummolybdat z. A./LM (Wasser).
2. Salzsäure 1 : 1.
3. Oxalsäurelösung: 100 g Oxalsäure/LM (Wasser).
4. Aminosäurelösung: 2,5 g 1-Amino-2-naphthol-4-sulfonsäure z. A., 5,0 g Natriumsulfit z. A. und 137,5g Natriumpyrosulfit z.A./1000ml Wasser (schwach erwärmen). Ein sich nach dem Abkühlen eventuell bildender Niederschlag ist abzufiltrieren. Die fertige Lösung überschichte man mit Amylalkohol (0,5 cm Schichtdicke) und bewahre in Mipolamflaschen im Dunkeln auf.

Ausführung der Bestimmung: Zu 100 ml Probewasser werden zugesetzt

1. 4 ml Ammoniummolybdatlösung und 2 ml Salzsäure
   Nach einer Einwirkzeit von 5 Minuten:
2. 3 ml Oxalsäurelösung
   Nach einer Einwirkzeit von 1 Minute:
3. 4 ml Aminosäurelösung.

Nach weiteren 10 Minuten mißt man die Extinktion im Elko II mit Glühlampe und Filter S 72 E in 1-, 2- oder 5-cm-Küvetten gegen ein Vergleichswasser, welches **nicht** mit den Chemikalien versetzt wurde.

Meßbereich und Berechnung: Es gilt, das LAMBERT-BEERsche Gesetz bis zu einem Kieselsäuregehalt von 5,0 mg/l bei Verwendung der 1-cm-Küvette. Bei Verwendung der 2-cm-Küvette lassen sich noch 2,4 mg SiO_2/l messen, bei Verwendung der 5-cm-Küvette 0,95 mg SiO_2/l. Bei Berücksichtigung der Eigenfärbung des Probewassers lassen sich bei Verwendung der 5-cm-Küvette 2 μg SiO_2/l noch mit Sicherheit nachweisen.

Bei Kieselsäuregehalten > 5 mg SiO_2/l ist eine Verdünnung des Probewassers erforderlich und bei der Berechnung der Kieselsäuregehalt des Verdünnungswassers zu berücksichtigen.

Die Berechnung erfolgt nach:

$$\text{mg SiO}_2/\text{l} = \left(\frac{E}{s} \cdot a\right) - x$$

Der Eichfaktor a hat den Wert 6,1666 *(79004)*; für die Eigenfärbung der Chemikalien sind hierbei x mg/l abzuziehen. Bestimmung von x siehe Analysenvorschrift Nr. 15.

26. Calcium-Magnesium (Ca, Mg)

Grundlage: Dinatriumdihydrogenäthylendiamintetraacetat (Titriplex III, Idranal III, im folgenden mit Na_2H_2Y bezeichnet) zeigt die Eigenschaft mit Metallionen, z. B. Calcium und Magnesium, Komplexsalze zu bilden:

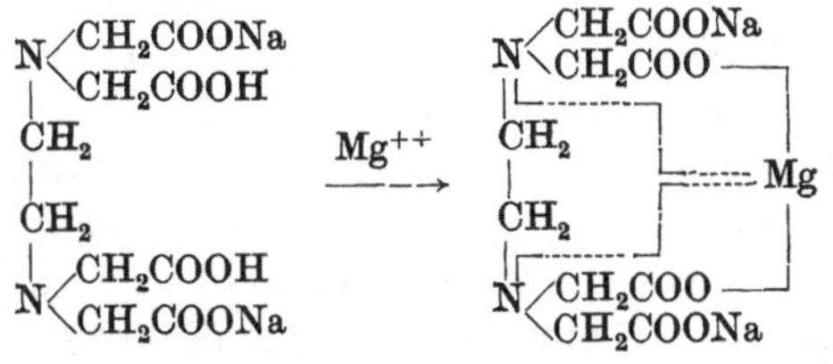

Der Endpunkt der Bestimmung wird durch metallspezifische Indikatoren angezeigt. Bei der Komplexbildung entstehen freie Wasserstoffionen, deren Betrag der Menge des betreffenden Metalls bzw. seiner Ionen äquivalent ist.

Hält man den p_H-Wert durch Pufferung konstant, so titriert man das Metallion direkt. Hierbei wird zunächst ein metallspezifisch ansprechender Farbindikator zugesetzt, wobei der Endpunkt der Titration an einer Farbänderung erkannt wird.

Für Calcium ist als Farbindikator Murexid, das Ammoniumsalz der Purpursäure, geeignet. Dieses reagiert mit Calciumionen unter Bildung eines rotgefärbten Komplexes. Am Titrationsendpunkt geht die rote, durch Calciumionen bedingte Färbung des Indikators in seine ursprüngliche blauviolette Farbe über, da die Calciumionen durch einen stärkeren Komplexbildner (Na_2H_2Y) gebunden werden.

Für die Komplexbildung der Mg-Ionen wird ein anderer Farbindikator, das Eriochromschwarz T, verwendet. Der entstehende rote Magnesiumkomplex wird mit Na_2H_2Y-Lösung titriert, wobei die Magnesiumionen von dieser gebunden werden. Der Metallkomplex mit Eriochromschwarz wird dadurch zerstört, und es tritt Farbumschlag von Weinrot nach Blau auf.

Die nachstehend beschriebene Methode gestattet es in einem Arbeitsgang die Karbonathärte mitzuerfassen.

Reagentien:

1. n/10-Salzsäure.
2. Natronlauge 30%ig.
3. Natriumsulfidlösung (frisch bereitete 10%ige Lösung).
4. Ammoniakpuffer: 54 g Ammoniumchlorid und 350 ml Ammoniak 25%ig in dest. Wasser lösen und auf 100 ml auffüllen.
5. Ammoniak 25%ig.
6. Salzsäure 25%ig.
7. Mischindikator: 100 ml alkoholische Methylrotlösung 0,03%ig und 15 ml Methylenblaulösung 0,1%ig.
8. Murexidindikator: Kalt gesättigte frisch bereitete Lösung (überstehende klare Lösung täglich vom Bodensatz abgießen und mit frischem dest. Wasser auffüllen).
9. Eriochromschwarzlösung: 0,2 g Eriochromschwarz T und 0,5 ml Ammoniak 25%ig in dest. Wasser lösen und auf 100 ml auffüllen.
10. Na_2H_2Y-Lösung: 6,65 g in dest. Wasser lösen und auf 1000 ml auffüllen.

Ausführung der Bestimmung: Man titriert zunächst bei Verwendung von 100 ml Probewasser die Alkalität mit n/10-HCl unter Verwendung des Mischindikators (0,2 ml) bis zum Farbumschlag von Grün nach Rot*) und verkocht unter Zusatz von weiteren 0,5 ml n/10-HCl die Kohlensäure. Die noch etwa 50° C warme Probe bringt man mit 0,2 ml Natronlauge auf einen p_H-Wert von 12—13, gibt 1 ml Murexidindikator hinzu und titriert sofort mit der Na_2H_2Y-Lösung bis zum Farbumschlag des Murexids von Rot nach Blauviolett. In Gegenwart kleinerer Mengen an Schwermetallen setzt man vor der Titration mit Na_2H_2Y 1—2 Tropfen der Natriumsulfidlösung zu. Die Probe, in der das Calcium austitriert wurde, wird mit 0,5 ml Salzsäure 25%ig angesäuert und, um den Murexidindikator zu zerstören, kurz auf 60—80° C erwärmt. Sobald keine Mischfarbe mehr, sondern nur noch die in saurer Lösung rote Färbung des Mischindikators zu beobachten ist, versetzt man die noch warme Probe mit 5 ml Ammoniakpuffer sowie 1 ml Ammoniak 25%ig und bringt sie dadurch auf einen p_H-Wert von ≈ 10. Dann fügt man 1 ml Eriochromschwarzlösung hinzu und titriert bei 40—50° C mit der Na_2H_2Y-Lösung, bis die Farbe des Eriochromschwarz von Weinrot nach Blau umschlägt.

Berechnung und Meßbereich: Bei Verwendung von 100 ml Probewasser entspricht 1 ml verbrauchte Na_2H_2Y-Lösung 10 mg CaO/l bzw. 7,19 mg MgO/l.

---

*) 1 ml n/10-HCl = 2,8° dKH.

Der CaO-Gehalt in mg/l dividiert durch 10 bzw. der MgO-Gehalt in mg/l dividiert durch 7,19 ergibt nach Addition die Gesamthärte des Wassers in deutschen Graden (° dGH). Es sind auf $^1/_{10}$° dGH abgerundete Zahlen anzugeben.

27. Chlorid (Cl^-)

Grundlage: In neutraler, wäßriger, chromathaltiger Lösung reagieren bei Zusatz von Silbernitratlösung die Silberionen mit den in der Lösung vorhandenen Chlorionen zunächst nach

$$AgNO_3 + Cl^- = AgCl + NO_3^-.$$

Sind die vorhandenen Chlorionen in Silberchlorid überführt, so reagiert ein weiterer Zusatz von Silberionen mit den vorhandenen Chromationen nach:

$$2Ag^+ + CrO_4^{--} = Ag_2CrO_4.$$

Im Gebiet kleiner Chloridkonzentrationen (< 3 mg Cl^-/l) macht sich die Löslichkeit von AgCl in reinem Wasser $[Ag^+] = [Cl^-] = 1{,}05 \cdot 10^{-5}$ Mol/l störend bemerkbar. Gemäß $[Ag^+] \cdot [Cl^-] = L = 1{,}1 \cdot 10^{-10}$ Mol/l (T = 20° C) verbraucht eine Lösung mit 0,35 mg Cl^-/l $= 10^{-5}$ Mol/l etwa 10^{-5} Mol Ag^+/l = 1 ml 0,01 n-$AgNO_3$-Lösung bis zum Einsetzen der Fällung; um diesen Betrag erhöht sich der Silbernitratverbrauch. Beträgt dagegen die Chloridkonzentration 3,5 mg Cl^-/l $= 10^{-4}$ Mol/l, so sind nach obiger Gleichung nur noch 10^{-6} Mol Ag^+/l = 0,1 ml 0,01 n-$AgNO_3$-Lösung zur Erreichung des Löslichkeitsproduktes erforderlich. Wie hieraus ersichtlich, ist die klassische Titration nach Mohr für $[Cl^-] < 3$ mg/l ungeeignet.

Wendet man jedoch den Kunstgriff an, vor der eigentlichen Bestimmung eine bekannte und ausreichende Chloridmenge dem Probewasser zuzusetzen, so kann man die vorgenannte Störung umgehen.

Zur Endpunktsanzeige dient das Auftreten des rotbraun gefärbten Ag_2CrO_4-Niederschlages. Auch dieser besitzt ein Löslichkeitsprodukt in nicht zu vernachlässigender Größenordnung: $[Ag^+]^2 \cdot [CrO_4^{--}] = 2 \cdot 10^{-12}$ Mol/l (T = 18° C). Eine Erhöhung der Chromatkonzentration bedeutet also eine Verminderung der Silberionenkonzentration, welche bis zur Ausfällung notwendig ist. Die Literatur empfiehlt im allgemeinen einen Zusatz von 1 ml einer 10%igen K_2CrO_4-Lösung auf 100 ml Probewasser. Das entspricht einer Chromatkonzentration von etwa $5 \cdot 10^{-3}$ Mol/l. Hierbei beträgt der Verbrauch an 0,01 n-$AgNO_3$-Lösung bis zum Einsetzen der Fällung etwa 0,5 ml. Die überschüssigen Chromationen erteilen der Lösung eine intensiv gelbe Farbe. Diese verdeckt das erste Auftreten von rotbraunem Silberchromat. Verringert man dagegen die Menge an zugesetzter K_2CrO_4-Lösung, so ergibt sich ein optisch günstigeres Umschlagsgebiet. Die um eine Zehnerpotenz herabgesetzte Chromatkonzentration in 100 ml Probewasser bedingt andererseits einen erhöhten Silbernitratverbrauch von etwa 1,5 ml 0,01 n-$AgNO_3$-Lösung zur Erreichung des Löslichkeitsproduktes. Mit der angegebenen Chloridvorlage läßt sich dieser Mehrverbrauch jedoch kompensieren. Die Chloridvorlage ist so bemessen, daß bis zum Auftreten von rotbraunem Silberchromat genau 5 ml 0,00564 n-$AgNO_3$-Lösung erforderlich sind. Der darüber hinausgehende Verbrauch an 0,00564 n-$AgNO_3$-Lösung zeigt den wahren Chloridgehalt des Probewassers an. Eine Einschränkung gilt nur hinsichtlich des optischen Titrierfehlers.

Störend wirken Eisensalze, Sulfite, Sulfide, Ammoniak oder Ammoniumverbindungen, Schwefelwasserstoff sowie organische Stoffe (PZ > 100 mg/l). Die hierbei notwendige Vorbehandlung der Probe ist in den „Deutschen Einheitsverfahren zur Wasseruntersuchung", Verlag Chemie, S. 38—39, eingehend beschrieben.

Reagentien:

1. Chloridvorlagelösung: 1,374 g NaCl z. A. und 75 g K_2CrO_4 z. A. werden in dest. Wasser gelöst und auf 1000 ml verdünnt. 100 ml dieser Lösung werden mit dest. Wasser auf 1000 ml verdünnt. 10 ml dieser Lösung haben einen Verbrauch an 0,00564 normaler $AgNO_3$-Lösung entsprechend 10 mg Cl^-/l.
2. Silbernitratlösung: 9,58 g $AgNO_3$ z. A. werden in dest. Wasser gelöst und auf 1000 ml verd. = 0,0564 normal.
   100 ml dieser Lösung werden mit dest. Wasser auf 1000 ml verdünnt = 0,00564 normal.
   Bei Verwendung von 100 ml Probewasser entspricht 1 ml dieser Lösung 2,0 mg Cl^-/l.
3. Phenolphthaleinlösung: 0,1 g Phenolphthalein in 100 ml 70%igem Alkohol.
4. Schwefelsäure: 10 g H_2SO_4 konz. mit dest. Wasser auf 1000 ml verdünnen.

Ausführung der Bestimmung: 100 ml der zu untersuchenden Wasserprobe (Temperatur 20° C, max. 25° C) werden in einem Erlenmeyer-Kolben mit einigen Tropfen der Phenolphthaleinlösung versetzt. Eine eventuell auftretende Rotfärbung beseitigt man durch Zugabe von 1—2 Tropfen Schwefelsäure. Die p_H-Zahl soll 6—8 betragen. Anschließend gibt man 10 ml der Chloridvorlagelösung zu. Nun wird unter Verwendung der 0,00564 normalen Silbernitratlösung bis zur ersten deutlich sichtbar auftretenden Braunfärbung titriert. Hierzu verfährt man folgendermaßen: Auf eine möglichst weiße Unterlage stellt man einen zweiten Erlenmeyer-Kolben, der ebenfalls mit 100 ml Wasser und der Chloridvorlagelösung beschickt ist. Man hat so einen besseren Vergleich, um bei der zu untersuchenden Wasserprobe den Farbumschlag von Gelb nach Braun bestimmen zu können. Da der Verbrauch der vorgelegten Chloridlösung bekannt ist, nämlich 5 ml 0,00564 normaler Silbernitratlösung, läßt man zunächst 4,5 ml zulaufen, schüttelt gut um, bis man wieder die gelbe durch entstandenes Silberchlorid leicht weißlich-trübe Lösung erhalten hat und titriert dann tropfenweise bis zur Braunfärbung.

Berechnung und Meßbereich: 1 ml 0,00564 n-$AgNO_3$-Lösung = 2 mg Cl^-/l. Chloridgehalt = 2 (ml Gesamtverbrauch — 5) = mg Cl^-/l. Liegen mehr als 20—30 mg Cl^-/l vor, so empfiehlt es sich, die Probelösung mit chloridfreiem Wasser 1 : 10 zu verdünnen.

Für diesen Fall ergibt sich der Chloridgehalt = 20 (ml Gesamtverbrauch — 5) mg Cl^-/l.

Unterste Grenze für die Nachweisbarkeit = 0,2 mg Cl^-/l.

28. Kalkhydrat [$Ca(OH)_2$]

Erläuterung: In Schnellentkarbonisierungsanlagen dient Kalk zur Ausfällung der Karbonathärte. Der Kalk kommt meist als Kalkhydrat zum Einsatz. Zur Beurteilung des nutzbaren Anteils an Calciumhydroxyd dient der *p*-Wert einer wäßrigen Lösung.

Grundlage: Eine wäßrige Lösung von Kalkhydrat wird mit n/10-Salzsäure gemäß $Ca(OH)_2 + 2HCl = CaCl_2 + 2H_2O$ titriert.

Ausführung: 1 g festes Kalkhydratmehl löst man in 1 Liter ausgekochtem Wasser. In 100 ml einer klaren Lösung bestimmt man gemäß Vorschrift Nr. 3b den p-Wert.

Berechnung:

$$p\text{-Wert} \cdot 37 = \text{mg } Ca(OH)_2/l,$$
$$p\text{-Wert} \cdot 3{,}7 = \% \; Ca(OH)_2.$$

29. Hinweise zum analytischen Arbeiten mit dem Zeiss-Elektrophometer Elko II

Die Farbe einer Lösung kommt dadurch zustande, daß Licht verschiedener Wellenlängen unterschiedlich absorbiert wird. Bei der kolorimetrischen Analyse verwendet man die Farbintensität verschiedener Konzentrationen des zu bestimmenden Stoffes zur Konzentrationsbestimmung, indem die Färbung bekannter Konzentrationen zum visuellen Vergleich herangezogen werden.

Die Durchlässigkeit einer farbigen Lösung für monochromatisches Licht kann mit einem optischen Meßgerät, dem Photometer, exakt zur Konzentrationsbestimmung dienen.

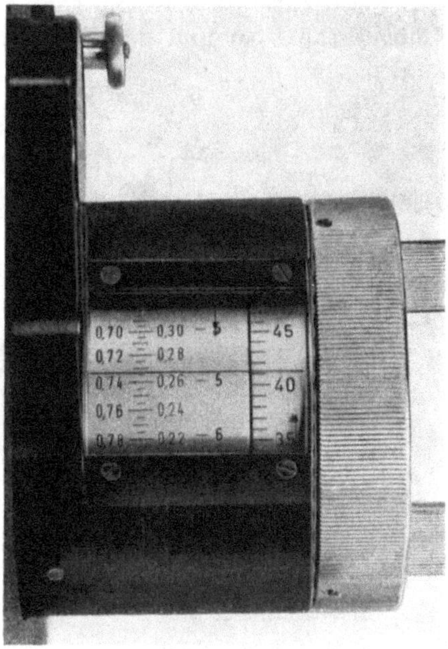

Abb. 91. Trommel am Zeiss-Elektrophotometer Elko II mit Ablesung von Extinktion und Durchlässigkeit. Mittlere Teilung = Extinktion E; rechte Teilung = Durchlässigkeit in % in der Reihenfolge Zehner, Einer und Stelle hinter Komma (Ablesung 54,1%)

Durchstrahlt ein Lichtbündel eine Flüssigkeit der Schichtdicke s, so definiert man das Verhältnis der Intensität des austretenden Lichtstromes I_2 zu der des eintretenden Lichtstromes I_1 mit Durchlässigkeit D.

$$I_2 : I_1 = D \text{ in } \%.$$

An der Meßskala des Zeiss-Elektrophotometers Elko II (Abb. 91) z. B. läßt sich entweder die Durchlässigkeit (rechte Teilung) oder die Extinktion (mittlere Teilung) ablesen. Unter Extinktion E versteht man den dekadischen Logarithmus des reziproken Wertes der Durchlässigkeit.

$$\lg \frac{1}{D} = \lg \frac{I_1}{I_2} = E.$$

Die Extinktion E ist nach dem LAMBERTschen Gesetz der Schichtdicke proportional:

$$\lg \frac{I_1}{I_2} = E = k \cdot s$$

(k = Extinktionsmodul, Proportionalitätsfaktor).

Nach dem BEERschen Gesetz ist die Extinktion eines Stoffes in verdünnten Lösungen bei gleicher Schichtdicke proportional der Konzentration (Abb. 92). Es gilt dann $k = \varepsilon \cdot c$.

Zusammenfassend ergibt sich das LAMBERT-BEERsche Gesetz zu

$$E = \epsilon \cdot s \cdot c,$$

wobei ε als molarer dekadischer Extinktionskoeffizient bezeichnet und die Konzentration in Mol/l ausgedrückt wird.

Der Extinktionskoeffizient kann gemäß vorstehender Gleichung als die auf die Schichtdicke 1 cm und die Konzentrationseinheit bezogene Extinktion bezeichnet werden.

$$\epsilon = \frac{E}{s \cdot c}$$

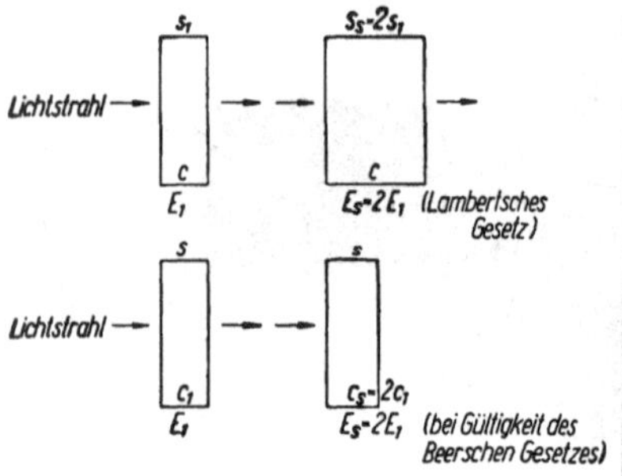

Abb. 92

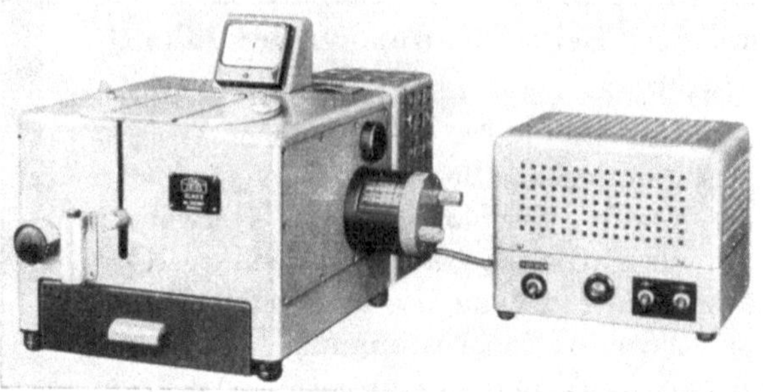

Abb. 93.

Abb. 92. Das LAMBERT-BEERsche Gesetz in schematischer Darstellung.
E = Extinktion,
c = Konzentration,
s = Schichtdicke

Abb. 93. Elko II,
links Photometerteil, rechts Verstärkerteil

Abb. 94. Schema der optischen Meßeinrichtung beim Elko II

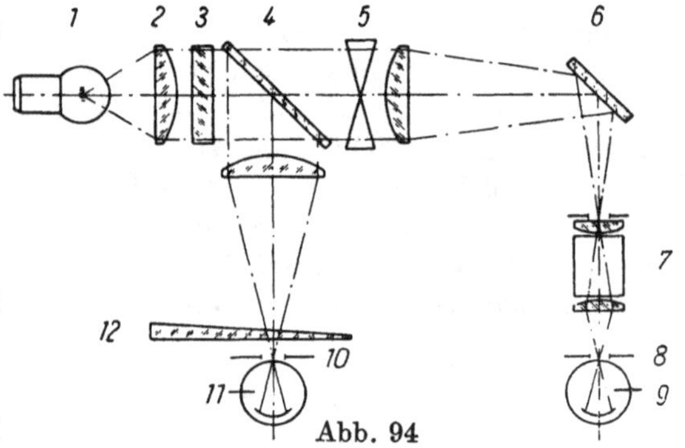

Abb. 94

Die Konzentration ermittelt sich demnach gemäß

$$c = \frac{E}{s} \cdot \frac{1}{\epsilon} \text{ in Mol/l oder } c = \frac{E}{s} \cdot a \text{ mg/l.}$$

worin a ein Zahlenfaktor bzw. Eichfaktor bedeutet.

Der Extinktionsmodul $\frac{E}{s}$ wird bestimmt, indem man den an der Trommelteilung abgelesenen Wert der Extinktion durch den Betrag der Schichtdicke der Küvette in Zentimeter dividiert. Hat man also z. B. bei Verwendung einer 2-cm-Küvette eine Extinktion $E = 0{,}302$ abgelesen, so ist der Extinktionsmodul

$$k = 0{,}302 : 2 = 0{,}151.$$

Beispiel:

Bei der Nitritbestimmung ergebe die abgelesene Extinktion 0,560 in 2 cm Schichtdicke. Der Extinktionsmodul k ist also 0,560/2 = 0,280. Multiplikation mit dem Eichfaktor $a = 1{,}366$ ergibt einen Nitritgehalt von $0{,}280 \times 1{,}366 = 0{,}382$ mg NO_2^-/l.

Will man selbst den Eichfaktor für irgendeine Bestimmung berechnen, so behandelt man einige Proben genau bekannten Gehalts nach der Vorschrift und dividiert die bekannten Gehaltswerte c durch den gefundenen Extinktionsmodul k.

$$a = \frac{c}{k}$$

Das Mittel der $\frac{c}{k}$-Werte ist der Eichfaktor a. Voraussetzung ist die Gültigkeit des LAMBERT-BEERschen Gesetzes, die sich an Hand der Linearität des Extinktionsmoduls bei Proben verschiedener Konzentrationen leicht ermitteln läßt.

In den Fällen, wo das BEERsche Gesetz nicht gilt, d. h. der Extinktionsmodul nicht der Konzentration des gelösten Stoffes proportional ist, kann die Konzentration nicht aus der Multiplikation mit einem konstanten Eichfaktor berechnet werden. In solchen Fällen muß eine empirisch ermittelte Eichkurve aufgenommen werden.

Das Zeiss-Elektro-Photometer Elko II besitzt eine optische Meßeinrichtung mit einem elektrischen Empfänger- und Anzeigeteil (Abb. 93). Das Schema der optischen Anordnung ist aus Abb. 94 ersichtlich. Die Küvette (7) wird von der Strahlung einer Glühlampe oder eines Quecksilberbrenners durchsetzt; die Strahlung hat vorher eine mechanische Meßvorrichtung (5) passiert, die aus einer Blende besteht. Der Strahl gelangt dann auf die Photozelle (9). Ein Teil der aus der Lichtquelle kommenden Strahlung gelangt über die Teilungsplatte (4) und einen Graukeil (12) zum Abgleichen der Lichtströme in die Photozelle (11). Zwischen Kondensor (2) und Teilungsplatte (4) werden die verschiedenen Farbfilter eingesetzt.

Die Messung erfolgt nach dem Substitutionsverfahren. Die zu messende Lichtschwächung der Probe wird durch die Lichtschwächung der mechanischen Blende im gleichen Lichtweg ersetzt. Die elektrische Einrichtung mit Verstärker dient nur zur Anzeige der Gleichheit von Lichtströmen.

Arbeitsweise: Vor der Messung setzt man das vorgesehene Farbfilter in den Filterschacht. Die beiden Küvetten mit der zu messenden Flüssigkeit und der Vergleichsflüssigkeit werden in den Küvettenhalter gestellt und mit diesem in die Wechselvorrichtung des Küvetteneinsatzes eingesetzt. Hierauf bringt man die zu messende Flüssigkeit in den Strahlengang, stellt die Meßtrommel an der rechten Seite des Geräts (Abb. 93) auf 100% und kompensiert mit den an der linken Seite befindlichen Drehknopf den Zeiger des elektrischen Anzeigegerätes auf 0. Jetzt werden die Küvetten gewechselt, so daß die Vergleichsprobe in den Strahlengang gelangt. Der Zeiger am Meßinstrument steht nun nicht mehr auf 0. Die Meßtrommel wird so lange gedreht, bis die Nullstellung am Meßinstrument wieder erreicht ist. An der Meßtrommel erfolgt die Ablesung der Extinktion E bzw. der Durchlässigkeit D. Bei genauen Messungen liest man D in % ab und entnimmt E einer Tabelle (s. auch Tabelle XVI).

Tabelle XVI. Extinktionstabelle

Die Tabelle ist zu benutzen wie jede Logarithmentafel. In der ersten Spalte sind die Werte des Durchlaßgrades gestuft nach ganzen Prozentzahlen angegeben, in der obersten Zeile die Zehntel der Prozentzahlen. Für die Zehntelprozent des Durchlaßgrades können also die Extinktionswerte ohne weiteres aus der Tafel entnommen werden.

Beispiele: $D = 23{,}6\%$, $E = 0{,}627$
$D = 55{,}3\%$, $E = 0{,}257$

Für Werte des Durchlaßgrades zwischen 1 und 10% wird die Extinktion für den 10fachen Wert aufgesucht und zu dieser Zahl noch 1,0 addiert.

Beispiel: $D = 6{,}7\%$, $E = 0{,}17$ für 67%
$+ \quad 1{,}00$
$E = 1{,}17$ für 6,7%

Ein Stern vor der dreistelligen Ziffergruppe der Extinktion bedeutet, daß die vorhergehende Ziffer gegenüber der am Anfang der gleichen Zeile angegebenen um 1 zu erniedrigen ist.

Beispiel: $D = 63{,}4\%$, $E = 0{,}1979$

Für Bruchteile von 0,1% des Durchlaßgrades interpoliert man wenn notwendig die Tabellenwerte, wie vom Gebrauch der Logarithmentafeln her bekannt ist.

Die Extinktion ist für $D = 10$—40% auf 3 Dezimalen, für $D = 40$—100% auf 4 Dezimalen angegeben.

Zusammenhang zwischen Durchlaßgrad D und Extinktion E

E

D%	.0	.1	.2	.3	.4	.5	.6	.7	.8	.9
10	1.000	0.996	0.991	0.987	0.983	0.979	0.975	0.971	0.967	0.963
11	0.959	.955	.951	.947	.943	.939	.936	.932	.928	.924
12	.921	.917	.914	.910	.907	.903	.900	.896	.893	.889
13	.886	.883	.879	.876	.873	.870	.866	.863	.860	.857
14	.854	.851	.848	.845	.842	.839	.836	.833	.830	.827
15	0.824	.821	.818	.815	.812	.810	.807	.804	.801	.799
16	.796	.793	.790	.788	.785	.783	.780	.777	.775	.772
17	.770	.767	.764	.762	.759	.757	.754	.752	.750	.747
18	.745	.742	.740	.738	.735	.733	.730	.728	.726	.724
19	.721	.719	.717	.714	.712	.710	.708	.706	.703	.701
20	0.699	.697	.695	.693	.690	.688	.686	.684	.682	.680
21	.678	.676	.674	.672	.670	.668	.666	.664	.662	.660
22	.658	.656	.654	.652	.650	.648	.646	.644	.642	.640
23	.638	.636	.635	.633	.631	.629	.627	.625	.623	.622
24	.620	.618	.616	.614	.613	.611	.609	.607	.606	.604
25	0.602	.600	.599	.597	.595	.593	.592	.590	.588	.587
26	.585	.583	.582	.580	.578	.577	.575	.573	.572	.570
27	.569	.567	.565	.564	.562	.561	.559	.558	.556	.554
28	.553	.551	.550	.548	.547	.545	.544	.542	.541	.539
29	.538	.536	.535	.533	.532	.530	.529	.527	.526	.524
30	0.523	.521	.520	.519	.517	.516	.514	.513	.511	.510
31	.509	.507	.506	.504	.503	.502	.500	.499	.498	.496
32	.495	.493	.492	.491	.489	.488	.487	.485	.484	.483
33	.481	.480	.479	.478	.476	.475	.474	.472	.471	.470
34	.469	.467	.466	.465	.463	.462	.461	.460	.458	.457
35	0.456	.455	.453	.452	.451	.450	.449	.447	.446	.445
36	.444	.442	.441	.440	.439	.438	.437	.435	.434	.433
37	.432	.431	.429	.428	.427	.426	.425	.424	.423	.421
38	.420	.419	.418	.417	.416	.415	.413	.412	.411	.410
39	.409	.408	.407	.406	.405	.403	.402	.401	.400	.399
40	0.398	.397	.396	.395	.394	.393	.391	.390	.389	.388

E

D%	.0	.1	.2	.3	.4	.5	.6	.7	.8	.9
40	0.3 979	969	958	947	936	925	915	904	893	883
41	.3 872	862	851	840	830	820	809	799	788	778
42	.3 768	757	747	737	726	716	706	696	686	675
43	.3 665	655	645	635	625	615	605	595	585	575
44	.3 565	556	546	536	526	516	507	497	487	478
45	0.3 468	458	449	439	429	420	410	401	391	382
46	.3 372	363	354	344	335	325	316	307	298	288
47	.3 279	270	261	251	242	233	224	215	206	197
48	.3 188	179	170	161	152	143	134	125	116	107
49	.3 098	089	080	072	063	054	045	036	028	019
50	0.3 010	002	*993	*984	*976	*967	*958	*950	*941	*933
51	.2 924	916	907	899	890	882	874	865	857	848
52	.2 840	832	823	815	807	798	790	782	774	765
53	.2 757	749	741	733	725	716	708	700	692	684
54	.2 676	668	660	652	644	636	628	620	612	604
55	0.2 596	588	581	573	565	557	549	541	534	526
56	.2 518	510	503	495	487	480	472	464	457	449
57	.2 441	434	426	418	411	403	396	388	381	373
58	.2 366	358	351	343	336	328	321	314	306	299
59	.2 291	284	277	269	262	255	248	240	233	226
60	0.2 218	211	204	197	190	182	175	168	161	154
61	.2 147	140	132	125	118	111	104	097	090	083
62	.2 076	069	062	055	048	041	034	027	020	013
63	.2 007	000	*993	*986	*979	*972	*965	*959	*952	*945
64	.1 938	931	925	918	911	904	898	891	884	878
65	0.1 871	864	858	851	844	838	831	824	818	811
66	.1 805	798	791	785	778	772	765	759	752	746
67	.1 739	733	726	720	713	707	701	694	688	681
68	.1 675	669	662	656	649	643	637	630	624	618
69	.1 612	605	599	593	586	580	574	568	561	555
70	0.1 549	543	537	530	524	518	512	506	500	494
71	.1 487	481	475	469	463	457	451	445	439	433
72	.1 427	421	415	409	403	397	391	385	379	373
73	.1 367	361	355	349	343	337	331	325	319	314
74	.1 308	302	296	290	284	278	273	267	261	255
75	0.1 249	244	238	232	226	221	215	209	203	198
76	.1 192	186	180	175	169	163	158	152	146	141
77	.1 135	129	124	118	113	107	101	096	090	085
78	.1 079	073	068	062	057	051	046	040	035	029
79	.1 024	018	013	007	002	*996	*991	*985	*980	*975
80	0.0 969	964	958	953	947	942	937	931	926	921
81	.0 915	910	904	899	894	888	883	878	872	867
82	.0 862	857	851	846	841	835	830	825	820	814
83	.0 809	804	799	794	788	783	778	773	768	762
84	.0 757	752	747	742	737	731	726	721	716	711
85	0.0 706	701	696	691	685	680	675	670	665	660

D%	E .0	.1	.2	.3	.4	.5	.6	.7	.8	.9
85	0.0 706	701	696	691	685	680	675	670	665	660
86	.0 655	650	645	640	635	630	625	620	615	610
87	.0 605	600	595	590	585	580	575	570	565	560
88	.0 555	550	545	540	535	531	526	521	516	511
89	.0 506	501	496	491	487	482	477	472	467	462
90	0.0 458	453	448	443	438	434	429	424	419	414
91	.0 410	405	400	395	391	386	381	376	372	367
92	.0 362	357	353	348	343	339	334	329	325	320
93	.0 315	311	306	301	297	292	287	283	278	273
94	.0 269	264	259	255	250	246	241	237	232	227
95	0.0 223	218	214	209	205	200	195	191	186	182
96	.0 177	173	168	164	159	155	150	146	141	137
97	.0 132	128	123	119	114	110	106	101	097	092
98	.0 088	083	079	074	070	066	061	057	052	048
99	.0 044	039	035	031	026	022	017	013	009	004

Elektrische Schaltung: Der Spannungsabfall, der von den gegeneinander gerichteten Photoströmen beider Zellen an einem Widerstand entsteht, wird durch eine Elektrometerröhre verstärkt und an einem Mikroamperemeter abgelesen. Durch Glimmstabilisatoren erfolgt Kompensation der Netzschwankungen. Die Photozellen sind Vakuumzellen, ihre Empfindlichkeit ist von der Betriebsspannung weitgehend unabhängig.

Farbfilter: Für die Messungen im Elko II dient nahezu monochromatisches Licht einer für jede Analyse selektiven Wellenlänge. Um die günstigsten Wellenlängen zu ermitteln, bei der die Analyse auszuführen ist, muß man das Absorptionsspektrum des betreffenden Stoffes kennen. Im Gebiet des Absorptionsmaximums besitzt die photometrische Analyse die größte Empfindlichkeit. Abb. 95 enthält zwei Absorptionskurven für die Farbreaktion zwischen Hydrazin bzw. Hydroxylamin und p-Dimethylaminobenzaldehyd. Wie ersichtlich, besitzt Hydroxylamin ein anderes Maximum und stört daher nicht die Hydrazinanalyse im Gebiet von 458 mμ. Für diese Wellenlänge muß man also ein geeignetes Farbfilter verwenden (S 47 E).

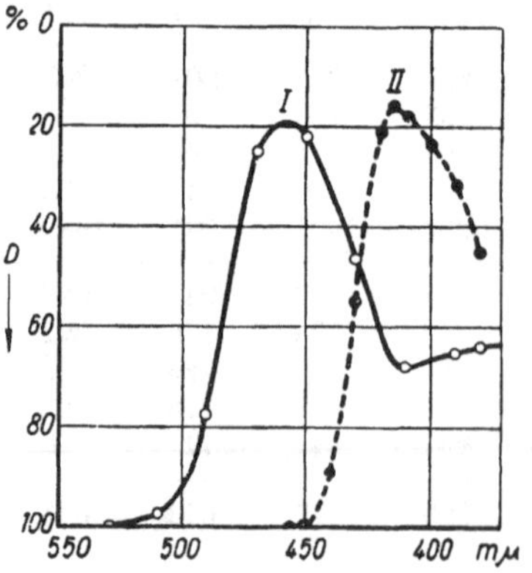

Abb. 95.
Absorptionskurven der Verbindungen von p-Dimethylaminobenzaldehyd mit Hydrazin und Hydroxylamin. I. Absorption von p-Dimethylaminobenzaldehyd und Hydrazin (4,888 · 10^{-6} Mol/l) in wäßrig-alkoholischer Lösung. II. Absorption von p-Dimethylaminobenzaldehyd und Hydroxylamin (2,447 · 10^{-1} Mol/l) in wäßrig-alkoholischer Lösung

Für die Eigenschaften eines Farbfilters ist in erster Linie seine Farbe maßgebend, die durch die mittlere Wellenlänge bezeichnet wird. Das Farbfilter S 47 E z. B. läßt ein Spektralgebiet hindurch, dessen Mitte bei etwa 465 mμ liegt. Das Aussehen der Filter S 75—S 61 ist rot, S 59 gelb, S 57—S 49 grün, S 47 und S 45 blau, S 42 violett. Ein Filter ist um so besser, je schmaler der Spektralbereich ist, den es hindurchläßt. Gekennzeichnet wird die Größe dieses Bereichs durch die Halbwertsbreite, d. h. durch den Unterschied zwischen den Wellenlängen, bei denen die Filterdurchlässigkeit beiderseits vom Maximum auf die Hälfte ihres größten Wertes gesunken ist. Diese Halbwertsbreite beträgt bei den ZEISS-S-Filtern im allgemeinen 20—30 mμ. Die Filter bestehen überwiegend aus organischen Farbstoffen, in einigen Fällen sind es auch Farbgläser. Je höhere Farbstoffkonzentrationen bzw. je dickere Farbgläser man wählt, desto kleiner wird die Halbwertsbreite und desto geringer auch die Maximaldurchlässigkeit des Filters.

In der Tabelle XVII bezeichnen λ_{max} die Wellenlänge, bei der die Filterdurchlässigkeit ihren Maximalwert hat, D_{max} den Wert der Durchlässigkeit an dieser Stelle, B_{hw} die Halbwertsbreite der wirksamen Filterdurchlässigkeitskurve, λ_{sw} die Wellenlänge, bei der der Schwerpunkt der wirksamen Filterdurchlässigkeitskurve liegt.

Die wirksame Filterdurchlässigkeitskurve entsteht, wenn man das Produkt aus der spektralen Durchlässigkeit des Filters, der spektralen Empfindlichkeit des Empfängers (Auge bzw. Photozelle) und der spektralen Energieverteilung der Lichtquelle, gegen die Wellenlänge aufträgt.

Tabelle XVII

Eigenschaften der Zeiss-S-Filter

Für Elektrophotometer geeignete Filter tragen den Buchstaben E hinter der zweistelligen Zahl.

Bezeichnung	λ_{max} mμ	D_{max} %	B_{hw} mμ	λ_{sw} mμ
S 75 E	—	—	40	746
S 72 E	741	9,4	33	729
S 59 E	587	0,9	21	588
S 57 E	571	0,8	19	574
S 55 E	549	0,7	22	550
S 53 E	530	1,2	18	533
S 49 E	491	1,6	22	496
S 47 E	460	2,7	24	465
S 45 E	446	7,5	23	450
S 42 E	418	1,8	24	420
S 38 E	380	3,3	17	387

Tabelle XVIII

Durchlässigkeit in % der Zeiss-Hg-Filter

Hg-Linien in mμ

Bezeichnung	691	597/77	546	436	405	365/66
Hg 578 . .	0,002	1—2	0,002	0,002	0,002	0,01
Hg 546 . .	0,002	0,002	3—5	0,005	0,01	0,01
Hg 436 . .	0,002	0,002	0,002	0,7—1,0	0,01	0,01
Hg 405 . .	0,002	0,002	0,002	0,002	2—3	0,01
S 38 E . .	0,002	0,002	0,002	0,002	0,005	5—7

Eine weitere Filtergruppe stellen die Zeiss-Hg-Filter dar, welche zusammen mit einer Quecksilberlampe die Isolierung von Hg-Linien bzw. Liniengruppen gestatten. Die Durchlässigkeit für die zu isolierende Linie soll möglichst groß, für alle übrigen Linien möglichst klein sein.

Küvetten: In den Arbeitsvorschriften ist in den meisten Fällen der Eichfaktor a für die Extinktion der Schichtdicke 1 cm angegeben. Bei der Verwendung von Küvetten größerer Schichtdicken als 1 cm ist die Extinktion bei der Konzentrationsermittlung durch die gewählte Schichtdicke s zu dividieren. Im Falle der Kupferbestimmung gilt der Eichfaktor für Küvetten der Schichtdicke $s = 5$ cm. Hierauf ist durch den Index 5 hingewiesen.

Fehlerquellen: Da das Photometer mit einer Blende als Meßorgan arbeitet, wird für die reguläre Funktion der Blende eine gleichmäßige Ausleuchtung vorausgesetzt. Kleine Abweichungen von der Gleichmäßigkeit der Ausleuchtung, die durch die Eigenschaft der Lichtquellen gegeben sind, können durch Korrektoren eliminiert werden.

Weitere Einzelheiten s. Gebrauchsanweisung der Firma Zeiss sowie Handbuch Photometrische Metall- und Wasseranalysen mit Zeiss-S-Filtern (Literaturhinweise Teil D, Nr. 6).

Literatur:

1. Deutsche Einheitsverfahren zur Wasser-, Abwasser- und Schlammuntersuchung, Verlag Chemie, Weinheim (Bergstr.).
2. Die amerikanischen Einheitsverfahren zur Untersuchung von Wasser und Abwasser, übersetzt v. Fr. Sierp, Verlag R. Oldenbourg, München.
3. Untersuchung von Trink-, Brauch- und Kesselspeisewasser, Schrift der Chem. Fabrik Merck, Darmstadt.
4. Maßanalyse, Jander-Jahr, Göschen-Band 221, 1002, Verlag Walter de Gruyter & Co., Berlin.
5. Richtlinien für die Aufbereitung von Kesselspeisewasser, VGB, Vulkan-Verlag, Essen.
6. Photometrische Metall- und Wasseranalysen, M. Zimmermann, Wissenschaftliche Verlagsgesellschaft, Stuttgart.
7. Zeitschrift f. Analytische Chemie, Springer-Verlag.

Nachtrag

zu Seite 91 „Behälterdimensionen“

Wie Erfahrungen der Praxis gezeigt haben, ist es erforderlich, für die Berechnung der Mindestwandstärke von gummierten Behältern in Ionenaustausch-Anlagen eine zusätzliche Formel einzusetzen, welche die Schlag- und Stoßempfindlichkeit von Innengummierungen berücksichtigt. Besonders bei großen Anlagen mit Behälterdurchmessern über 1000 mm muß eine ausreichende Stabilität gegen Verformung des Behältermantels gegeben sein, um Beschädigungen der Innengummierung, die häufig beim Transport und bei der Montage beobachtet worden sind, zu vermeiden.

Es gelten folgende Berechnungsformeln:

Die **Mindestwandstärke** ergibt sich

1. gemäß Bauvorschriften für Dampfkessel (1953)

$$s = \frac{D_a \cdot p}{200 \cdot \frac{K}{1,5} \cdot 0,8 + p} + 1 \quad \text{mm} \qquad (19\,g),$$

wobei

Da = äußerer Behälterdurchmesser

p = Konzessionsdruck

K = Festigkeitsbeiwert gemäß DIN 17 155

s = Mindestwandstärke bedeuten;

2. gemäß der nachstehenden „Verbeulungsformel"

$$s' = \left(\frac{D_a \cdot 2{,}67}{1000} + 1\right) 1{,}5 \text{ mm} \qquad (19\text{h}).$$

3. Es liegt eine ausreichende Wandstärke vor, wenn die Bedingung

$$s \geqq s' \qquad (19\text{i})$$

erfüllt ist.

Nachwort

Die im Zusammenhang mit Abbildungen, Verfahren oder Apparaturen bzw. Maschinen zitierten Firmenangaben beinhalten kein Werturteil.

Sachverzeichnis

ANZEIGEN

BRINDI
Das bewährte
Verfahren zur
KESSELSTEIN-
ENTFERNUNG
schont Material, spart
Arbeitskräfte und Zeit bei
geringem Kostenaufwand
C.F. Boehringer & Soehne GmbH Mannheim

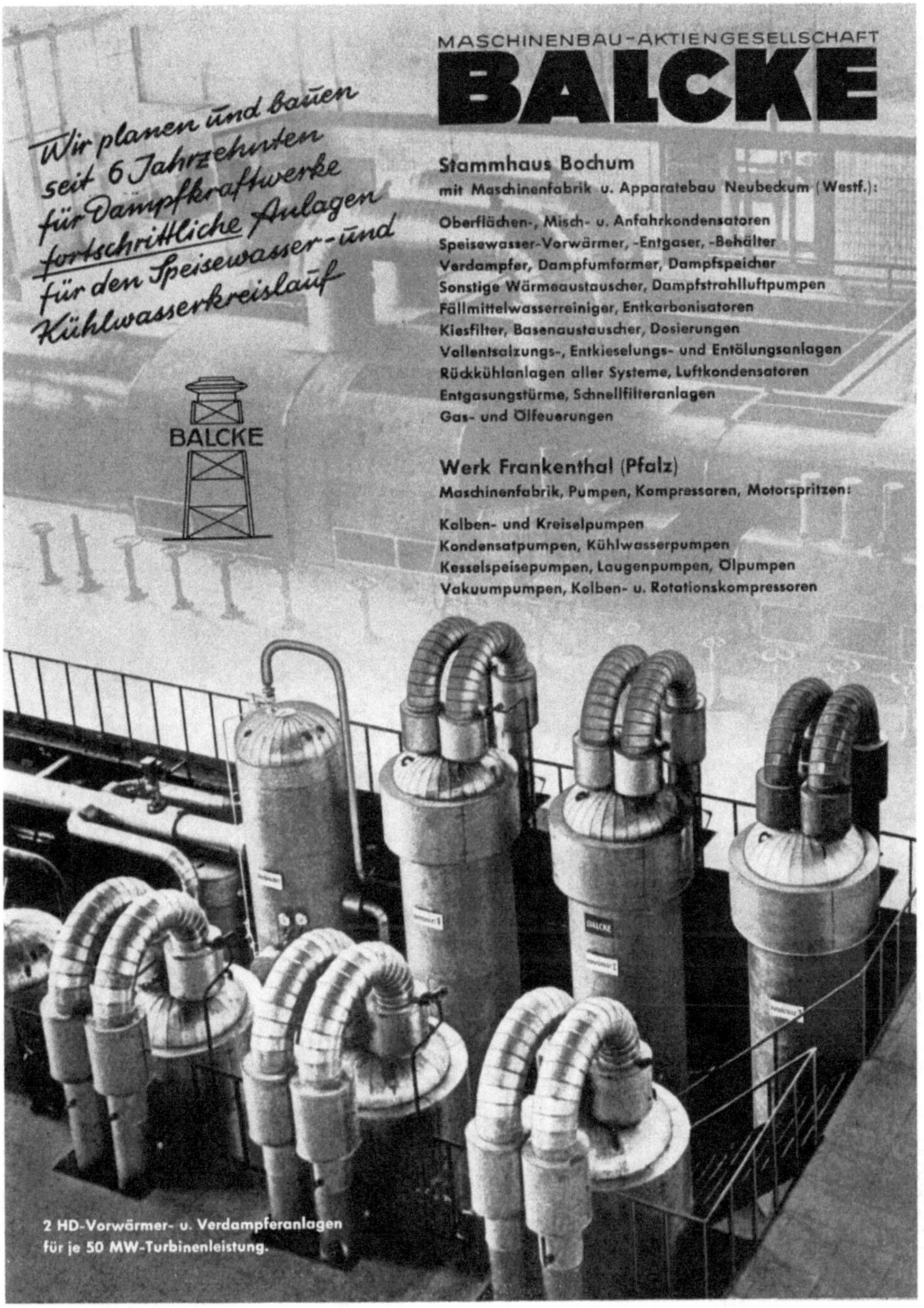
MASCHINENBAU-AKTIENGESELLSCHAFT
BALCKE
Wir planen und bauen seit 6 Jahrzehnten für Dampfkraftwerke fortschrittliche Anlagen für den Speisewasser- und Kühlwasserkreislauf
BALCKE
Stammhaus Bochum
mit Maschinenfabrik u. Apparatebau Neubeckum (Westf.):
Oberflächen-, Misch- u. Anfahrkondensatoren
Speisewasser-Vorwärmer, -Entgaser, -Behälter
Verdampfer, Dampfumformer, Dampfspeicher
Sonstige Wärmeaustauscher, Dampfstrahlluftpumpen
Fällmittelwasserreiniger, Entkarbonisatoren
Kiesfilter, Basenaustauscher, Dosierungen
Vollentsalzungs-, Entkieselungs- und Entölungsanlagen
Rückkühlanlagen aller Systeme, Luftkondensatoren
Entgasungstürme, Schnellfilteranlagen
Gas- und Ölfeuerungen
Werk Frankenthal (Pfalz)
Maschinenfabrik, Pumpen, Kompressoren, Motorspritzen:
Kolben- und Kreiselpumpen
Kondensatpumpen, Kühlwasserpumpen
Kesselspeisepumpen, Laugenpumpen, Ölpumpen
Vakuumpumpen, Kolben- u. Rotationskompressoren
2 HD-Vorwärmer- u. Verdampferanlagen
für je 50 MW-Turbinenleistung.

Im Frühjahr 1958 erscheint

F. TÖDT

Die elektrochemische Sauerstoffmessung

und Konzentrationsmessung anderer oxydierender und reduzierter Stoffe durch galvanische Modellelemente

Oktav. Etwa 160 Seiten mit 144 Abbildungen. 1958.

Die elektrochemische Sauerstoffmessung hat im Laufe der letzten Jahre in einer Reihe von technischen sowie biologisch-medizinischen Grenzgebieten eine ständig anwachsende Anwendung gefunden. Dies beruht auf dem einfachen Meßprinzip (Stromstärkemessung galvanischer Elemente).

Bisherige Anwendungsgebiete sind: Sauerstoffregistrierung im Kesselspeisewasser zur Korrosionsverhütung, Sauerstoffmessung in verunreinigten Gewässern (Abwasserkontrolle), Sauerstoffspurenregistrierung in Gasen (Schutzgase bei der Kunststoffherstellung, Synthesegase für die Stickstoffgewinnung aus der Luft), Messung der Atmungsgeschwindigkeit von Mikroorganismen.

Vom gleichen Verfasser ist in Vorbereitung:

Metallkorrosion. Allgemeines, Messung und Verhütung

2., völlig neubearbeitete Auflage. 1958. Im Druck
(Arbeitsmethoden der modernen Naturwissenschaften)

Das Buch wendet sich an alle, die sich durch eine kurzgefaßte Darstellung über die Arbeitsmethoden und Richtlinien, wie sie auf dem Korrosionsgebiet angewandt werden, unterrichten wollen, ohne hierbei ein ausführliches Werk oder ein größeres Schrifttum durchzuarbeiten.

Vom gleichen Verfasser liegt bereits vor:

Korrosion und Korrosionsschutz

Unter Mitarbeit zahlreicher Fachgelehrter. Mit 515 Abbildungen und zahlreichen Tabellen.

Groß-Oktav. XXXII, 1102 Seiten. 1955. Kunsthalbleder DM 168,—

„Es ist das Verdienst des Herausgebers und seiner Mitarbeiter, mit dem vorliegenden Buch ein Werk geschaffen zu haben, das das gesamte Gebiet der Korrosion und des Korrosionsschutzes auf den neuesten Stand der Wissenschaft und Erkenntnisse bringt.

Die zahlreichen eingegliederten Abbildungen und Diagramme kommen auf dem gewählten glatten Kunstdruckpapier bestens zur Geltung und geben eine wertvolle Stütze ... Das Werk ist für alle, die sich mit Korrosionsproblemen beschäftigen, von außerordentlichem Wert und kann jedem Interessenten zur Anschaffung empfohlen werden."

Glasers Annalen

Ausführliche Prospekte stehen auf Anforderung zur Verfügung.

F. X. MAYER — A. LUSZCZAK

Absorptions-Spektralanalyse

Oktav. Mit 74 Abbildungen. XIV, 238 Seiten. 1951. Ganzleinen DM 14,—

„... dem Buch ist eine weite Verbreitung zu wünschen, da es dem Chemiker einen guten Hinweis auf die Vorteile und Grenzen der Spektralanalyse vermittelt. Auch für den Physiker und den Ingenieur ist es wertvoll, weil ihm hier die Grenzen und Möglichkeiten eines Verfahrens geschildert werden ..."

Technische Mitteilungen, Essen

W. A. ROTH — F. EISENLOHR — F. LÖWE

Refraktometrisches Hilfsbuch

2., verbesserte Auflage. Oktav. Mit 35 Abbildungen. X, 145 Seiten. 1952. Ganzleinen DM 18,—

„... In bekannter Meisterschaft hat F. Löwe die physikalischen Grundlagen bearbeitet und die heute üblichen Refraktometer mit ihren Hilfsgeräten beschrieben, wobei die hauptsächlichen Typen des In- und Auslandes berücksichtigt werden." *Arzneimittelforschung*

R. STROHECKER

Methoden der Lebensmittelchemie

3., durchgesehene und ergänzte Auflage. Oktav. Mit 45 Abbildungen und 16 Tafeln. XV, 208 Seiten. 1949. Ganzleinen DM 12,—

„Der Verfasser hat sich zur Aufgabe gestellt, dem wissenschaftlich und praktisch arbeitenden Lebensmittelchemiker in Behörde, freiem Beruf und Industrie und demjenigen, der sich erstmalig mit solchen Methoden zu befassen hat, einen kritisch gesichteten Leitfaden zu geben. Das ausführliche Sachregister bestätigt die Leistung des Verfassers, auf engem Raum viel zu bringen."

Angewandte Chemie

A. THIEL — R. STROHECKER — H. PATZSCH

Taschenbuch für die Lebensmittelchemie

Hilfstabellen für die Arbeiten des Chemikers, Lebensmittelchemikers, Gärungschemikers, Fettchemikers, Wasserchemikers und verwandter Berufe

2., vermehrte und verbesserte Auflage. Oktav. XV, 183 Seiten. 1947. Ganzleinen DM 10,—

„Was den Chemikern der ‚Küster-Thiel' ist, das soll den Lebensmittel- und den anderen angewandten Chemikern der ‚Thiel-Strohecker-Patzsch' sein, ein Hilfsbuch nämlich, das ohne großes Wälzen von Lehr- und Nachschlagebüchern tatkräftige und zeitkürzende Hilfe beim Ausrechnen und Auswerten des gefundenen Analysenresultats gibt."

Apotheker-Zeitung

R. BUSSIEN

Automobiltechnisches Hilfsbuch

Unter Mitarbeit zahlreicher Fachgelehrter herausgegeben.

17., vollständig neubearbeitete Auflage mit etwa 2400 Abbildungen und Tafeln. 2 Bände. Groß-Oktav. 1953.

Das Werk wird nur geschlossen abgegeben.

Band I: XVI, 927 Seiten. Band II: XVI, 1187 Seiten. Ganzleinen DM 108,—

„Es gibt heute eine Reihe von bedeutenden Handbüchern des Motorwesens, es gibt aber nur einen ‚Bussien'. Der Ruf, den sich dieses einschlägige Standardwerk erworben hat, ist natürlich nicht unbegründet. Es ist das Lehr- und Nachschlagewerk für den Techniker, für den Studenten wie für den Konstrukteur, für den Mechaniker, der in ein Spezialgebiet eindringen will, und nicht zuletzt für den Fachjournalisten." *KFZ-Fachblatt*

Automobiltechnische Bibliothek

Die Automobiltechnik in Einzeldarstellungen

Band XIII. Die elektrische Ausrüstung des Kraftfahrzeuges

1. Teil: **Die Zündung.** Von E. Klaiber.

3., völlig neubearbeitete Auflage. Groß-Oktav. VIII, 382 Seiten mit 269 Abbildungen. 1950. Kunstleder DM 22,—

„Das Buch ist so vielseitig, daß Versuch, Konstruktion und Betrieb es als ebenso zuverlässige wie lückenlose Auskunftsquelle benutzen können."

Motortechnische Zeitschrift

2. Teil: **Lichtmaschine und Batterie.** Von E. Blaich, W. Härlin, K. Hoyer und F. Trautmann.

2., völlig neubearbeitete Auflage. Groß-Oktav. 250 Seiten mit 193 Abbildungen. 1952. Kunstleder DM 35,—

„Dem Kraftfahrzeugelektriker, dem Praktiker, dem Ingenieur, dem es darum zu tun ist, tief in seine durch ihn zu bearbeitende Materie einzudringen, ist mit diesem Buch ein Behelf von wirklichem Wert an die Hand gegeben."

Das Kraftfahrzeug

E. A. WEDEMEYER

Schwingungen des Kraftfahrzeuges und der Motoren

Groß-Oktav. VIII, 126 Seiten mit 195 Abbildungen. 1955. Ganzleinen DM 24,—

„Dieses Buch führt recht übersichtlich in den etwas schwierigen Stoff ein. E. A. Wedemeyer, der sich seit ungefähr dreißig Jahren mit den Schwingungsverhältnissen des Kraftfahrzeugs befaßt, greift in einer ‚Kleinen Schwingungslehre' zunächst die wichtigsten Schwingungsmöglichkeiten heraus ... Das Buch erzieht den Kraftfahrzeugkonstrukteur dazu, nicht statisch, sondern fast ausschließlich kinematisch und schwingungstechnisch zu denken."

ADAC-Motorwelt

FSC
www.fsc.org
MIX
Papier | Fördert
gute Waldnutzung
FSC® C083411

Kolibri 360 GmbH
Ferdinand-Jühlke-Straße 7
99095 Erfurt, Deutschland
produktsicherheit@kolibri360.de